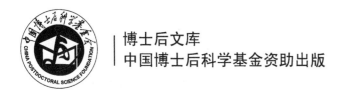

博士后文库
中国博士后科学基金资助出版

螺纹花键同步滚轧理论与技术

张大伟 著

U0296335

科 学 出 版 社
北 京

内 容 简 介

本书提出一种螺纹花键同轴类零件滚轧成形新工艺，通过合理的模具结构设计和工艺控制，螺纹和花键特征能够在一次滚轧中同时成形；建立具有普遍性的螺纹滚轧和花键滚轧前模具相位要求的数学表达式，建立变中心距下螺纹滚轧和花键滚轧过程中运动特征模型，在此基础上阐述螺纹花键同步滚轧模具结构一般原则，阐明不同齿型段运动差别导致齿距累积误差的理论基础。全书从新工艺构架、满足不同齿型段齿型良好衔接的模具结构、不同齿型段的运动协调、滚轧过程变形特征、试验模具加工等方面，从理论到实践系统阐述螺纹花键同步滚轧工艺及其实现。

本书可供从事轴类零件加工制造、啮合传动等方面研究工作的科研及工程技术人员、高校教师、研究生参考。

图书在版编目(CIP)数据

螺纹花键同步滚轧理论与技术/ 张大伟著. —北京：科学出版社，2020.6

（博士后文库）

ISBN 978-7-03-065246-1

Ⅰ. ①螺… Ⅱ. ①张… Ⅲ. ①齿轮加工-研究 Ⅳ. ①TG61

中国版本图书馆CIP数据核字(2020)第088896号

责任编辑：刘宝莉 罗 娟 / 责任校对：王萌萌
责任印制：吴兆东 / 封面设计：陈 敬

科 学 出 版 社 出版
北京东黄城根北街 16 号
邮政编码：100717
http://www.sciencep.com

北京虎彩文化传播有限公司 印刷
科学出版社发行 各地新华书店经销
*
2020 年 6 月第 一 版 开本：720×1000 1/16
2024 年 1 月第三次印刷 印张：15 1/4
字数：307 000
定价：128.00 元
（如有印装质量问题，我社负责调换）

《博士后文库》编委会

《博士后文库》序言

　　1985 年，在李政道先生的倡议和邓小平同志的亲自关怀下，我国建立了博士后制度，同时设立了博士后科学基金。30 多年来，在党和国家的高度重视下，在社会各方面的关心和支持下，博士后制度为我国培养了一大批青年高层次创新人才。在这一过程中，博士后科学基金发挥了不可替代的独特作用。

　　博士后科学基金是中国特色博士后制度的重要组成部分，专门用于资助博士后研究人员开展创新探索。博士后科学基金的资助，对正处于独立科研生涯起步阶段的博士后研究人员来说，适逢其时，有利于培养他们独立的科研人格、在选题方面的竞争意识以及负责的精神，是他们独立从事科研工作的"第一桶金"。尽管博士后科学基金资助金额不大，但对博士后青年创新人才的培养和激励作用不可估量。四两拨千斤，博士后科学基金有效地推动了博士后研究人员迅速成长为高水平的研究人才，"小基金发挥了大作用"。

　　在博士后科学基金的资助下，博士后研究人员的优秀学术成果不断涌现。2013 年，为提高博士后科学基金的资助效益，中国博士后科学基金会联合科学出版社开展了博士后优秀学术专著出版资助工作，通过专家评审遴选出优秀的博士后学术著作，收入《博士后文库》，由博士后科学基金资助、科学出版社出版。我们希望，借此打造专属于博士后学术创新的旗舰图书品牌，激励博士后研究人员潜心科研，扎实治学，提升博士后优秀学术成果的社会影响力。

　　2015 年，国务院办公厅印发了《关于改革完善博士后制度的意见》（国办发〔2015〕87 号），将"实施自然科学、人文社会科学优秀博士后论著出版支持计划"作为"十三五"期间博士后工作的重要内容和提升博士后研究人员培养质量的重要手段，这更加凸显了出版资助工作的意义。我相信，我们提供的这个出版资助平台将对博士后研究人员激发创新智慧、凝聚创新力量发挥独特的作用，促使博士后研究人员的创新成果更好地服务于创新驱动发展战略和创新型国家的建设。

　　祝愿广大博士后研究人员在博士后科学基金的资助下早日成长为栋梁之才，为实现中华民族伟大复兴的中国梦做出更大的贡献。

中国博士后科学基金会理事长

前　言

在转向系统、变速器、行星滚柱丝副中传递力和扭矩的关键轴类零件往往同时具有螺纹和花键或小模数齿轮特征。目前该类零件多采用切削加工方法生产，在不同时间内分别成形螺纹和花键，不仅效率低、浪费材料、影响零件力学性能，还难以保证螺纹与花键相对位置的一致性。螺纹与花键同步滚轧成形，在一次滚轧成形中可同时成形零件上不同部位的螺纹和花键齿型，可有效地缩短成形零件的时间，提高花键段的分齿精度，易于保证螺纹和花键相对位置的稳定。

然而，多齿型同步滚轧成形新工艺的理论及技术等方面的研究不足，影响了高性能、节材、高效的同步滚轧成形技术的推广应用。本书对螺纹花键同步滚轧成形的模具结构、啮合特性、成形特征、齿距误差等进行探讨和研究。本书建立具有普遍性的螺纹和花键滚轧前模具相位要求的数学表达式，基于滚轧前模具相位特征，阐述多齿型同步滚轧模具结构的一般原则；构建轮式径向进给滚轧成形螺纹、花键(或齿轮)过程中模具工件中心距变化条件下的运动特征模型；基于不同齿型滚轧过程运动特征模型，阐明不同齿型段运动差别导致齿距累积误差的理论基础；探究复杂型面轴类零件滚轧成形过程中的润滑特点，设计增量圆环压缩法测定冷滚轧成形过程中的摩擦条件；建立螺纹花键同步滚轧成形过程的有限元模型，采用数值方法研究同步滚轧成形特征；提出滚轧前模具相位调整和模具结构调整相结合的模具制造方法，实现滚轧模具螺纹段和花键段相对位置调整以及滚轧模具不同齿型段滚轧前相位协调。本书的研究工作为螺纹花键同轴零件高性能、短周期、低能耗的成形制造奠定了良好的理论基础。

与本书相关的主要研究工作得到国家自然科学基金(51305334、51675415)、中国博士后科学基金(2014T70913、2013M530420)的资助，前期的初步研究和后期的完善工作也得到西安交通大学"新教师科研支持计划"等项目的资助。在此，作者表示衷心的感谢。

本书是作者研究工作的阶段性总结。由于作者水平有限，书中难免存在不足之处，敬请读者和专家批评指正。

目　　录

第1章 绪　　论

1.1　螺纹花键同轴零件的应用

随着我国装备制造业的飞速发展，对高性能、高精度轴类零件(如丝杠、花键、螺杆、蜗杆等)的需求量日益增加，对其性能提出了更高的要求，对我国制造业的生产能力提出了严峻的挑战。螺纹、花键轴类零件是装备制造产业的核心传动部件，作为动力件，轴类零件传递系统动力，承载复杂扭矩，对装备的正常运行起关键作用；作为紧固件，轴类零件更是影响装备的安全运行[1,2]。因此，轴类零件的制造工艺水平和产品质量，直接影响各类机械装备的精度、可靠度和使用寿命，其生产规模与研发水平已成为影响我国装备制造业发展的重要指标之一。

在转向系统、变速器、行星滚柱丝副中传递力和扭矩的关键轴类零件往往同时具有螺纹和花键或小模数齿轮特征[3-5]，如图 1.1 和图 1.2 所示。特别是行星滚柱丝杠(planetary roller screw，PRS)副中，滚柱数量众多，螺母丝杠之间均布 6～12 个滚柱(Velinsky 等[6]认为 9 或 13 个滚柱为宜)，并且每个滚柱的螺纹和花键或小模数齿轮相对位置要保证一致。随着汽车工业和装备制造业的迅速发展，特别是在高速、重载、工况环境恶劣的工作条件下，对高性能、高精度同时带有螺纹与花键的轴类零件需求量日益增加。

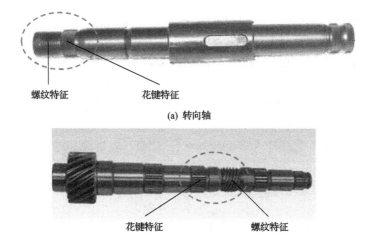

(a) 转向轴

(b) 变速器输出轴

图 1.1　汽车上同时具有螺纹和花键的典型零件

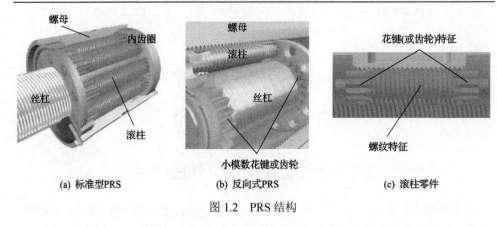

图 1.2　PRS 结构

PRS 是一种新型的传动部件，PRS 同样以滚动摩擦代替滑动摩擦，其传动效率与滚珠丝杠传动效率相当，明显优于滑动丝杠。同滚珠丝杠相比，PRS 具有承载能力强、寿命长、加速度和速度高、导程可更小等优点，故其适合高速、重载、精度要求高的场合，在光学仪器、机器人、高精度数控机床等方面具有广泛应用[6-11]。

PRS 中螺母丝杠之间均布众多滚柱，滚柱承受负载，其结构非常复杂，如图 1.2(c)所示，中部为螺纹段，两端为花键或齿轮。其中，传递载荷元件为滚柱螺纹段，滚柱两端花键或小模数齿轮同螺母内固定齿圈啮合(标准型 PRS)或者同丝杠两端的花键或小模数齿轮啮合(反向式 PRS)，确保滚柱轴向平行，容易保证滚柱在恶劣环境下正常运转。如果不能保证 PRS 中每个滚柱的切齿位置在螺纹的同一起点，就会出现螺纹啮合和花键或齿轮啮合相位冲突的问题[8]。因此，滚柱的加工工艺十分重要，影响 PRS 的装配和总体性能。

此类螺纹花键同轴零件传统的加工方法以金属切削方法为主，生产效率低，浪费材料和能源；同时，由于金属纤维被切断而造成制件力学性能和表面质量差，有些高强度、高精度的轴类零件甚至无法生产，难以满足各行各业发展的需求。特别是滚柱零件主要以切削为主，在不同时间分别加工螺纹和花键，不仅会使力学性能降低，而且难以保证滚柱上螺纹花键相对位置的一致性。而螺纹和花键相对位置一致性是 PRS 中避免螺纹啮合同齿轮啮合相位冲突的基本条件[8]。如果能够同步滚轧成形螺纹和花键，就可以解决这些问题[4,5]。

采用塑性成形工艺成形具有复杂特征(如螺纹、花键特征)的轴类零件，特别是滚轧成形轴类零件，相比于传统的切削加工工艺零件精度高、力学性能好、生产率高、材料利用率高，是一种高效精确体积成形技术。而高效高性能精确体积成形也是我国机械工程学科今后优先发展的方向之一。

采用现有的滚轧成形工艺滚轧成形同时具有螺纹和花键齿型特征的轴类零件，仍然是不同时间内分别成形螺纹和花键。一般都会增加成形时间、增加滚轧设备数量或增加滚轧设备的尺寸和复杂程度。

切削加工、无切削的塑性成形在同时带有螺纹和花键的轴类零件的实际生产中都存在一定的应用范围，但是在批量成产中都存在成本高、效率低等问题，并且难以保证螺纹花键相对位置的一致性，难以满足高性能、高精度零件的成形制造需要。而如果能够在一次滚轧成形中同时滚轧成形螺纹和花键，就可以解决这些问题。

张大伟等[12,13]基于现有的螺纹、花键滚轧成形技术，提出一种螺纹和花键同步滚轧成形新工艺，可在一次滚轧成形中，同时成形螺纹和花键。该工艺不仅有效地缩短了成形零件的时间，而且可以在现有滚轧成形设备结构基础上实现；此外，在同时成形过程中螺纹段的啮合可促进工件旋转，从而提高花键段的分齿精度。并且成形效率高，节约能源和材料，成形质量稳定，能够满足市场对高强度、高精度滚柱零件的生产要求，特别是易于保证螺纹和花键相对位置稳定。

1.2 螺纹花键同轴零件现有加工工艺分析

PRS 中的滚柱零件多采用切削加工方法生产，一般先车削螺纹，然后用插齿方法加工花键或齿轮，如图 1.3 所示。采用传统的切削方法加工成形滚柱零件，需要多组刀具和机床先后不同时间分别加工螺纹和花键，不仅效率低、浪费材料，而且由于切断金属纤维而降低了零件的力学性能。

采用无切削的滚轧成形螺纹、花键零件，不仅成形效率高、节约能源和材料，而且塑性变形可有效增加零件的表面强度[14-17]。螺纹、花键冷滚轧成形工艺通常有板式冷搓成形和轮式滚轧成形两种加工方法，但是板式冷搓成形难以加工直径较大的零件，并且机床调整比较复杂，成形零件精度也低于轮式滚轧成形精度[18,19]。

应用现有的滚轧成形工艺滚轧成形螺纹花键同轴零件上不同部位的齿型特征一般有两种方法，都是先后成形螺纹和花键齿型。一种方法是多个工步多台设备分别成形螺纹和花键，增加成形时间和滚轧设备数量；另一种方法是一台设备安装两种模具，先后分别成形螺纹和花键。同前一种方法相比，后一种方法成形时间有所减少，滚轧设备数量也减少了，但是会显著增加滚轧设备的尺寸和复杂程度。

现有方法成形螺纹花键同轴零件的比较分析如表 1.1 所示。无论采用切削还是滚轧成形，都是在不同时间内分别成形螺纹和花键(或齿轮)特征。切削加工、滚轧加工在同时带有螺纹和花键的轴类零件的实际生产中都存在一定的应用范围，但以切削加工为主，特别是 PRS 中的螺纹花键同轴零件，主要由切削加工制造。采用现有方法加工制造此类零件在批量生产中存在成本高、效率低等问题，并且难以保证螺纹花键相对位置的一致性。而采用螺纹花键同步滚轧成形技术，在一次滚轧成形中同时滚轧成形螺纹和花键，可以克服这些问题，实现高性能、高精度零件的低成本、短周期、低能耗的成形制造。

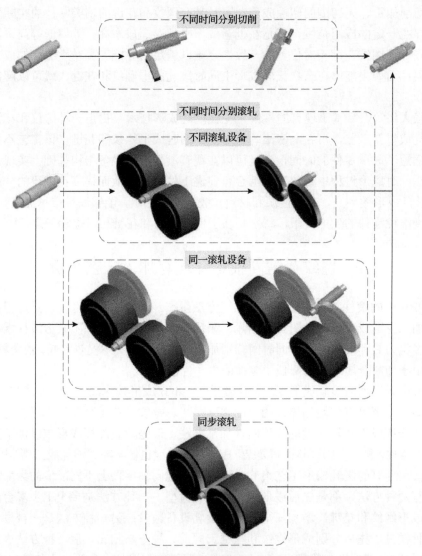

图 1.3 螺纹花键同轴零件加工方法

表 1.1 螺纹花键同轴零件加工方法比较

	成形方式	设备数量	设备复杂程度	成形过程	成形时间
现有方法	减材(切削)	≥2	一般设备	不同时间分别切削成形螺纹和花键	较多
	等材(滚轧)	≥2	一般设备	不同时间分别滚轧成形螺纹和花键	多
	等材(滚轧)	1	比一般设备复杂	不同时间分别滚轧成形螺纹和花键	少
本书方法	等材(滚轧)	1	基于一般设备	同步滚轧成螺纹和花键	较少

1.3　螺纹花键同轴零件同步滚轧成形研究现状

螺纹与花键同步滚轧成形涉及螺纹滚轧成形、花键滚轧成形、螺纹滚轧成形模具结构、花键滚轧成形模具结构、螺纹与花键啮合运动及计算机建模仿真等方面的交叉融合与集成创新。虽然国内外众多学者对上述问题各个方面进行了不少研究，但较少关注螺纹与花键同步滚轧成形方面的研究，特别是缺乏螺纹、花键滚轧成形过程中工件和滚轧模具之间运动特征方面的研究。

1.3.1　螺纹、花键滚轧成形模具结构特征

文献[18]对板式、轮式滚轧成形螺纹用的模具(搓丝板、滚丝轮)结构设计及制造进行了详细的总结。Kao 等[20]研究了板式搓丝成形自攻螺钉的搓丝板结构，开发了设计构造成形螺钉用搓丝板集成开发系统。刘红梅等[21]也开发了轮式滚轧成形螺纹的滚丝轮参数化造型系统。Pater 等[22]将楔横轧和板式搓丝相结合，提出一种滚轧枕木固定螺栓的新方法，并设计了其成形模具结构。

孙士宝等[23]分析了花键冷搓成形工艺，阐明了花键冷搓成形模具整体尺寸设计及工作部分齿型尺寸设计原则。仇平等[24]建立花键冷搓成形不同成形部分齿型坐标方程，为模具 CAD 软件开发提供了理论基础。国内一线生产厂家也积累了丰富的轮式滚轧成形花键模具的设计经验和理论。吴修义[25]根据平面齿轮啮合原理，推导出花键滚轧模具设计计算公式，描述了滚轧模具设计特点。

上述螺纹成形模具、花键成形模具，特别是轮式滚轧成形模具的设计原则、理论及经验都为螺纹花键同步滚轧模具设计研究奠定了一定基础，提供了借鉴。但是螺纹花键同轴零件高效精确滚轧成形中螺纹与花键同时滚轧成形，成形过程是螺纹啮合、花键啮合及塑性变形多场多参数耦合的复杂非线性问题。其模具结构要充分考虑螺纹啮合运动特征和花键啮合运动特征的匹配，避免成形工件上螺纹和花键相位冲突而导致乱齿。

通过旋转两滚轧模具中的一个，实现螺纹滚轧或花键滚轧前滚轧模具相位要求的调整。螺纹与花键同步滚轧成形具有螺纹滚轧成形和花键/齿轮滚轧成形的复合运动，滚轧模具同时具有螺纹段和花键段，滚轧前螺纹段和花键段要同时满足螺纹滚轧成形和花键滚轧成形前的相位要求。其成形过程要同时满足螺纹滚轧和花键滚轧前滚轧模具相位调整要求，仅通过滚轧前的模具旋转调整滚轧模具相位可能难以保证不同滚轧模具滚轧出的螺纹和花键能良好地衔接。

文献[26]基于板式冷搓成形工艺，提出了一种螺纹和花键同时成形的方法。同板式冷搓成形螺纹、花键一样，该工艺也难以加工直径较大的零件，模具结构也较轮式滚轧模具结构复杂，并且机床调整比较复杂，成形零件精度也低于轮式

滚轧成形精度。尚无有关该成形方法的变形机理和工艺过程分析方面研究的公开报道，也没有涉及模具结构设计的详细报道。

螺纹花键同步滚轧成形用模具结构绝非螺纹滚轧模具和花键滚轧模具的简单相加，要充分考虑滚轧成形中的啮合运动特征以及滚轧前模具之间的相位要求。Zhang 等[27,28]建立了具有普遍性的螺纹和花键滚轧前模具相位要求的数学表达式，在此基础上理论研究螺纹与花键同步滚轧前的模具相位调整和模具结构形式。Zhang[29]还进一步从实际模具加工及工件滚轧成形角度探讨螺纹与花键同步滚轧成形模具结构形式和滚轧前相位调整方法。

1.3.2　滚轧成形中模具和工件相对运动特征

螺纹花键同步滚轧成形过程涉及螺纹与花键同时啮合复合运动，了解掌握螺纹和花键同时啮合的运动特征，有利于成形过程力学分析、滚轧模具结构确定和工艺参数选择。

靳谦忠等[7]分析了 PRS 的运动特征和几何关系，确定了滚柱两端齿轮齿数的计算方法。Velinsky 等[6]分析了 PRS 的运动特征和传动效率。Jones 和 Velinsky[30]分析了 PRS 滚柱运动特征，得到和文献[7]一样的几何关系，同时认为螺纹啮合可等效处理为螺旋齿轮副啮合。赵英等[31]建立了丝杠螺纹曲面和滚柱螺纹曲面方程，研究了滚柱丝杠螺纹曲面啮合关系。Jones 和 Velinsky[32]研究了行星滚柱丝杠副滚柱螺纹段的接触条件和力传递问题。这些研究并没有考虑中心距变化的问题。

Dooner 和 Santana[33]引入确定的齿轮轴位移偏差，调整修正初始设计时的名义齿轮形状。Tsai 等[34]应用计算机数值模拟的方法分析了行星轮系中心距误差对齿侧接触应力的影响。一些学者研究了中心距变化后对齿轮副啮合刚度的影响[35,36]。但这不是中心距连续变化运动过程下的分析。

给定装配误差(包括中心距等参数)，Litvin 和 Hsiao[37]建立了空间啮合运动中的包络面相互接触和啮合的数学模型，将模型用于分析蜗杆蜗轮传动(蜗杆具有阿基米德螺旋面)。结果表明，其传动误差是一个周期函数。通过给定装配误差并预设抛物线型的传动误差函数，Seol 和 Litvin[38]修正了蜗杆蜗轮传动中的齿面形状。通过引入确定的装配误差(包括中心距等参数)，Bair 和 Tsay[39]研究 ZK 型双导程蜗杆蜗轮传动，指出啮合运动和接触特征对装配误差十分敏感。

螺纹和花键滚轧成形过程中，中心距连续变化，并耦合金属塑性变形。考虑到摩擦力矩作用，建立花键滚轧成形分齿阶段的工件旋转条件[40]，但是并没有考虑中心距的变化。Li 等[41]采用数值模拟和试验研究了自由分度齿轮滚轧初始阶段的滑移。Ma 等[42]研究了定中心距下轴向送进齿轮滚轧的滑移导致齿距误差。Neugebauer 等[43-45]认为在齿轮滚轧成形过程中，节圆直径是变化的，通过模具、工件强制速度同步来保证分齿和滚轧精度,并可成形齿高较大的零件。但是相关文献中并没有提及变中心距下的节圆变化计算。忽略模具和工件之间的滑动现象,渐开线花键滚轧成形中工件和模具的转速比是稳定的[46]。然而,进一步研究发现,由于渐开线齿侧并未形成,圆齿根花键滚轧成形初期工件模具间的转速比是变化的[47]。

关于螺纹、花键啮合运动关系的研究多集中于螺纹、花键(齿轮)传动过程的运动特征,侧重于中心距误差对齿轮副齿廓的修正。很少关注耦合塑性变形变中心距下的螺纹、花键滚轧成形运动特征。而中心距连续变化条件下滚轧成形过程中的运动特征与多轴运动协调控制、螺距/齿距误差评估和成形精度改善有密切关系,并对螺纹花键同步滚轧成形实现与否影响很大。Zhang 等[47-49]基于平面啮合原理、空间啮合原理及螺纹和花键滚轧工艺特征,研究了变中心距下螺纹滚轧、花键滚轧过程中工件模具间运动特征;并在此基础上,深入研究了螺纹花键同步滚轧过程中不同齿型段运动细微差别所导致的成形误差。

1.3.3 螺纹、花键滚轧塑性变形行为

螺纹和花键滚轧成形过程中滚轧模具和工件局部接触并施加载荷,而且仅工件表层局部区域屈服变形,加载变形区不断变换。工件表层的塑性变形有效地增加了零件的表面强度,进而提升了零件疲劳寿命等力学性能。

宋德玉等[50]采用试验方法研究了滚轧强化对螺纹疲劳强度的影响,滚轧强化后 300M 钢螺纹疲劳强度增加了 79%。张秀林和金铮[51]分析了滚轧和未滚轧的螺纹疲劳断口,结果表明滚轧后的螺纹断口、疲劳扩展区明显增大。塑性成形的硬化强化可有效增加零件的疲劳寿命。

Domblesky 和 Feng[52,53]将螺纹冷搓简化成平面应变问题,研究螺纹齿型的成形过程和金属流动方向;硬度测量表明变形仅发生在表层区域,表层硬度显著增加。宋欢等[54]试验结果表明轮式冷滚轧成形螺纹从牙顶到牙根硬化层深度逐渐增加。

刘志奇等[55]以试验方法为主研究花键滚轧成形过程,结果表明滚轧成形零件金属组织沿齿型呈流线型分布。Zhang 等[56]分析轮式滚轧成形花键轴工艺的变形特征,建立了滚轧成形过程表层局部区域塑性变形区的滑移线场,如图1.4 所示。Zhang 等[57]根据滑移线并应用应力场理论求解成形过程的平均单位压力,建立了滚轧力及滚轧力矩的快速计算模型。

从花键冷滚轧成形滑移线场分析发现,随着成形花键齿高增加,塑性变形区域增加。试验研究也指出花键滚轧成形过程中,塑性变形区域同所成形花键齿高相关[19]。有限元分析也表明花键滚轧成形过程塑性变形区域同滚轧模具进给量密切相关[58]。对螺纹花键同步滚轧成形过程的数值研究也表明剧烈的塑性变形仅发生在成形螺纹和花键区域的表层[59]。

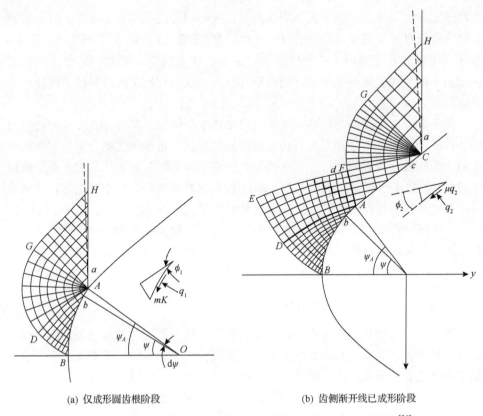

(a) 仅成形圆齿根阶段　　　　　　　　　　(b) 齿侧渐开线已成形阶段

图 1.4　花键滚轧成形过程表面局部区域塑性变形区的滑移线场[56]

1.3.4　滚轧成形过程数值模拟

　　计算机建模仿真可详细描述成形过程中的应力、应变和温度场分布，微观组织的演化，成形缺陷的发展[60-64]，适于低成本、短周期地分析成形工艺、探明成形特征、优化工艺参数[65-69]。其已经成为研究与发展先进塑性成形技术的重要手段[70]，是高性能精确成形制造领域的研究前沿之一。

　　然而，螺纹、花键滚轧成形过程中多轴高速复合运动耦合多道次局部加载塑性变形，特别是螺纹花键同步滚轧成形中耦合螺纹啮合和齿轮啮合运动特征，其成形过程是一个多模具约束、多参数影响、多变形区协调的复杂不均匀变形过程。成形过程中工件旋转，变形加载区不断变换，加载和卸载不断交替进行，使得边界条件不断变化。滚轧模具仅与工件局部区域接触，并且仅工件表层屈服变形，加载变形区同工件相比微小。这些运动与变形特征使得对该成形过程进行高效精确的数值模拟十分困难。为了避免工件被动旋转模拟计算带来的问题，如体积增加、滑动现象放大等[58,71]，多采取一些简化和边界条件变换措施。

关于螺纹滚轧成形过程数值模拟的文献报道多见于板式模具搓制成形螺纹。通过将工件中心区域的圆周速度简化为零，建立螺纹冷搓三维有限元模型[53]、增加摩擦因子减少模拟中工件和模具之间的滑动现象[20,72]、减少数值模拟分析的成形螺纹牙数实现三维有限元模拟[20,22]。Li 等[41]采用有限元模拟研究齿轮滚轧初始阶段的滑移，有限元模型采用的摩擦因子为 0.6～0.9，有限元建模中增加了工件和模具间的摩擦。

花键冷滚轧成形过程的数值模拟中，将模具和工件的运动方式进行等价变换，即固定工件，模具自转并绕工件公转；同时考虑花键齿型的对称性和滚轧过程中相关参数的周期性，对有限元模型进行周期对称处理[58,73]。对于板式搓制花键成形过程的数值模拟，Wang 和 Zhang[74]也将板式搓制花键过程实际运动方式变换为工件固定而搓丝板旋转。在轴向推进增量滚轧花键的有限元建模中，滚轧模具和工件的旋转运动也是采用这种变换方式[75,76]。

由于滚轧成形中的塑性变形发生在工件表面，在数值模拟初始网格划分中采用局部细化技术，使工件表层网格较密，如图 1.5 所示。数值模拟中的运动方式、摩擦条件、成形体积等方面同实际滚轧成形过程存在一定区别。

普遍认为材料硬度和材料性能（如拉伸强度）存在正相关关系[77-79]。Tabor[80]认为材料硬度和流动应力线性相关，也和等效应变密切相关。以此为基础，采用幂指数[72]或修正的幂指数[53,81]可以描述等效应变和维氏硬度之间的关系，应变和硬度之间可相互转换。然后根据螺纹冷搓有限元计算获得的应变场数据计算维氏硬度分布[53,72]，根据试验测得板式搓制后齿轮截面维氏硬度可计算获得应变分布特征[81]。但这些计算并没有很好地同有限元模型相结合，缺乏滚轧成形过程硬度演化特征研究。

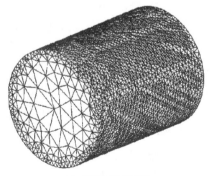

(a) 螺纹冷搓成形[53]

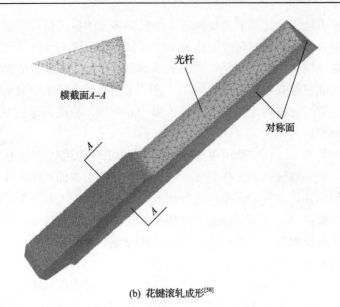

(b) 花键滚轧成形[58]

图 1.5 轴类零件滚轧过程有限元模型中工件初始网格

1.4 同步滚轧成形技术亟须解决的问题

螺纹与花键同步滚轧成形涉及螺纹滚轧成形、花键滚轧成形、螺纹与花键啮合运动等方面交叉融合与集成创新。虽然国内外众多学者对上述问题各个方面进行了不少研究，但针对螺纹与花键同步滚轧成形方面的研究较少，尚缺乏精确高效的建模仿真与优化。因此，螺纹花键同步滚轧成形工艺的推广应用尚需系统深入地开展以下几个方面的研究。

(1)变中心距条件下滚轧成形过程中模具和工件的运动特征。通过研究螺纹滚轧和花键滚轧成形过程的运动特征，揭示螺纹花键同步滚轧成形过程多轴运动以及多种啮合方式的运动协调条件，获得齿型误差及齿距误差的控制方法。这是实现螺纹花键同步滚轧、控制滚轧成形过程、提高成形质量的关键基础。

(2)多参数耦合作用下的螺纹花键同步滚轧成形模具结构设计及优化。螺纹花键同步滚轧成形模具是一个多运动方式协调、多变形特征耦合的复杂结构，要实现螺纹啮合和花键啮合的运动协调，同时在工件不同部位成形螺纹和花键。这是实现螺纹花键同步滚轧的另一关键基础。

(3)建立多道次局部加载条件下材料本构模型及硬度和变形历史关联模型，发展耦合硬度演化的多轴运动协调螺纹花键同步成形过程仿真模型。这是深入研究螺纹花键同步滚轧成形的重要手段和平台。

(4) 多轴高速运动、多种啮合方式、多道次局部加载下的螺纹花键同步滚轧塑性变形特征。定量分析螺纹花键同步滚轧成形中塑性区范围，研究变形区的变形模式及成形中材料流动行为、应变分布和硬度分布特征，揭示螺纹花键同步滚轧塑性变形机理，是螺纹花键同步滚轧的重要研究内容。

(5) 螺纹花键同步滚轧成形参数影响规律及滚轧过程优化控制。掌握成形工艺参数影响规律，调控可控参数，实现滚轧过程优化控制，是螺纹花键同步滚轧成形工业化应用的关键问题。

鉴于上述螺纹花键同步滚轧成形特点、国内外研究现状及存在的问题，本书以螺纹花键同轴零件为研究对象，开展螺纹花键同步滚轧成形实现的初步研究，围绕上述需要解决的关键问题阐述的主要内容如下。

(1) 螺纹花键同步滚轧成形模具结构。基于螺纹花键同时滚轧成形过程运动特征分析，确定滚轧成形模具螺纹段和花键段主要参数(螺纹头数、花键齿数)；根据螺纹花键同步滚轧成形特点，确定滚轧成形模具螺纹段和花键段相对位置。

(2) 花键滚轧成形过程中滚轧模具和工件之间的运动特征。在最终滚轧位置时，滚轧模具齿廓曲线的共轭曲线是要预期获得的工件齿型。在最终滚轧位置时根据模具齿廓确定工件齿廓曲线，根据已知两齿廓曲线建立变中心距滚轧过程中的瞬心、传动比、瞬心线等数学模型，进而可获得工件转速变化规律。

(3) 螺纹滚轧成形过程中滚轧模具和工件之间的运动特征。求解了滚轧前螺纹滚轧模具和工件切触条件，建立了中心距连续变化条件下工件旋转角度的数学模型。基于滚轧成形时间离散区间，求解螺纹滚轧成形过程中工件旋转角速度，发展了变中心距滚轧过程传动比、瞬轴面的数学模型。

(4) 基于运动特征的螺纹花键同步滚轧成形误差分析。基于螺纹、花键不同齿型滚轧过程运动特征模型，阐明不同齿型段运动差别导致齿距累积误差的理论基础。定义并建立螺纹花键同步滚轧成形过程中花键段齿距累积误差的数学模型，编译相关计算程序，并评估计算程序的稳定性。

(5) 冷滚轧成形过程中的摩擦及其评估方法。分析复杂型面轴类零件滚轧成形过程的润滑特点，根据加载-卸载间歇的再润滑特征设计增量圆环压缩法测定冷滚轧成形过程中的摩擦条件，探讨压缩位移增量的影响，确定轴类零件冷滚轧过程中的摩擦条件。

(6) 螺纹花键同步滚轧成形特征。基于螺纹花键同步滚轧成形工艺特征，在解决过程控制、网格优化、复杂边界条件、计算效率与精度兼顾等关键技术的基础上，建立能有效反映成形过程且符合实际的有限元模型，并且应用所建立的有限元模型研究螺纹花键同步滚轧工艺的成形特征。

参 考 文 献

[1] 张大伟. 螺纹花键同轴零件滚压成形啮合特性与成形特征研究[博士后研究工作报告]. 西安: 西安交通大学, 2016.

[2] 张大伟, 赵升吨, 王利民. 复杂型面滚轧成形设备现状分析. 精密成形工程, 2019, 11(1): 1-10.

[3] 赵升吨, 李泳峰, 刘辰, 等. 复杂型面轴类零件高效高性能精密滚轧成形工艺装备探讨. 精密成形工程, 2014, 6(5): 1-8.

[4] 张大伟, 赵升吨. 行星滚柱丝杠副滚柱塑性成形的探讨. 中国机械工程, 2015, 26(3): 385-389.

[5] 张大伟, 赵升吨. 螺纹花键同轴零件高效同步滚压成形研究动态. 精密成形工程, 2015, 7(2): 24-29, 40.

[6] Velinsky S A, Chu B, Lasky T A. Kinematics and efficiency analysis of planetary roller screw mechanism. Journal of Mechanical Design, 2009, 131(1): Article ID 011016, 8 pages.

[7] 靳谦忠, 杨家军, 孙健利. 行星式滚柱丝杠副的运动特性及参数选择. 制造技术与机床, 1998, (5): 13-15.

[8] 刘更, 马尚君, 佟瑞庭, 等. 行星滚柱丝杠副的新发展及关键技术. 机械传动, 2012, 36(5): 103-108.

[9] 道臣科技发展有限公司. 瑞士 GSA 行星滚柱丝杠. 道臣科技发展有限公司. http://www. doson-inc.com/download.asp[2012-02-16].

[10] SKF. Roller Screws. SKF Group. http://www.skf.com/files/779280.pdf [2012-08-18].

[11] Rollvis. Satellite Roller Screws. Rollvis SA. http://www.rollvis.com/EN/resources/Catal-01-01-2008-AN.pdf[2012-08-29].

[12] 张大伟, 赵升吨, 张琦. 一种螺纹花键同时滚压成形轴类零件的方法: 中国, ZL201310034355.8. 2013.

[13] Zhang D W, Zhao S D. New method for forming shaft having thread and spline by rolling with round dies. International Journal of Advanced Manufacturing Technology, 2014, 70: 1455-1462.

[14] Klepikov V V, Bodrov A N. Precise shaping of splined shafts in automobile manufacturing. Russian Engineering Research, 2003, 23(12): 37-40.

[15] ASM International Handbook Committee. Thread Rolling//ASM Handbook Machining vol.16, Materials Park, Ohio: ASM International, 2001.

[16] Tschätsch H. Metal Forming Practise. Translated by Koth A. Berlin: Springer, 2006.

[17] 赵升吨, 李泳峰, 范淑琴, 等. 汽车花键轴零件的生产工艺综述. 锻压装备与制造技术, 2012, 47(3): 74-77.

[18] 王秀伦. 螺纹冷滚压加工技术. 北京: 中国铁道出版社, 1990.

[19] 宋建丽, 刘志奇, 李永堂. 轴类零件冷滚压精密成形理论与技术. 北京: 国防工业出版社, 2013.

[20] Kao Y C, Cheng H Y, She C H. Development of an integrated CAD/CAE/CAM system on taper-tipped thread-rolling die-plates. Journal Materials Processing Technology, 2006, 177: 98-103.

[21] 刘红梅, 李永堂, 齐会苹, 等. 螺纹冷滚压参数化造型与有限元分析. 锻压装备与制造技术, 2011, 46(2): 78-81.

[22] Pater Z, Gontarz A, Weroñski W. New method of thread rolling. Journal Materials Processing Technology, 2004, 153-154: 722-728.

[23] 孙士宝, 崔世强, 高才良, 等. 渐开线花键冷搓成形模具设计及制造. 锻压技术, 1999, 14(4): 43-45

[24] 仇平, 张立玲, 张庆. 渐开线花键冷滚轧模具的设计与计算. 燕山大学学报, 2003, 27(3): 244-247.

[25] 吴修义. 小模数渐开线花滚轧轮的设计特点. 机械工艺师, 1997, (1): 15-16.

[26] Kinoshita Y, Higuchi M, Umebayashi Y. Rolling die and method for forming thread or worm and spline having small number of teeth by rolling simultaneously: United States, 20070209419A1. 2007.

[27] Zhang D W, Zhao S D, Wu S B, et al. Phase characteristic between dies before rolling for thread and spline synchronous rolling process. The International Journal of Advanced Manufacturing Technology, 2015, 81: 513-528.

[28] Zhang D W, Liu B K, Xu F F, et al. A note on phase characteristic among rollers before thread or spline rolling. The International Journal of Advanced Manufacturing Technology, 2019, 100: 391-399.

[29] Zhang D W. Die structure and its trial manufacture for thread and spline synchronous rolling process. The International Journal of Advanced Manufacturing Technology, 2018, 96: 319-325.

[30] Jones M H, Velinsky S A. Kinematics of roller migration in the planetary roller screw mechanism. Journal of Mechanical Design, 2012, 134(6): Article ID 061006, 6 pages.

[31] 赵英, 倪洁, 吕丽娜. 滚柱丝杠副的啮合计算. 机械传动, 2003, 20(3): 34-36.

[32] Jones M H, Velinsky S A. Contact kinematics in the roller screw mechanism. Journal of Mechanical Design, 2013, 135(5): Article ID 051003, 10 pages.

[33] Dooner D B, Santana R A. Gear parameters for specified deflections. Journal of Mechanical Design, 2001, 123: 416-421.

[34] Tsai C F, Liang T L, Yang S C. Using Double envelope method on a planetary gear mechanism with double circular-arc tooth. Transactions of the Canadian Society for Mechanical Engineering, 2008, 32(2): 267-281.

[35] Skrickij V, Marijonas B. Vehicle gearbox dynamics: Centre distance influence on mesh stiffness and spur gear dynamics. Transport, 2010, 25(3): 278-286.

[36] Feng K. Effect of shaft and bearing flexibility on dynamic behavior of helical gear: Modeling and experimental comparisons. Journal of Advanced Mechanical Design, Systems, and Manufacturing. 2012, 6(7): 1190-1205.

[37] Litvin F L, Hsiao C L. Computerized simulation of meshing and contact of enveloping gear tooth surfaces. Computer Methods in Applied Mechanics and Engineering, 1993, 102: 337-366.

[38] Seol I H, Litvin F L. Computerized design generation and simulation of meshing and contact of modified involute, Klingelnberg and Flender type worm-gear drives. Journal of Mechanical Design, 1996, 118: 551-555.

[39] Bair B W, Tsay C B. ZK-type dual-lead worm and worm gear drives contact teeth, contact ratios and kinematic errors. Journal of Mechanical Design, 1998, 120: 422-428.

[40] Zhang D W, Zhao S D, Li Y T. Rotatory condition at initial stage of external spline rolling. Mathematical Problems in Engineering, 2014, 2014: Article ID 363184, 12 pages.

[41] Li J, Wang G C, Wu T. Numerical simulation and experimental study of slippage in gear rolling. Journal of Materials Processing Technology, 2016, 234: 280-289.

[42] Ma Z Y, Luo Y X, Wang Y Q. On the pitch error in the initial stage of gear roll-forming with axial-infeed. Journal of Materials Processing Technology, 2018, 252: 659-672.

[43] Neugebauer R, Putz M, Hellfritzsch U. Improved process design and quality for gear manufacturing with flat and round rolling. Annals of the CIRP, 2007, 56(1): 307-312.

[44] Neugebauer R, Klug D, Hellfritzsch U. Description of the interactions during gear rolling as a basis for a method for the prognosis of the attainable quality parameters. Production Engineering Research Development, 2007, 1(3): 253-257.

[45] Neugebauer R, Hellfritzsch U, Lahl M. Advanced process limits by rolling of helical gears. International Journal of Material Forming, 2008, 1(s1): 1183-1186.

[46] Zhang D W, Li Y T, Fu J H. Tooth curves and entire contact area in process of spline cold rolling. Chinese Journal of Mechanical Engineering, 2008, 21(6): 94-97.

[47] Zhang D W, Zhao S D, Ou H A. Motion characteristic between die and workpiece in spline rolling process with round dies. Advances in Mechanical Engineering, 2016, 8(7): 1-12.

[48] Zhang D W, Zhao S D, Ou H A. Analysis of motion between rolling die and workpiece in thread rolling process with round dies. Mechanism and Machine Theory, 2016, 105: 471-494.

[49] Zhang D W, Zhao S D, Bi Y D. Analysis of forming error during thread and spline synchronous rolling process based on motion characteristic. The International Journal of Advanced Manufacturing Technology, 2019, 102: 915-928.

[50] 宋德玉, 高文, 赵振业. 螺纹滚压强化对 300M 钢螺纹疲劳强度的影响. 材料工程, 1993, (2): 16-19.

[51] 张秀林, 金铮. 螺纹滚压强化疲劳断口的分析. 北京科技大学学报, 1997, 19(4): 374-377.

[52] Domblesky J P, Feng F. Finite element modeling of external threading rolling. Wire Journal International, 2001, 34(10): 110-115.

[53] Domblesky J P, Feng F. Two-dimensional and three-dimensional finite element models of external thread rolling. Proceedings of the Institution of Mechanical Engineers, Part B: Journal of Engineering Manufacture, 2002, 216: 507-509.

[54] 宋欢, 李永堂, 齐会苹. 螺纹冷滚压和切削加工的金属组织变形研究. 锻压装备与制造技术, 2010, 45(3): 58-61.

[55] 刘志奇, 宋建丽, 李永堂, 等. 渐开线花键冷滚压精密成形工艺分析及试验研究. 机械工程学报, 2011, 47(14): 32-38.

[56] Zhang D W, Li Y T, Fu J H, et al. Mechanics analysis on precise forming process of external spline cold rolling. Chinese Journal of Mechanical Engineering, 2007, 20(3): 54-58.

[57] Zhang D W, Li Y T, Fu J H, et al. Rolling force and rolling moment in spline cold rolling using slip-line field method. Chinese Journal of Mechanical Engineering, 2009, 22(5): 688-695.

[58] Zhang D W, Li Y T, Fu J H, et al. Theoretical analysis and numerical simulation of external spline cold rolling//IET Conference Publications CP556, Institution of Engineering and Technology, London, 2009: 1-7.

[59] Zhang D W, Zhao S D. Deformation characteristic of thread and spline synchronous rolling process. The International Journal of Advanced Manufacturing Technology, 2016, 87: 835-851.

[60] Lin Y C, Chen M S, Zhong J. Numerical simulation for stress/strain distribution and microstructural evolution in steel during hot upsetting process. Computational Materials Science, 2008, 43: 1117-1122.

[61] Ma Q, Lin Z Q, Yu Z Q. Prediction of deformation behavior and microstructure evolution in heavy forging by FEM. International Journal of Advanced Manufacturing Technology, 2009, 40: 253-260.

[62] Zhang D W, Zhao S D, Yang H. Analysis of deformation characteristic in multi-way loading forming process of aluminum alloy cross valve based on finite element model. Transactions of Nonferrous Metals Society of China, 2014, 24(1): 199-207.

[63] Zhang D W, Yang H, Sun Z C. Finite element simulation of aluminum alloy cross valve forming by multi-way loading. Transactions of Nonferrous Metals Society of China, 2010, 20(6): 1059-1066.

[64] Yu H L, Tieu K, Lu C, et al. Occurrence of surface defects on strips during hot rolling process by FEM. International Journal of Advanced Manufacturing Technology, 2013, 67: 1161-1170.

[65] Zhang Q, Dean T A, Wang Z R. Numerical simulation of deformation in multi-point sandwich forming. International Journal of Machine Tools and Manufacture, 2006, 46: 699-707.

[66] Huang L, Yang H, Zhan M, et al. Forming characteristics of splitting spinning based on the behaviors of roller. Computational Materials Science, 2009, 45: 449-461.

[67] Zhang D W, Yang H, Sun Z C. 3D-FE modelling and simulation of multi-way loading process for multi-ported valve. Steel Research International, 2010, 81(3): 210-215.

[68] Zhang D W, Yang H, Sun Z C, et al. Deformation behavior of variable-thickness region of billet in rib-web component isothermal local loading process. International Journal of Advanced Manufacturing Technology, 2012, 63: 1-12.

[69] Zhang D W, Yang H. Preform design for large-scale bulkhead of TA15 titanium alloy based on local loading features. International Journal of Advanced Manufacturing Technology, 2013, 67(9-12): 2551-2562.

[70] Yang H, Zhan M, Liu Y L, et al. Some advanced plastic processing technologies and their numerical simulation. Journal of Materials Processing Technology, 2004, 151: 63-69.

[71] SFT Inc. DEFORMTM-3D User's Manual. Version5.0, 2003.

[72] Chen C H, Wang S T, Lee R S. 3-D Finite element simulation for flat-die thread rolling of stainless steel. Journal of the Chinese Society of Mechanical Engineers, 2005, 26(5): 617-622.

[73] 李永堂, 张大伟, 付建华, 等. 外花键冷滚压成形过程单位平均压力. 中国机械工程, 2007, 18(24): 2977-2980.

[74] Wang Z K, Zhang Q. Numerical simulation of involutes spline shaft in cold rolling forming. Journal of Central South University of Technology, 2008, 15(s2): 278-283.

[75] 李泳峄. 花键轴的轴向推进滚轧累积塑性变形机理及流动行为研究[博士学位论文]. 西安: 西安交通大学, 2014.

[76] Cui M C, Zhao S D, Chen C, et al. Finite element modeling and analysis for the integration-rolling-extrusion process of spline shaft. Advances in Mechanical Engineering, 2017, 9(2): 1-11.

[77] Pavlina E J, Tyne C J V. Correlation of yield strength and tensile strength with hardness for steels. Journal of Materials Engineering and Performance, 2008, 17(6): 888-893.

[78] Brooks I, Lin P, Palumbo G, et al. Analysis of hardness-tensile strength relationships for electroformed nanocrystalline materials. Materials Science and Engineering A, 2008, 491: 412-419.

[79] Zhang P, Li S X, Zhang Z F. General relationship between strength and hardness. Materials Science and Engineering A, 2011, 529: 62-73.

[80] Tabor D. The hardness of solids. Review of Physics in Technology, 1970, 1(3): 145-179.

[81] Kamouneh A A, Ni J, Stephenson D, et al. Investigation of work hardening of flat-rolled helical-involute gears through grain-flow analysis, FE-modeling, and strain signature. International Journal of Machine Tools & Manufacture, 2007, 47: 1285-1291.

第2章 螺纹花键同步滚轧原理

螺纹、花键(齿轮)等复杂型面通常有板式搓制成形和轮式滚轧成形两种加工方法。复杂型面滚轧工艺类型更多、成形过程运动更复杂,不同复杂型面滚轧工艺所要求成形设备结构及运动方式也各不相同。张大伟等[1]分析了复杂型面滚轧工艺类型及衍生分支,阐明相应的平板模具搓制、轮式模具滚轧、轴向进给主动旋转滚轧的设备结构原理及运动特征。复杂型面滚轧成形工艺基于横轧原理,带有一定形状(螺纹或齿轮/花键形状)的滚轧模具同步、同方向旋转,工件反向旋转,工件成形前后的轴向长度变化较小,是一种局部加载、省力、增量渐进的塑性成形工艺,所成形零件表面硬度显著增加,强度、耐蚀性等力学性能明显改善。复杂型面滚轧为高效、高性能的轴类零件批量化成形制造提供了一条可行的途径。

一般板式搓制成形难以加工直径较大的零件,模具结构也比轮式滚轧模具结构复杂,并且机床调整比较复杂,成形零件精度也低于轮式滚轧成形精度[2,3]。本书所研究的滚轧成形工艺是基于轮式模具的滚轧成形工艺。螺纹滚轧成形工艺和花键滚轧成形工艺都是基于横轧原理的一种无切削精密成形技术,我们基于现有的螺纹、花键滚轧成形技术,提出一种螺纹花键同步滚轧成形新工艺[4-6]。本章介绍复杂型面滚轧工艺分类及设备结构,阐述轮式径向进给的螺纹滚轧和花键滚轧一般原理,提出一种螺纹花键同轴类零件滚轧成形新工艺构架,阐明其成形原理,并介绍模具结构一般原则。

2.1 复杂型面滚轧工艺及设备

根据复杂型面轴类零件滚轧成形工艺中滚轧模具结构以及运动方式的不同可分为板式搓制成形、轮式滚轧成形、轴向推进主动旋转滚轧成形,如图 2.1 所示[7,8]。实现复杂轴类零件成形的锻压设备称为复杂型面滚轧机,为满足不同滚轧工艺的运动形式要求,相应滚轧设备的结构和传动系统也有一定区别。虽然同一种类型工艺会衍生稍有差异的工艺分支,但设备结构特征是相似的。如轮式滚轧成形包括中心距变化和中心距不变两种衍生工艺,前者滚轧过程中滚轧模具有径向进给;后者滚轧过程中滚轧模具虽无径向进给,但滚轧前、滚轧后有径向运动,滚轧过程中也要提供较大的滚轧力，因此两者设备结构原理类似，模具结构有显著差别。此外，在智能制造背景下，锻压装备智能需求日益增加，分散多动力、伺服电直驱、集成一体化是智能锻压装备的主要实施途径[9]。滚轧设备的驱动与传动形式也向伺服化、分散化发展，国内外也均已出现伺服直驱滚轧设备。

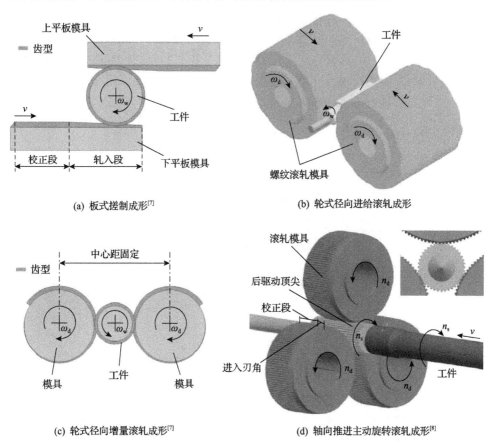

图 2.1　复杂型面滚轧工艺原理

2.1.1　板式搓制成形工艺及设备

板式搓制成形，也称搓齿、搓丝，平板模具(也称齿条模)对称布局在轴类件工件两侧，并且平板模具分为轧入段、校正段、退出段三部分，仅校正段具有全牙型(或齿型)高度。滚轧成形过程中，平板滚轧模具做直线运动，工件旋转，在平板模具校正段牙型(或齿型)成形。一般成形轴类零件直径为 2~35mm，多用于紧固件滚轧成形。板式冷搓成形难以加工直径较大的零件，并且机床调整比较复杂，模具结构复杂、制作困难、易磨损，通常用于小尺寸的复杂型面轴类件的滚轧成形。

　　板式搓制成形设备根据工件轴线位置可分为倾斜式设备[见图 2.2(a)]和水平式设备[见图 2.2(b)]。相对于倾斜式设备，水平式设备可提供更大的载荷成形零件，其所成形的零件精度更高。因此，近年来水平式的板式搓制成形设备有很大发展，其所能成形的最大零件尺寸达到 40~45mm[1]。水平式板式搓制成形设备又可分为立式和卧式。板式搓制成形过程中两组板式模具中一组做往复直线运动或两组同时做往复直线运动。螺纹搓制成形设备多为倾斜式，竖直工件经料斗作用倾斜后插入搓丝板[2]，两组板式模具中一组做往复直线运动，常用于螺钉、螺栓等紧固件搓制。少数搓制高精度、较长螺纹的搓制成形设备采用水平方式。用于花键等齿型零件搓制成形的设备多采用水平式结构，并且两组板式模具同时做往复直线运动。

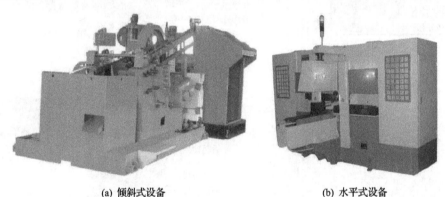

(a) 倾斜式设备　　　　　　　　　　(b) 水平式设备

图 2.2　板式搓制成形设备

　　倾斜式板式搓制成形设备结构中，两组板式模具运动形式常采用一组做往复直线运动，板式模具直线运动由电机旋转运动提供。典型的主传动系统是一级皮带传动和一级齿轮传动，并通过安装在最后一级啮合传动齿轮上曲柄销带动连杆使安装活动板式模具的滑块获得往复直线运动。设备带有自动的送料系统和料斗传动系统，工作效率高。

　　水平式板式搓制成形设备的板式模具直线运动由液压系统提供，LCK915 数控冷搓成形设备由机身、上下滑座、前后顶尖座、液压系统、电气控制系统等部分组成，如图 2.3 所示。液压系统、电气控制系统分别独立置于主机的后侧，上下滑座、主油缸、后顶尖座等安装在 C 形机身内。机身采用分体机身刚性把合技术，设置前后拉杆的结构，提高了设备的整体刚性。安装板式模具(搓刀)的上下滑座分别安装于上下机身的导轨上，由同步装置保证其动作的同步性，动力由两油缸分别提供，机床的前后顶尖座保证工件轴心与两刀具齿面垂直和对称。

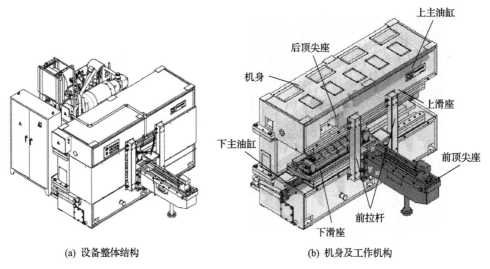

(a) 设备整体结构　　　　　　　　　　(b) 机身及工作机构

(c) LCK915数控冷搓成形设备

图 2.3　水平式板式搓制成形设备

2.1.2　轮式滚轧成形工艺及设备

　　轮式滚轧成形采用 2 个或 2 个以上滚轧模具，沿工件周向均布，常采用 2 个或 3 个滚轧模具，4 个滚轧模具可以参见文献[10]，但没有采用 4 个以上滚轧模具的文献报道。轮式滚轧机结构形式多，应用范围广，适用于直径较大零件的成形制造，一般成形轴类零件直径为 0.3～335mm。轮式滚轧成形原理为：滚轧前，将轴类件工件置于轮式滚轧模具间，工件与模具无接触；滚轧成形过程中，滚轧模具同步、同向、同速旋转；一个或多个轮式滚轧模具以一定速度径向进给[见图 2.1(b)]，或滚轧模具无径向直线运动[见图 2.1(c)]；在摩擦力矩、模具齿型压入作用下带动工件旋转，模具上的复杂型面(牙型、齿型)滚轧压入工件表层，逐渐成形轴类件上的复杂型面(牙型、齿型)。

　　轮式径向进给滚轧成形中滚轧模具和工件间中心距是连续变化的，滚轧模具的转速与径向进给速度间的关系对滚轧成形过程的稳定性以及齿型、螺纹等复杂型面成形质量有较大影响，但滚轧模具结构简单；轮式径向增量滚轧成形中滚轧模具和工件中心距不变，但滚轧模具结构复杂，模具上的齿型、螺纹高度沿圆周方向逐渐增加，并形成类似于平板模具中的轧入、校正两部分。

　　相对于径向增量滚轧成形，径向进给滚轧成形模具结构简单，过程柔性可控。因此在径向进给滚轧成形工艺基础上，通过合理的模具结构设计和工艺控制，螺纹和花键特征能够在一次滚轧成形中同时成形，即螺纹花键同步滚轧工艺[4-6]。

　　轮式滚轧成形设备多采用两轴(两滚轧模具)、三轴(三滚轧模具)，四轴以上较少采用。机床结构可分为立式和卧式，卧式结构适应产品规格多、范围广，适用于直径较大零件的滚轧。两轴卧式轮式滚轧成形设备见图 2.4[3]。设备包括机身、传动机构、液压系统、电气控制系统、润滑冷却系统及夹具部分。两主轴座安装在进给机构的左右滑座上，在主轴上安装有轮式滚轧模具，传动系统保证两滚轧轮在主轴的带动下同步旋转。采用 U 形机身结构，增强了机床的整体刚性，很好地解决了吸振与减振问题。

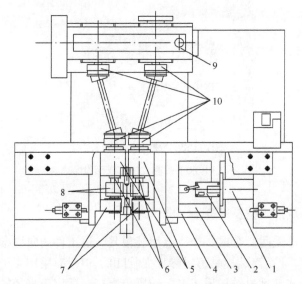

图 2.4　两轴卧式轮式滚轧成形设备结构[3]

1. 液压缸；2. 比例伺服阀；3. 导轨；4. 滑台；5. 主轴后支架；6. 主轴；7. 主轴前支架；
8. 轮式滚轧模具；9. 传动箱；10. 球笼万向节

　　主轴(滚轧模具)的旋转运动由电机提供，径向进给运动或径向滚轧力由液压系统提供。图 2.4 所示两个主轴通过球笼式万向节同一个电机相连，通过高精度的整体式传动系统驱动两主轴，保证了两主轴的同步性；也可直接采用两个伺服电机直接为两个主轴提供旋转运动，减少传动环节，利于保证两主轴的同步性，同时便于滚轧前模具相位调整,如图 2.5(a)所示。此外,对于螺纹类零件滚轧成形设备,一般具有主轴倾斜可调功能,可用于滚轧丝杠。进给机构采用两套全闭环比例伺服液压系统驱动两滑座,实现两滑座的精确定位。

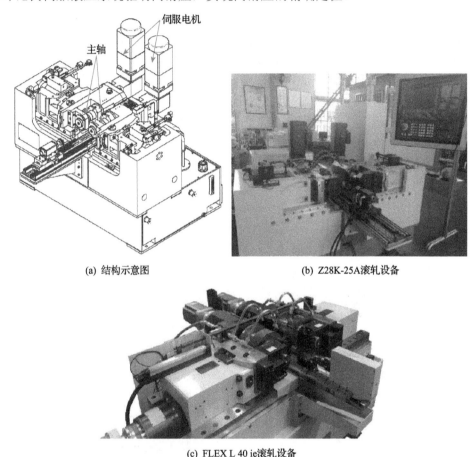

(a) 结构示意图　　　　　　　　(b) Z28K-25A滚轧设备

(c) FLEX L 40 ie滚轧设备

图 2.5　伺服直驱轮式滚轧成形设备

国内 2014 年开发出采用伺服电机直接驱动主轴旋转的径向进给式数控滚轧机 Z28K-16,并在随后推出了 Z28K-25A 滚轧设备[见图 2.5(b)],简化了传动系统、提高了同步精度,便于滚轧模具相位调整。之后法国推出的 FLEX L 40 ie 滚轧设备也采用了伺服电机驱动滚轧模具旋转,如图 2.5(c)所示。

2.1.3　轴向推进主动旋转滚轧成形工艺及设备

上述滚轧成形中,工件在滚轧模具驱动(摩擦力矩)下被动旋转,滚轧初期存在相对滑动,造成多轴运动不协调,容易影响滚轧工件成形质量。轴向推进主动旋转滚轧成形中,工件通过集成驱动顶尖或已成形齿型同滚轧模具啮合主动旋转,如图 2.1(d)所示，成形原理为：多个滚轧模具沿轴类件工件圆周方向均布(图中以 3 个滚轧模具为例)，并且滚轧模具沿轴向分为进入刃角段和校正段两部分，进入刃角段齿型对花键轴齿型进行预滚轧成形，校正段齿型对花键轴预成形齿型进行精整；滚轧前，工件置于滚轧模具前方，滚轧成形过程中，工件沿轴向以一定速度推进，多个滚轧模具同步、同向、同速旋转，后驱动顶尖的型面参数与所要成形的型面参数相同，与滚轧模具间可通过齿型啮合传动，带动工件主动旋转；在滚轧模具进入刃角段复杂型面(牙型、齿型)的预滚轧作用下，塑性变形区域较小，成形的复杂型面(牙型、齿型)高度随着轴向进给逐渐增加；由于工件不断沿轴向推进，预滚轧成形后的复杂型面(牙型、齿型)在滚轧模具校正段的校正作用下，继续提高成形精度和表面质量；后驱动顶尖退出轧制区域后，工件已成形区同滚轧模具校正段啮合传动，带动工件主动旋转。

美国的 MC-6、MC-9 轴向推进主动旋转滚轧成形设备采用大功率交流异步电机及大型减速机[见图 2.6(a)]，实现分轴同步运动输出，并且在减速机输出轴与模具轴间串联分度调整机构，以实现对三模具初始相位的调整；此外，该设备滚轧模具径向位置由液压缸推动封闭式驱动盘调整。

赵升吨等[8,9,11,12]研制的伺服驱动轴向推进主动旋转滚轧成形设备样机采用 6 个伺服电机，分别实现 3 个滚轧模具的旋转和径向位置调整，如图 2.6(b)所示。在滚轧模具旋转传动机构上，3 个主动力交流伺服电机动作，经由电机带轮、同步带、减速机带轮、行星减速机、万向联轴器、滚轧模具轴等零部件，将旋转运动传至滚轧模具，各自独立驱动滚轧模具旋转。通过伺服控制系统同时向 3 个主动力交流伺服电机模块输出一致的驱动信号，即可实现 3 个滚轧模具同步、同向、同速旋转。在滚轧模具径向位置调整传动机构上，3 个调整交流伺服电机动作，

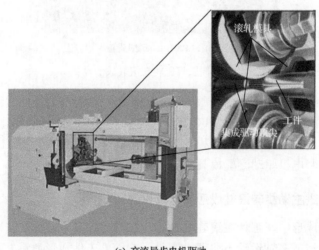

(a) 交流异步电机驱动

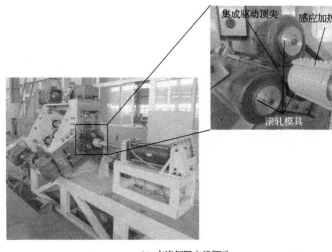

（b）交流伺服电机驱动

图 2.6 轴向推进主动旋转滚轧成形设备

经由蜗轮减速机、滚珠丝杠螺母副、滑座等零部件，各自独立驱动滚轧模具及滑座在导轨内沿径向滑动。由伺服控制系统同时向 3 个调整伺服电机输出相同的驱动信号，即可实现 3 个滚轧模具沿工件径向位置的自动、同步精确调整。

相关设备已成功用于花键/齿轮类直齿型零件的滚轧成形，如图 2.6 所示，其轴向推进运动需主动施加。对于丝杠等螺纹类零件，可通过集成驱动顶尖或已成形牙型同滚轧模具校正段啮合实现轴向移动[13]。

2.2 轮式径向进给式螺纹滚轧和花键滚轧

螺纹滚轧成形和花键（齿轮）滚轧成形都是基于横轧原理，径向进给滚轧成形的工作原理如图 2.7 所示。螺纹滚轧或花键滚轧可采用两滚轧模具[见图 2.1（b）（螺纹滚轧）、图 2.7（a）（花键滚轧）]或三滚轧模具[见图 2.7（b）]，一般滚轧模具轴线和工件轴线平行。

螺纹滚轧成形和花键滚轧成形过程相类似，模具运动方式也是相同的，模具型面不同。以图 2.1（b）、图 2.7（a）所示的两滚轧模具为例：具有一定形状（螺纹或花键形状）的两个滚轧模具同步、同方向旋转，工件由滚轧模具驱动旋转，工件旋转方向和滚轧模具旋转方向相反；一个滚轧模具或两个滚轧模具同时以均匀的速度或恒定的滚轧力做径向进给运动①，连续地向工件施压，直至与模具相对应的牙/齿型成形。螺纹滚轧中模具的牙型和头数相同，一般滚轧模具为多头螺纹，其螺距和所成形工件的螺距相同。两个花键滚轧模具的齿型和齿数相同。

---

① 采用 3 个及 3 个以上滚轧模具滚轧成形时，一般 3 个及 3 个以上滚轧模具同时径向进给。

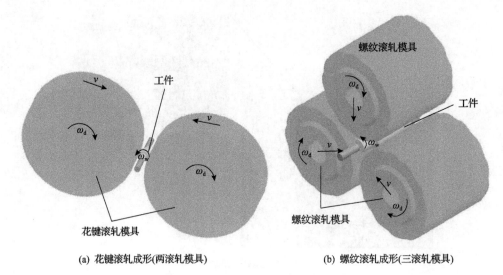

(a) 花键滚轧成形(两滚轧模具)　　　　(b) 螺纹滚轧成形(三滚轧模具)

图 2.7　径向进给滚轧成形

螺纹滚轧和花键滚轧成形过程中，滚轧模具径向进给，中心距连续变化，工件和一个滚轧模具接触产生变形的区域旋转 $1/N$（N 为采用的滚轧模具个数）圈后同下一滚轧模具接触产生变形，当到达最终滚轧位置时，滚轧模具径向进给运动停止。记工件一区域同滚轧模具接触、分离前后花键齿根圆半径或螺纹牙底处半径之差为压缩量 Δs，如图 2.8 所示，它反映了工件一区域同滚轧模具接触、分离一次滚轧过程中的变形程度。压缩量 Δs 的大小和滚轧模具转速、径向进给速度密切相关。张大伟等[14-16]根据滚轧过程中压缩量的变化将采用两滚轧模具的花键滚轧过程分为 4 个成形阶段，据此进一步推论，可将采用 N 个滚轧模具的螺纹、花键(齿轮)等复杂型面滚轧成形分为如下 4 个成形阶段[17]，压缩量 Δs 及相关工艺参数变化如图 2.9 所示。

螺纹、花键滚轧过程中，一般滚轧模具径向进给速度和旋转速度为常数，其成形过程的 4 个成形阶段特点如下。

第一成形阶段为滚轧模具和工件开始接触至工件旋转 $1/N$ 圈，这一阶段压缩量由零逐渐增加至稳定滚轧时压缩量的值，滚轧模具径向进给并旋转，滚轧模具径向进给量线性增加，工件和滚轧模具之间的中心距不断减小。

第二成形阶段为工件旋转 $1/N$ 圈至滚轧模具到达最终滚轧位置时，压缩量在一稳定值保持不变，滚轧模具径向进给并旋转，滚轧模具径向进给量线性增加，并增加至最大值，工件和滚轧模具之间的中心距不断减小，并减小至最小值。

第三成形阶段为滚轧模具到达最终滚轧位置时(即滚轧模具进给量达到最大值)至工件再旋转 $1/N$ 圈，压缩量由稳定值逐渐减小至零，滚轧模具仅做旋转运动，滚轧模具径向进给量不变，工件滚轧模具之间的中心距不变。

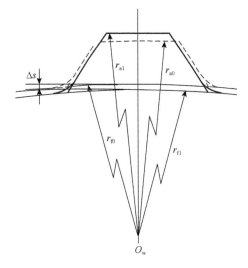

图 2.8　压缩量示意图

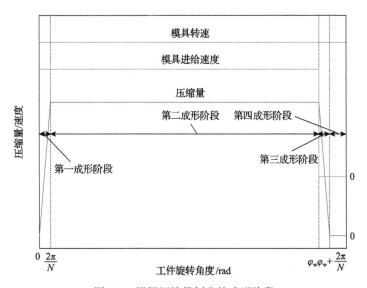

图 2.9　根据压缩量划分的成形阶段

第四成形阶段为第三成形阶段结束至滚轧结束，是型面精整阶段，压缩量为零，滚轧模具仅做旋转运动，滚轧模具径向进给量不变，工件滚轧模具之间的中心距不变。

滚轧成形过程中滚轧模具径向进给量、工件滚轧模具之间中心距的变化情况如图 2.10 所示。

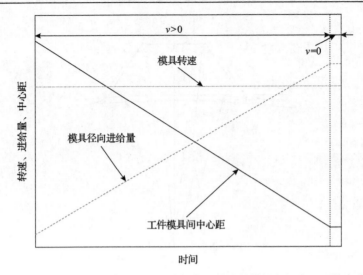

图 2.10　滚轧全过程模具径向进给量和工件滚轧模具之间中心距的变化

2.3　螺纹花键同步滚轧

　　基于螺纹、花键径向进给式滚轧成形技术发展的螺纹花键同步滚轧成形工艺如图 2.11 所示。同样基于横轧原理，其工艺过程与螺纹滚轧成形和花键滚轧成形相类似，只是模具结构不同，成形模具由螺纹牙型段和花键齿型段构成。同时滚轧模具要能够满足螺纹段和花键段滚轧成形过程的运动协调和滚轧前模具的相位要求。

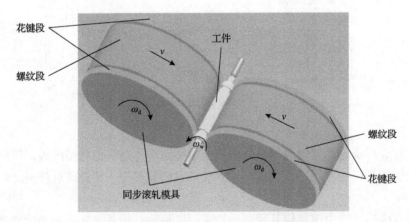

图 2.11　螺纹花键同步滚轧成形工艺示意图

　　以两滚轧模具为例，螺纹花键同步滚轧工艺过程描述如下：带有成形齿型的一对滚轧模具，安装在两传动主轴上，滚轧模具由螺纹牙型段和花键齿型段构成；

两主轴做同步、同方向旋转，一轴或两轴同时做径向进给运动，工件反向旋转；同时滚轧成形工件不同部位的螺纹和花键。

在一次滚轧成形中，同时成形螺纹牙型和花键齿型，不仅可以有效地减少成形零件的时间，还可以在现有滚轧成形设备的结构基础上实现，同时成形过程中螺纹段的啮合可促进工件旋转，从而提高花键段的分齿精度，并且成形效率高，节约能源和材料，成形质量稳定，能够满足市场对高强度、高精度滚柱零件的生产要求。特别是易于保证螺纹和花键相对位置的稳定。

在花键或齿轮冷滚轧成形中存在两种分度方式：自由分度和强制分度。在自由分度滚轧成形中，初始滚轧时或成形零件齿数较少时，模具和工件之间存在打滑现象，一般将滑动量加入模具设计中以保证分度精度[18]。强制分度滚轧成形中，可增加伺服电机单独控制工件旋转[19]，通过控制工件旋转改进分齿精度[20]。Kinoshita 等[21]认为在螺纹花键同时搓制成形中螺纹段的啮合可促进工件旋转。同样在螺纹花键同步滚轧成形中，成形过程中螺纹段的啮合可促进工件旋转，从而提高花键段的分齿精度。

螺纹花键同步滚轧成形过程的压缩量、同步滚轧模具径向进给量、同步滚轧模具运动参数(进给速度、旋转速度)、同步工件滚轧模具间中心距等的变化如图 2.9 和图 2.10 所示。只是，同步滚轧模具的螺纹段和花键段同工件接触时刻并不一定相同。螺纹花键同步滚轧成形过程中螺纹段的啮合可促进工件旋转，从而提高花键段的分齿精度。因此一般滚轧模具螺纹段先接触工件，滚轧模具花键段后接触工件。工件螺纹段、花键段压缩量的变化曲线相同，但在时间上存在滞后。

螺纹啮合可等效处理为斜齿轮/螺旋齿轮副啮合[22]。因此，零件花键部分的齿数、零件螺纹部分的螺纹头数、滚轧模具上相应的花键段的齿数、滚轧模具上相应螺纹段的螺纹头数应满足：

$$\frac{Z_{\mathrm{d}}}{Z_{\mathrm{w}}} = \frac{n_{\mathrm{d}}}{n_{\mathrm{w}}} = i \tag{2.1}$$

式中，Z_{d} 为滚轧模具花键段的齿数；Z_{w} 为所成形工件花键段的齿数；n_{d} 为滚轧模具螺纹段的头数；n_{w} 为所成形工件螺纹段的头数；i 为同步滚轧模具和所成形工件之间的关系比，具体值为同步滚轧模具和工件齿数或头数比。

根据式(2.1)可以确定同步滚轧模具上螺纹部分和花键部分的头数及齿数。不同滚轧模具上的螺纹段和花键段相对相位由具体的零件上螺纹头数和花键齿数、滚轧模具个数及滚轧模具和零件之间关系比 i 决定，模具上的螺纹段和花键段相对相位将在第 3 章详细讨论。

通过合理的模具结构设计和工艺控制，实现在一次滚轧成形中同时成形螺纹和花键特征，形成一种螺纹花键同轴类零件滚轧成形新工艺构架。同步滚轧模具由螺纹牙型段和花键齿型段构成，在一次滚轧成形中同时成形轴类零件上不同部位的外螺纹和外花键齿型，缩短成形时间，批量生产中容易保证螺纹和花键相对位置稳定。

参 考 文 献

[1] 张大伟, 赵升吨, 王利民. 复杂型面滚轧成形设备现状分析. 精密成形工程, 2019, 11(1): 1-10.

[2] 王秀伦. 螺纹冷滚压加工技术. 北京: 中国铁道出版社, 1990.

[3] 宋建丽, 刘志奇, 李永堂. 轴类零件冷滚压精密成形理论与技术. 北京: 国防工业出版社, 2013.

[4] 张大伟, 赵升吨, 张琦. 一种螺纹花键同时滚压成形轴类零件的方法: 中国, ZL201310034355.8. 2013.

[5] Zhang D W, Zhao S D. New method for forming shaft having thread and spline by rolling with round dies.The International Journal of Advanced Manufacturing Technology, 2014, 70: 1455-1462.

[6] 张大伟, 赵升吨. 行星滚柱丝杠副滚柱塑性成形的探讨. 中国机械工程, 2015, 26(3): 385-389.

[7] 赵升吨, 李泳峰, 刘辰, 等. 复杂型面轴类零件高效高性能精密滚轧成形工艺装备探讨. 精密成形工程, 2014, 6(5): 1-8.

[8] Cui M C, Zhao S D, Zhang D W, et al. Deformation mechanism and performance improvement of spline shaft with 42CrMo steel by axial-infeed incremental rolling process. International Journal of Advanced Manufacturing Technology, 2017, 88: 2621-2630.

[9] 赵升吨, 贾先. 智能制造及其核心信息设备的研究进展及趋势. 机械科学与技术, 2017, 36(1): 1-16.

[10] 赵升吨, 李泳峰, 孙振宇, 等. 一种花键四模具超声增量式挤压滚轧复合成形装置及工艺: 中国, ZL201110434048.X. 2011.

[11] 赵升吨, 等. 高端锻压制造装备及其智能化. 北京: 机械工业出版社, 2019.

[12] Cui M C, Zhao S D, Zhang D W, et al. Finite element analysis on axial-pushed incremental warm rolling process of spline shaft with 42CrMo steel and relevant improvement. International Journal of Advanced Manufacturing Technology, 2017, 90: 2477-2490.

[13] 张大伟, 赵升吨, 吴士波. 一种主动旋转轴向进给三模具滚压成形螺纹件的方法: 中国, ZL201410012625.X, 2014

[14] 张大伟. 花键冷滚压工艺理论研究[硕士学位论文]. 太原: 太原科技大学, 2007.

[15] 李永堂, 张大伟, 付建华, 等. 外花键冷滚压成形过程单位平均压力. 中国机械工程, 2007, 18(24): 2977-2980.

[16] Zhang D W, Li Y T, Fu J H, et al. Rolling force and rolling moment in spline cold rolling using slip-line field method. Chinese Journal of Mechanical Engineering, 2009, 22(5): 688-695.

[17] Zhang D W, Liu B K, Zhao S D. Influence of processing parameters on the thread and spline synchronous rolling process: An experimental study. Materials, 2019, 12(10): 1716, https://doi.org/10.3390/ma12101716.

[18] 张大伟, 付建华, 李永堂. 花键冷滚压成形过程中的接触比. 锻压装备与制造技术, 2008, 43(4): 80-84.

[19] Lin S Z, Yang X H, Sun H L, et al. Principle of cold rolling harmonic gear and research on the equipment//2006 International Technology and Innovation Conference, Hangzhou, 2006.

[20] Neugebauer R, Putz M, Hellfritzsch U. Improved process design and quality for gear manufacturing with flat and round rolling. Annals of the CIRP, 2007, 56(1): 307-312.

[21] Kinoshita Y, Higuchi M, Umebayashi Y. Rolling die and method for forming thread or worm and spline having small number of teeth by rolling simultaneously: United States, 20070209419A1. 2007.

[22] Jones M H, Velinsky S A. Kinematics of roller migration in the planetary roller screw mechanism. Journal of Mechanical Design, 2012, 134(6): Article ID 061006, 6 pages.

第3章 基于滚轧前模具相位特征的同步滚轧模具结构

为了保证不同滚轧模具滚轧成形的螺纹或花键(齿轮)能够良好地衔接，螺纹滚轧或花键滚轧前滚轧模具要满足一定的相位要求。在螺纹滚轧成形或花键滚轧成形中，可通过旋转两滚轧模具，实现滚轧前的滚轧模具相位调整。工业生产中一般通过压痕法进行滚轧前模具调整[1,2]。首先试滚轧获得工件上压痕，然后根据压痕衔接情况调整模具相位，重复这两步直至获得衔接良好的压痕。这种方法基于经验进行试错，需要熟练工人和大量的试滚轧。对于采用两滚轧模具的滚轧工艺，通过旋转两滚轧模具中的一个，调整滚轧前模具相位。两滚轧模具的螺纹滚轧前模具调整需要试滚轧的次数，从几件到几十件不等[2]。三滚轧模具的相位调整要比两滚轧模具相位调整更复杂、更耗时。

螺纹花键同步滚轧成形过程是螺纹滚轧成形和花键滚轧成形的耦合，要同时满足螺纹滚轧和花键滚轧前滚轧模具相位调整要求，仅通过滚轧前的模具旋转调整相位可能难以保证不同滚轧模具滚轧出的螺纹和花键良好衔接。对于两滚轧模具的花键滚轧成形，滚轧前模具相位要求依赖于工件和滚轧模具齿数的奇偶性[3]；文献[2]中提及了采用两滚轧模具的单头螺纹滚轧前的模具相位要求。关于螺纹、花键滚轧前模具调整要求的理论分析较少。

我们建立了具有普适性的螺纹和花键滚轧前模具相位要求的数学表达式，充分探讨了两滚轧模具下同步滚轧模具滚轧前的相位特征[4]。然而，滚轧前模具调整时滚轧模具旋转方向和滚轧时工件的旋转方向密切相关[5]，对采用3个及3个以上滚轧模具滚轧时的分析结果有影响，而对采用两个滚轧模具的分析结果没有影响。因此，进一步完善了3个及3个以上滚轧模具滚轧时滚轧模具具体相位调整要求[6]。

本章基于螺纹滚轧和花键滚轧前模具相位要求及成形模具个数，分别确定不同参数(成形工件和滚轧模具的螺纹头数/花键齿数、模具个数)下螺纹滚轧和花键滚轧成形前的相位要求。在此基础上，根据螺纹与花键同步滚轧成形特点，研究螺纹与花键同步滚轧成形中同时保证不同滚轧模具同步滚轧出的螺纹和花键能够良好衔接的滚轧模具相位要求条件及滚轧模具相位调整方法，系统分析不同螺纹头数和花键齿数组合条件下保证不同滚轧模具滚轧出的螺纹和花键能良好衔接的模具结构。

3.1　螺纹滚轧、花键滚轧前模具相位一般要求

螺纹滚轧成形中滚轧模具的参数是完全相同的，为了使不同滚轧模具滚轧的螺纹能够衔接上，滚轧前成形模具有一定的相位要求。即滚轧模具轴线与工件轴线决定的平面内螺纹(和工件接触一侧)相互错开一定距离，使某一滚轧模具在工件上的压痕能够同下一个滚轧模具相啮合，若不能满足这一要求，会出现螺纹不衔接的现象。根据螺纹滚轧成形运动特征，这一错开的距离 L 和螺纹滚轧模具的个数以及所成形的零件参数相关：

$$L = \frac{P_{h,w}}{N} = \frac{n_w P}{N} \tag{3.1}$$

式中，$P_{h,w}$ 为所成形工件的导程；N 为螺纹滚轧模具个数；n_w 为所成形工件的螺纹头数；P 为螺距。

理想状态下，若螺纹滚轧模具的螺纹起始位置都相同，螺纹滚轧模具沿工件轴线阵列分布，则螺纹滚轧模具安装时自身会依次错开一定距离(L')，其和滚轧模具的个数以及螺纹滚轧模具参数相关：

$$L' = \frac{P_{h,d}}{N} = \frac{n_d P}{N} \tag{3.2}$$

式中，$P_{h,d}$ 为螺纹滚轧模具的导程；n_d 为螺纹滚轧模具的螺纹头数。

这个距离差是通过螺纹滚轧模具的特定相位要求来实现的，即通过旋转模具来实现。螺纹滚轧前模具相位调整时的螺纹滚轧模具旋转方向应该和滚轧成形时工件旋转方向相同，也就是和螺纹滚轧成形时模具滚轧旋转方向相反。为了方便分析螺纹滚轧前模具相位调整，将螺纹滚轧前滚轧模具相位调整(旋转)的方向定义为 N 个螺纹滚轧模具沿工件周向布置顺序方向，而螺纹滚轧模具命名的顺序方向应该和螺纹滚轧过程中工件的旋转方向一致。也就是模具布置顺序号 $j = 1, 2, \cdots, N$ 的命名应使其和滚轧中工件旋转方向相同，滚轧前模具相位调整时的滚轧模具旋转方向应该和滚轧成形时工件旋转方向相同。

考虑到螺纹滚轧过程中工件的旋转方向以及式(3.1)和式(3.2)，螺纹滚轧前滚轧模具实际应错开的距离(L_{actual})为

$$L_{actual} = L + L' \tag{3.3}$$

螺纹滚轧前模具间依次错开的距离通过螺纹滚轧模具之间相位相差的角度 φ_t 来实现。根据螺纹运动特征，螺纹滚轧模具间相位相差的角度 φ_t 和螺纹滚轧模

具之间依次错开的距离 L_{actual} 之间的关系为

$$\varphi_{\text{t}} = \frac{L_{\text{actual}}}{P} \theta_{\text{t}} \tag{3.4}$$

其中，θ_{t} 为螺纹滚轧模具相互错开一个螺距对应的模具旋转角度，可表示为

$$\theta_{\text{t}} = \frac{2\pi}{n_{\text{d}}} \tag{3.5}$$

由于多头螺纹具有一定的周期对称性，滚轧模具旋转 θ_{t} 前后形状是相同的，因此可根据这一特征结合滚轧模具个数、工件和滚轧模具螺纹头数等实际情况对上述公式进行简化。

同样，花键滚轧成形中滚轧模具的参数是完全相同的，为了使不同花键滚轧模具滚轧的花键能够衔接上，滚轧前成形模具有一定的相位要求。即垂直滚轧模具轴线的平面内和工件接触一侧的齿顶及齿顶(或齿根和齿根)错开一定的角度，使某一花键滚轧模具在工件上所成形的齿型能够同下一个滚轧模具啮合，若不能满足这一要求，会出现乱齿现象。根据花键滚轧成形运动特征，这个错开的角度 δ 和花键滚轧模具的个数以及所成形的零件参数相关：

$$\delta = \frac{Z_{\text{w}}}{N} \theta_{\text{s}} \tag{3.6}$$

式中，Z_{w} 为所成形工件的齿数；N 为花键滚轧模具个数；θ_{s} 为花键滚轧模具单齿对应的角度。

$$\theta_{\text{s}} = \frac{2\pi}{Z_{\text{d}}} \tag{3.7}$$

式中，Z_{d} 为花键滚轧模具的齿数。

理想状态下，若花键滚轧模具的分齿位置都相同，花键滚轧模具沿工件轴线阵列分布，则花键滚轧模具安装时自身会依次错开一定角度(δ')，其和花键滚轧模具的个数以及滚轧模具参数相关：

$$\delta' = \frac{Z_{\text{d}}}{N} \theta_{\text{s}} \tag{3.8}$$

花键滚轧前模具相位调整时的花键滚轧模具旋转方向应该和花键滚轧成形时工件旋转方向相同，也就是和花键滚轧成形时模具滚轧旋转方向相反。为了便于分析花键滚轧前模具相位调整，将花键滚轧前滚轧模具相位调整(旋转)的方向定

义为 N 个花键滚轧模具沿工件周向布置顺序方向,而花键滚轧模具命名顺序的方向应该和花键滚轧过程中工件的旋转方向一致。也就是模具布置顺序号 $j=1,2,\cdots,N$ 的命名应使其和滚轧中工件旋转方向相同,滚轧前模具相位调整时的滚轧模具旋转方向应该和滚轧成形时工件旋转方向相同。

考虑到花键滚轧过程中工件的旋转方向以及式(3.6)和式(3.8),花键纹滚轧前滚轧模具实际应错开的角度(δ_{actual})为

$$\delta_{\mathrm{actual}} = \delta + \delta' = \varphi_{\mathrm{s}} \tag{3.9}$$

由于多齿花键或齿轮具有一定的周期对称性,花键滚轧模具旋转 θ_{s} 前后形状是相同的。因此可根据这一特征结合滚轧模具个数、工件和滚轧模具齿数对上述公式进行简化。

螺纹滚轧或花键滚轧成形用模具的螺纹或花键参数是完全相同的。为了使不同螺纹滚轧模具滚轧的螺纹能够衔接上,不同花键滚轧模具滚轧的花键能够衔接上,螺纹或花键滚轧前成形模具有一定的相位要求。即螺纹滚轧模具轴线与工件轴线决定的平面内滚轧模具间螺纹(和工件接触一侧)相互错开一定距离(L),垂直花键滚轧模具轴线的平面内与工件接触一侧的滚轧模具齿顶和齿顶(或齿根和齿根)依次错开一定的角度(δ)。而理想状态下螺纹或花键滚轧模具自身会依次错开一定距离(L')或角度(δ')。滚轧前模具调整时滚轧模具旋转方向和滚轧时工件的旋转方向密切相关,特别是当采用 3 个及 3 个以上滚轧模具进行螺纹滚轧或花键滚轧时,滚轧前模具相位调整时的滚轧模具旋转方向应该和滚轧成形时工件旋转方向相同,也就是和滚轧成形时模具滚轧旋转方向相反。模具布置顺序号的命名应使其和工件旋转方向相同。

3.2　螺纹滚轧、花键滚轧前模具相位特征及调整

3.2.1　采用两个滚轧模具时的相位要求

当采用两个滚轧模具进行螺纹滚轧时(N=2),滚轧前模具螺纹相互错开的距离可简化为两种情况:

(1)当所成形工件的螺纹头数 n_{w} 为奇数时,即 n_{w}=2m+1(m=0, 1, 2, 3,$\cdots$),可以将式(3.1)简化为

$$L = \frac{P}{2} \tag{3.10}$$

此时,两个滚轧模具轴线的水平面内[见图 3.1(a)所示截面]和工件接触一侧的螺纹相互错半个螺距。

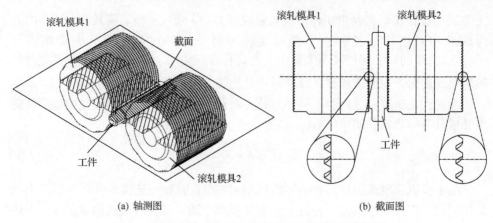

（a）轴测图　　　　　　　　　　　　　　　（b）截面图

图 3.1　螺纹滚轧时模具与工件接触状态（两滚轧模具）

（2）当所成形工件的螺纹头数 n_w 为偶数时，即 $n_w=2m+2$（$m=0, 1, 2, 3, \cdots$），可以将式（3.1）简化为

$$L = P \quad 或 \quad L = 0 \tag{3.11}$$

此时，两个滚轧模具轴线的水平面内和工件接触一侧的螺纹相互错开的距离可以为零，或者为一个螺距。

如图 3.1（b）所示，若螺纹滚轧模具 1 和 2 的螺纹起始位置都相同，两个螺纹滚轧模具安装后螺纹形状完全相同，沿工件轴线阵列分布，也就是两个滚轧模具相位相差的角度 φ_t 为零或 θ_t 的整数倍，则滚轧模具 1 和工件接触一侧位置与滚轧模具 2 和工件接触一侧对称（沿滚轧模具 2 中心）的另一侧位置相同。此时，两个滚轧模具轴线的水平面内和工件接触一侧的螺纹自身相互错开距离的计算式（3.2）简化为

$$L' = \frac{n_d P}{2} \tag{3.12}$$

类似地，可根据螺纹滚轧模具头数奇偶性将滚轧模具自身错开的距离 L' 分为两种情况：当螺纹滚轧模具的螺纹头数 n_d 为奇数，即 $n_d=2m'+1$（$m'=0, 1, 2, 3, \cdots$）时，两滚轧模具轴线的水平面内螺纹自身就会相差半个螺距；而当螺纹滚轧模具头数 n_d 为偶数，即 $n_d=2m'+2$（$m'=0, 1, 2, 3, \cdots$）时，两滚轧模具轴线的水平面内螺纹错开距离为零或一个螺距。

根据式（3.3）以及采用两个螺纹滚轧模具简化后的分析，螺纹滚轧前滚轧模具实际应错开的距离有两种情况：错开半个螺距；错开距离为零或一个螺距。当两螺纹滚轧模具相位相差的角度 φ_t 为螺距对应的角度 θ_t 的一半时，即

$$\varphi_t = \frac{\pi}{n_d} \tag{3.13}$$

两个螺纹滚轧模具轴线的水平面内和工件接触一侧的螺纹错开的距离增加半个螺距。

当两螺纹滚轧模具相位相差的角度 φ_t 为零或 θ_t 的整数倍时，即

$$\varphi_t = q\frac{2\pi}{n_d}, \quad q = 0,1,2,\cdots \tag{3.14}$$

两个螺纹滚轧模具轴线的水平面内和工件接触一侧的螺纹错开的距离依次增加 q 个螺距。

综合考虑式 (3.3)、式 (3.10)～式 (3.14)，螺纹滚轧成形前的滚轧模具相位调整依赖于成形工件的螺纹头数和滚轧模具的螺纹头数的取值。具体的滚轧模具相位要求见表 3.1，其中 $\varphi_{t,21}$ 为模具 2 相对于模具 1 的相位调整角度。

表 3.1　螺纹滚轧成形前滚轧模具相位要求（两滚轧模具）

编号	n_w	n_d	L	L'	$\varphi_{t,21}$
1	$2m+1$	$2m'+1$	$L = \frac{P}{2}$	$L' = \frac{P}{2}$	$\varphi_{t,21} = 0$ 或 $\varphi_{t,21} = \frac{2\pi}{n_d}$
2	$2m+1$	$2m'+2$	$L = \frac{P}{2}$	$L' = P$ 或 $L' = 0$	$\varphi_{t,21} = \frac{\pi}{n_d}$
3	$2m+2$	$2m'+1$	$L = P$ 或 $L = 0$	$L' = \frac{P}{2}$	$\varphi_{t,21} = \frac{\pi}{n_d}$
4	$2m+2$	$2m'+2$	$L = P$ 或 $L = 0$	$L' = P$ 或 $L' = 0$	$\varphi_{t,21} = 0$ 或 $\varphi_{t,21} = \frac{2\pi}{n_d}$

从表 3.1 中可以看出，滚轧成形工件的螺纹头数和模具的螺纹头数除以 2 的余数相同时，滚轧前两滚轧模具相位相同，否则滚轧前两滚轧模具存在一定的相位差别。为了提高模具使用寿命，在滚轧设备结构允许的条件下螺纹滚轧模具中径尽可能取最大值。实际生产中，滚轧模具的螺纹头数可能为奇数，也可能为偶数。

类似地，当采用两个滚轧模具进行花键或齿轮滚轧时 (N=2)，花键滚轧前模具齿顶和齿顶（或齿根和齿根）相互错开的角度可简化为两种情况。

(1) 当所成形工件的齿数 Z_w 为奇数，即 $Z_w = 2n+1$ ($n=0, 1, 2, 3,\cdots$) 时，可以将式 (3.6) 简化为

$$\delta = \frac{\theta_s}{2} \tag{3.15}$$

此时，垂直于两滚轧模具轴线的平面内［见图 3.2(a)所示截面］与工件接触一侧的齿顶和齿顶(或齿根和齿根)错开角度为 θ_s 的一半，两滚轧模具是齿顶对齿槽的状态。

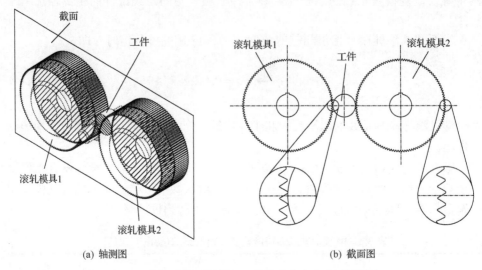

(a) 轴测图　　　　　　　　　　　　　　(b) 截面图

图 3.2　花键滚轧时模具与工件接触状态(两滚轧模具)

(2) 当所成形工件的齿数 Z_w 为偶数，即 $Z_w=2n+2$ ($n=0, 1, 2, 3, \cdots$)时，可以将式(3.6)简化为

$$\delta = q\theta_s, \quad q = 0,1,2,\cdots \tag{3.16}$$

此时，垂直于两滚轧模具轴线的平面内与工件接触一侧的齿顶和齿顶(或齿根和齿根)错开角度为 $q\theta_s$，两滚轧模具是齿顶对齿顶的状态或齿槽对齿槽的状态。

从图 3.2(a)可以看出，若花键滚轧模具 1 和 2 的分齿位置相同，两个花键滚轧模具安装后齿型完全相同，沿工件轴线阵列分布，也就是两个滚轧模具相位相差的角度 φ_s 为零或 θ_s 的整数倍，则花键滚轧模具 1 和工件接触一侧位置与花键滚轧模具 2 和工件接触一侧对称(沿滚轧模具 2 中心)的另一侧位置相同。此时，垂直于两滚轧模具轴线的平面内与工件接触一侧的齿顶和齿顶(或齿根和齿根)相互错开角度计算式(3.8)简化为

$$\delta' = \frac{Z_d}{2}\theta_s \tag{3.17}$$

类似地，可根据花键滚轧模具齿数的奇偶性将花键滚轧模具相位自身相差的角度 δ' 分为两种情况：当花键滚轧模具齿数为奇数时，即 $Z_d=2n'+1$ ($n'=0, 1, 2, 3,\cdots$)，垂直于两滚轧模具轴线的平面内与工件接触一侧的齿顶和齿顶(或齿根和

齿根)自身就会错开角度为 θ_s 的一半,即齿顶对齿槽的状态;而当花键滚轧模具齿数为偶数,即 $Z_d=2n'+2\,(n'=0,1,2,3,\cdots)$ 时,垂直于两滚轧模具轴线的平面内和工件接触一侧的齿顶和齿顶(或齿根和齿根)错开角度为零或 θ_s,即齿顶对齿顶的状态或齿槽对齿槽的状态。

根据式 (3.9) 以及采用两个花键滚轧模具简化后的分析,花键滚轧前滚轧模具实际应错开的距离有两种情况:错开角度为 θ_s 的一半;错开角度为零或 θ_s。当两滚轧模具相位相差角度 φ_s 为滚轧模具单齿对应的角度为 θ_s 的一半时,即

$$\varphi_s = \frac{\pi}{Z_d} \tag{3.18}$$

此时,垂直于两滚轧模具轴线的平面内与工件接触一侧的齿顶和齿顶(或齿根和齿根)的对应状态改变,即齿顶对齿槽的状态变为齿槽对齿槽的状态,或齿槽对齿槽的状态变为齿顶对齿槽的状态。

当两滚轧模具相位相差角度 φ_s 为零或 θ_s 的整数倍时,即

$$\varphi_s = q\frac{2\pi}{Z_d},\quad q=0,1,2,\cdots \tag{3.19}$$

垂直于两滚轧模具轴线的平面内与工件接触一侧的齿顶和齿顶(或齿根和齿根)的对应状态不改变。

综合考虑式 (3.9)、式 (3.15)~式 (3.19),花键滚轧成形前的滚轧模具相位调整依赖于成形工件齿数和滚轧模具齿数的取值。具体的滚轧模具相位要求见表 3.2,其中 $\varphi_{s,21}$ 为模具 2 相对于模具 1 的相位调整角度。

表 3.2　花键滚轧成形前滚轧模具相位要求(两滚轧模具)

编号	Z_w	Z_d	δ	δ'	$\varphi_{s,21}$
1	$2n+1$	$2n'+1$	$\delta=\dfrac{\theta_s}{2}$	$\delta'=\dfrac{\theta_s}{2}$	$\varphi_{s,21}=0$ 或 $\varphi_{s,21}=\dfrac{2\pi}{Z_d}$
2	$2n+1$	$2n'+2$	$\delta=\dfrac{\theta_s}{2}$	$\delta'=0$ 或 $\delta'=\theta_s$	$\varphi_{s,21}=\dfrac{\pi}{Z_d}$
3	$2n+2$	$2n'+1$	$\delta=\theta_s$ 或 $\delta=0$	$\delta'=\dfrac{\theta_s}{2}$	$\varphi_{s,21}=\dfrac{\pi}{Z_d}$
4	$2n+2$	$2n'+2$	$\delta=\theta_s$ 或 $\delta=0$	$\delta'=0$ 或 $\delta'=\theta_s$	$\varphi_{s,21}=0$ 或 $\varphi_{s,21}=\dfrac{2\pi}{Z_d}$

从表 3.2 中可以看出,滚轧成形工件的齿数和模具的齿数除以 2 的余数相同时,滚轧前两滚轧模具相位相同,否则滚轧前两滚轧模具存在一定的相位差。为

了提高模具使用寿命，在滚轧设备结构允许的条件下花键滚轧模具齿数尽可能取最大值。实际生产中为了便于滚轧模具的制造和检验，花键滚轧模具的齿数一般取偶数[7]。

3.2.2　采用三个滚轧模具时的相位要求

当采用三个滚轧模具进行螺纹滚轧时(N=3)，滚轧前模具螺纹相互错开的距离可简化为下列三种情况：

(1) 当成形工件的螺纹头数 n_w=3m+1（m=0, 1, 2, 3,…）时，可以将式(3.1)简化为

$$L = \frac{P}{3} \tag{3.20}$$

此时，滚轧模具轴线与工件轴线决定的平面内［见图 3.3(a)所示 a-b 面、b-c 面、a-c 面］与工件接触一侧的螺纹依次错开 1/3 螺距的距离。图中三个螺纹滚轧模具命名顺序的方向和螺纹滚轧过程中工件的旋转方向一致。

(2) 当成形工件的螺纹头数 n_w=3m+2（m=0, 1, 2, 3,…）时，可以将式(3.1)简化为

$$L = \frac{2P}{3} \tag{3.21}$$

此时，滚轧模具轴线与工件轴线决定的平面内与工件接触一侧的螺纹依次错开 2/3 螺距的距离。

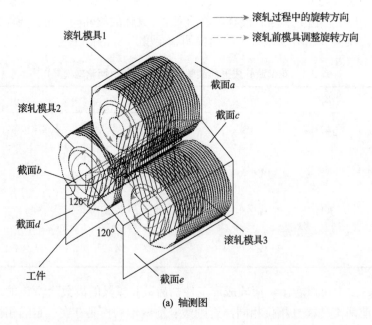

(a) 轴测图

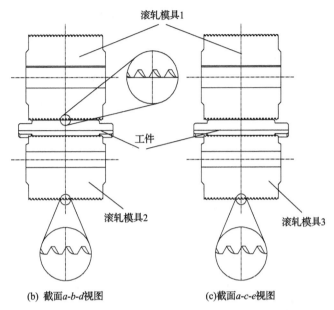

(b) 截面*a-b-d*视图　　　　　(c)截面*a-c-e*视图

图 3.3　螺纹滚轧时模具与工件接触状态(三滚轧模具)

(3) 当成形工件的螺纹头数 n_w 为 3 的整数倍时，即 $n_w=3m+3$ $(m=0, 1, 2, 3, \cdots)$，可以将式(3.1)简化为

$$L = P \quad \text{或} \quad L = 0 \tag{3.22}$$

此时，滚轧模具轴线与工件轴线决定的平面内与工件接触一侧的螺纹相互错开一定的距离可以为零，也可以为一个螺距。

从图 3.3 可以看出，若螺纹滚轧模具 1、2、3 的螺纹起始位置都相同，三个螺纹滚轧模具安装后螺纹形状完全相同，沿工件轴线阵列分布，也就是三个滚轧模具相位依次相差错开的角度 φ_t 为零或 θ_t 的整数倍。则螺纹滚轧模具 1 与工件接触一侧位置和螺纹滚轧模具 2、3 与工件接触一侧成 120°的位置相同，如图 3.3(b)、(c)所示。此时，螺纹滚轧模具轴线与工件轴线决定的平面内与工件接触一侧的螺纹依次错开距离计算式(3.2)简化为

$$L' = \frac{n_d P}{3} \tag{3.23}$$

类似地，可根据螺纹滚轧模具头数将滚轧模具自身错开的距离 L' 分为三种情况：当螺纹滚轧模具头数为 3 的整数倍时，即 $n_d=3m'+3$ $(m'=0, 1, 2, 3, \cdots)$，滚轧模具轴线与工件轴线决定的平面内和工件接触一侧的螺纹自身错开距离为零；当螺纹滚轧模具头数为 $n_d=3m'+1$ $(m'=0, 1, 2, 3, \cdots)$ 时，三个滚轧模具轴线与工件轴线决

定的平面内与工件接触一侧的螺纹自身依次错开 1/3 螺距；当螺纹滚轧模具头数为 $n_d=3m'+2$ ($m'=0, 1, 2, 3, \cdots$) 时，三个滚轧模具轴线与工件轴线决定的平面内和工件接触一侧的螺纹自身依次错开 2/3 螺距。

根据式 (3.3) 以及采用三个螺纹滚轧模具简化后的分析，螺纹滚轧前滚轧模具实际应错开的距离有三种情况：错开 1/3 个螺距；错开 2/3 个螺距；错开距离为零或一个螺距。

三滚轧模具相位相差角度 φ_t，即三螺纹滚轧模具相位依次相差 φ_t，即第一个滚轧模具（如滚轧模具 1）固定，第二个滚轧模具（滚轧模具 2）旋转 φ_t，第三个滚轧模具（滚轧模具 3）旋转 $2\varphi_t$，后两个滚轧模具的旋转方向相同。

当三滚轧模具相位相差角度 φ_t 为螺距对应的角度 θ_t 的 1/3 时，即

$$\varphi_t = \frac{2\pi}{3n_d} \tag{3.24}$$

滚轧模具轴线与工件轴线决定的平面内和工件接触一侧的螺纹错开的距离依次增加 1/3 螺距。

当三滚轧模具相位相差角度 φ_t 为螺距对应的角度 θ_t 的 2/3 时，即

$$\varphi_t = \frac{4\pi}{3n_d} \tag{3.25}$$

滚轧模具轴线与工件轴线决定的平面内和工件接触一侧的螺纹错开的距离依次增加 2/3 个螺距。

当三滚轧模具相位相差角度 φ_t 为零或 θ_t 的整数倍时，即

$$\varphi_t = q\frac{2\pi}{n_d}, \quad q = 0,1,2,\cdots \tag{3.26}$$

滚轧模具轴线和工件轴线决定的平面内与工件接触一侧的螺纹错开距离依次增加 q 个螺距。

综合考虑式 (3.3)、式 (3.20)～式 (3.26)，基于三滚轧模具的螺纹滚轧成形前的滚轧模具相位调整依赖于成形工件的螺纹头数 n_w 和滚轧模具的螺纹头数 n_d，具体的滚轧模具相位要求见表 3.3。其中，三滚轧模具相位调整方向与其布置顺序方向相同时定义滚轧模具调整方向为正值，反之为负值。例如，三滚轧模具布置顺序方向为逆时针（和螺纹滚轧过程中工件旋转方向一致），如图 3.3 (a) 所示，则三滚轧模具的相位调整方向为逆时针调整时为正值；三滚轧模具的相位调整方向为顺时针时为负值。$\varphi_{t,21}$ 为模具 2 相对于模具 1 的相位调整角度；$\varphi_{t,31}$ 为模具 3 相对于模具 1 的相位调整角度。

表 3.3　螺纹滚轧成形前滚轧模具相位要求（三滚轧模具）

编号	n_w	n_d	L	L'	L_{actual}	$\varphi_{t,21}$	$\varphi_{t,31}$
1	$3m+1$	$3m'+1$	$\dfrac{P}{3}$	$\dfrac{P}{3}$	$\dfrac{2P}{3}$	$\dfrac{4\pi}{3n_d}$ 或 $-\dfrac{2\pi}{3n_d}$	$\dfrac{8\pi}{3n_d}$ 或 $\dfrac{2\pi}{3n_d}$
2	$3m+2$	$3m'+1$	$\dfrac{2P}{3}$	$\dfrac{P}{3}$	0 或 P	0 或 $\dfrac{2\pi}{n_d}$	0 或 $\dfrac{2\pi}{n_d}$
3	$3m+3$	$3m'+1$	0 或 P	$\dfrac{P}{3}$	$\dfrac{P}{3}$	$\dfrac{2\pi}{3n_d}$	$\dfrac{4\pi}{3n_d}$
4	$3m+1$	$3m'+2$	$\dfrac{P}{3}$	$\dfrac{2P}{3}$	0 或 P	0 或 $\dfrac{2\pi}{n_d}$	0 或 $\dfrac{2\pi}{n_d}$
5	$3m+2$	$3m'+2$	$\dfrac{2P}{3}$	$\dfrac{2P}{3}$	$\dfrac{P}{3}$	$\dfrac{2\pi}{3n_d}$	$\dfrac{4\pi}{3n_d}$
6	$3m+3$	$3m'+2$	0 或 P	$\dfrac{2P}{3}$	$\dfrac{2P}{3}$	$\dfrac{4\pi}{3n_d}$ 或 $-\dfrac{2\pi}{3n_d}$	$\dfrac{8\pi}{3n_d}$ 或 $\dfrac{2\pi}{3n_d}$
7	$3m+1$	$3m'+3$	$\dfrac{P}{3}$	0 或 P	$\dfrac{P}{3}$	$\dfrac{2\pi}{3n_d}$	$\dfrac{4\pi}{3n_d}$
8	$3m+2$	$3m'+3$	$\dfrac{2P}{3}$	0 或 P	$\dfrac{2P}{3}$	$\dfrac{4\pi}{3n_d}$ 或 $-\dfrac{2\pi}{3n_d}$	$\dfrac{8\pi}{3n_d}$ 或 $\dfrac{2\pi}{3n_d}$
9	$3m+3$	$3m'+3$	0 或 P	0 或 P	0 或 P	0 或 $\dfrac{2\pi}{n_d}$	0 或 $\dfrac{2\pi}{n_d}$

从表 3.3 中可以看出，滚轧成形工件的螺纹头数和模具的螺纹头数之和能被 3 整除时，滚轧前三滚轧模具相位相同，否则滚轧前三滚轧模具存在一定的相位要求。根据表 3.3 所列的 9 种情况，确定螺纹和滚轧模具参数，建立相关有限元模型，根据表 3.3 进行滚轧前模具相位调整，其成形工件形状见表 3.4。从数值结果看，所成形螺纹衔接良好。

类似地，当采用三个滚轧模具进行花键滚轧时（$N=3$），花键滚轧前模具花键齿型相互错开的角度可简化为下列三种情况。

(1) 当所成形工件的花键齿数 $Z_w=3n+1$（$n=0,\ 1,\ 2,\ 3,\cdots$）时，可以将式(3.6)简化为

$$\delta = \frac{\theta_s}{3} \tag{3.27}$$

此时，垂直于滚轧模具轴线的平面内［见图 3.4(a)所示截面］和工件接触一侧的花键齿形错开角度为 $\theta_s/3$。图 3.4 中三个花键滚轧模具命名的顺序的方向和花键滚轧过程中工件的旋转方向一致。

表 3.4　几何参数、螺纹滚轧模具相位调整角度、滚轧螺纹形状

编号	几何参数				滚轧模具相位调整角度		滚轧螺纹形状
	工件		滚轧模具				
1	P	2.5mm	P	2.5mm	$\varphi_{t,11}$	0°	
	$d_{2,w}$	20mm	$d_{2,d}$	80mm	$\varphi_{t,21}$	60°	
	n_w	1	n_d	4	$\varphi_{t,31}$	120°	
2	P	2.5mm	P	2.5mm	$\varphi_{t,11}$	0°	
	$d_{2,w}$	20mm	$d_{2,d}$	40mm	$\varphi_{t,21}$	0°	
	n_w	2	n_d	4	$\varphi_{t,31}$	0°	
3	P	2.5mm	P	2.5mm	$\varphi_{t,11}$	0°	
	$d_{2,w}$	20mm	$d_{2,d}$	26.67mm	$\varphi_{t,21}$	30°	
	n_w	3	n_d	4	$\varphi_{t,31}$	60°	
4	P	2.5mm	P	2.5mm	$\varphi_{t,11}$	0°	
	$d_{2,w}$	20mm	$d_{2,d}$	100mm	$\varphi_{t,21}$	0°	
	n_w	1	n_d	5	$\varphi_{t,31}$	0°	
5	P	2.5mm	P	2.5mm	$\varphi_{t,11}$	0°	
	$d_{2,w}$	20mm	$d_{2,d}$	50mm	$\varphi_{t,21}$	24°	
	n_w	2	n_d	5	$\varphi_{t,31}$	48°	
6	P	2.5mm	P	2.5mm	$\varphi_{t,11}$	0°	
	$d_{2,w}$	20mm	$d_{2,d}$	33.33mm	$\varphi_{t,21}$	48°	
	n_w	3	n_d	5	$\varphi_{t,31}$	96°	
7	P	2.5mm	P	2.5mm	$\varphi_{t,11}$	0°	
	$d_{2,w}$	20mm	$d_{2,d}$	120mm	$\varphi_{t,21}$	20°	
	n_w	1	n_d	6	$\varphi_{t,31}$	40°	
8	P	2.5mm	P	2.5mm	$\varphi_{t,11}$	0°	
	$d_{2,w}$	20mm	$d_{2,d}$	60mm	$\varphi_{t,21}$	40°	
	n_w	2	n_d	6	$\varphi_{t,31}$	80°	
9	P	2.5mm	P	2.5mm	$\varphi_{t,11}$	0°	
	$d_{2,w}$	20mm	$d_{2,d}$	40mm	$\varphi_{t,21}$	0°	
	n_w	3	n_d	6	$\varphi_{t,31}$	0°	

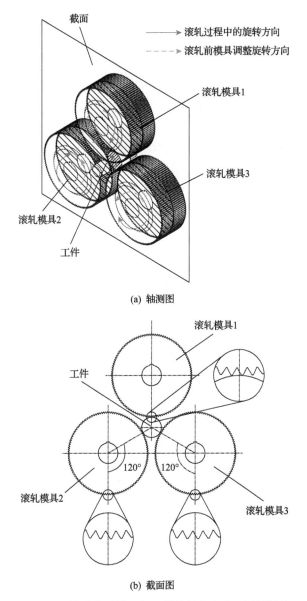

(a) 轴测图

(b) 截面图

图 3.4 花键滚轧时模具与工件接触状态(三滚轧模具)

(2) 当所成形工件的花键齿数 $Z_w=3n+2\,(n=0,\,1,\,2,\,3,\cdots)$ 时，可以将式(3.6)简化为

$$\delta = \frac{2\theta_s}{3} \tag{3.28}$$

此时，垂直于滚轧模具轴线的平面内和工件接触一侧的花键齿型错开角度为 $2\theta_s/3$。

(3) 当成形工件的花键齿数 Z_w 为 3 的整数倍，即 $Z_w = 3n+3$ (n=0, 1, 2, 3, $\cdots$) 时，可以将式 (3.6) 简化为

$$\delta = q\theta_s, \quad q = 0, 1, 2, \cdots \tag{3.29}$$

此时，垂直于滚轧模具轴线的平面内和工件接触一侧的花键齿型错开角度为 $q\theta_s$。

从图 3.4 (b) 可以看出，若花键滚轧模具 1、2、3 的分齿位置相同，三个花键滚轧模具安装后齿型完全相同，沿工件轴线阵列分布，也就是三个滚轧模具相位依次相差的角度 φ_s 为零或 θ_s 的整数倍。花键则滚轧模具 1 与工件接触一侧位置和滚轧模具 2、3 与工件接触一侧或 120° 位置相同，如图 3.4 (b) 所示。此时，垂直于滚轧模具轴线的平面内和工件接触一侧的花键齿型依次错开的角度式 (3.8) 简化为

$$\delta' = \frac{Z_d}{3}\theta_s \tag{3.30}$$

类似地，可根据花键滚轧模具齿数将花键滚轧模具自身错开的角度 δ' 分为三种情况：当花键滚轧模具头数为 3 的整数倍，即 $Z_d = 3n'+3$ (n'=0, 1, 2, 3, $\cdots$) 时，垂直于滚轧模具轴线的平面内和工件接触一侧的三滚轧模具花键齿型错开角度为零；当花键滚轧模具头数为 $Z_d = 3n'+1$ (n'=0, 1, 2, 3, $\cdots$) 时，垂直于滚轧模具轴线的平面内和工件接触一侧的三滚轧模具花键齿型自身依次错开角度为 $\theta_s/3$；当花键滚轧模具头数为 $Z_d = 3n'+2$ (n'=0, 1, 2, 3, $\cdots$) 时，垂直于滚轧模具轴线的平面内和工件接触一侧的三滚轧模具花键齿型自身依次错开角度为 $2\theta_s/3$。

根据式 (3.9) 以及采用两个花键滚轧模具简化后的分析，花键滚轧前滚轧模具实际应错开的距离有三种情况：错开角度为 $\theta_s/3$；错开角度 $2\theta_s/3$；错开角度为零或 θ_s。

三滚轧模具之间相位相差 φ_s，也就是三花键滚轧模具相位依次相差 φ_s，即第一个滚轧模具（如滚轧模具 1）固定，第二个滚轧模具（滚轧模具 2）旋转 φ_s，第三个滚轧模具（滚轧模具 3）旋转 $2\varphi_s$，后两个滚轧模具的旋转方向相同。

当三滚轧模具相位相差 φ_s 为滚轧模具单齿对应的角度 θ_s 的 1/3 时，即

$$\varphi_s = \frac{2\pi}{3Z_d} \tag{3.31}$$

此时，垂直于滚轧模具轴线的平面内和工件接触一侧的花键齿型的接触状态改变，依次错开角度为 1/3 滚轧模具单齿对应角度。

当三滚轧模具相位相差 φ_s 为滚轧模具单齿对应的角度 θ_s 的 2/3 时，即

$$\varphi_s = \frac{4\pi}{3Z_d} \tag{3.32}$$

此时,垂直于滚轧模具轴线的平面内和工件接触一侧的花键齿型的接触状态改变,依次错开角度为 2/3 滚轧模具单齿对应角度。

当三滚轧模具相位相差 φ_s 为零或 θ_s 的整数倍时,即

$$\varphi_s = q\frac{2\pi}{Z_d}, \quad q = 0,1,2,\cdots \tag{3.33}$$

垂直于滚轧模具轴线的平面内和工件接触一侧的花键齿型的接触状态不改变。

综合考虑式(3.9)、式(3.27)～式(3.33),基于三滚轧模具的花键滚轧成形前的滚轧模具相位调整依赖于成形工件的齿数 Z_w 和滚轧模具齿数 Z_d 的取值,具体的滚轧模具相位要求见表 3.5。其中,三滚轧模具相位调整方向与其布置顺序方向相同时定义滚轧模具调整方向为正值,反之为负值。例如,三滚轧模具布置顺序方向为逆时针(和螺纹滚轧过程中工件旋转方向一致),如图 3.4(a) 所示,则三滚轧模具的相位调整方向为逆时针调整时为正值;三滚轧模具的相位调整方向为顺时针时为负值。 $\varphi_{s,21}$ 为模具 2 相对于模具 1 的相位调整角度; $\varphi_{s,31}$ 为模具 3 相对于模具 1 的相位调整角度。

表 3.5　花键滚轧成形前滚轧模具相位要求(三滚轧模具)

编号	Z_w	Z_d	δ	δ'	δ_{actual}	$\varphi_{s,21}$	$\varphi_{s,31}$
1	$3n+1$	$3n'+1$	$\dfrac{\theta_s}{3}$	$\dfrac{\theta_s}{3}$	$\dfrac{2\theta_s}{3}$	$\dfrac{4\pi}{3Z_d}$ 或 $-\dfrac{2\pi}{3Z_d}$	$\dfrac{8\pi}{3Z_d}$ 或 $\dfrac{2\pi}{3Z_d}$
2	$3n+2$	$3n'+1$	$\dfrac{2\theta_s}{3}$	$\dfrac{\theta_s}{3}$	θ_s	0 或 $\dfrac{2\pi}{Z_d}$	0 或 $\dfrac{2\pi}{Z_d}$
3	$3n+3$	$3n'+1$	0 或 θ_s	$\dfrac{\theta_s}{3}$	$\dfrac{\theta_s}{3}$	$\dfrac{2\pi}{3Z_d}$	$\dfrac{4\pi}{3Z_d}$
4	$3n+1$	$3n'+2$	$\dfrac{\theta_s}{3}$	$\dfrac{2\theta_s}{3}$	0 或 θ_s	0 或 $\dfrac{2\pi}{Z_d}$	0 或 $\dfrac{2\pi}{Z_d}$
5	$3n+2$	$3n'+2$	$\dfrac{2\theta_s}{3}$	$\dfrac{2\theta_s}{3}$	$\dfrac{\theta_s}{3}$	$\dfrac{2\pi}{3Z_d}$	$\dfrac{4\pi}{3Z_d}$
6	$3n+3$	$3n'+2$	0 或 θ_s	$\dfrac{2\theta_s}{3}$	$\dfrac{2\theta_s}{3}$	$\dfrac{4\pi}{3Z_d}$ 或 $-\dfrac{2\pi}{3Z_d}$	$\dfrac{8\pi}{3Z_d}$ 或 $\dfrac{2\pi}{3Z_d}$
7	$3n+1$	$3n'+3$	$\dfrac{\theta_s}{3}$	0 或 θ_s	$\dfrac{\theta_s}{3}$	$\dfrac{2\pi}{3Z_d}$	$\dfrac{4\pi}{3Z_d}$
8	$3n+2$	$3n'+3$	$\dfrac{2\theta_s}{3}$	0 或 θ_s	$\dfrac{2\theta_s}{3}$	$\dfrac{4\pi}{3Z_d}$ 或 $-\dfrac{2\pi}{3Z_d}$	$\dfrac{8\pi}{3Z_d}$ 或 $\dfrac{2\pi}{3Z_d}$
9	$3n+3$	$3n'+3$	0 或 θ_s	0 或 θ_s	0 或 θ_s	0 或 $\dfrac{2\pi}{Z_d}$	0 或 $\dfrac{2\pi}{Z_d}$

从表 3.5 中可以看出,滚轧成形工件的齿数和花键滚轧模具的齿数之和能被 3 整除时,滚轧前三滚轧模具相位相同,否则滚轧前三滚轧模具存在一定的相位差

别。同样，根据表 3.5 所列的 9 种情况确定花键和滚轧模具参数，建立相关有限元模型，根据表 3.5 进行滚轧前模具相位调整，其成形工件形状见表 3.6。从数值结果看，所成形花键没有乱齿现象。

表 3.6　几何参数、花键滚轧模具相位调整角度、滚轧花键形状

编号	几何参数				滚轧模具相位调整角度		滚轧花键形状
	工件		滚轧模具				
1	m	1mm	m	1mm	$\varphi_{s,11}$	0°	
	α	37.5°	α	37.5°	$\varphi_{s,21}$	2.4742268°	
	Z_w	19	Z_d	97	$\varphi_{s,31}$	4.9484536°	
2	m	1mm	m	1mm	$\varphi_{s,11}$	0°	
	α	37.5°	α	37.5°	$\varphi_{s,21}$	0°	
	Z_w	20	Z_d	97	$\varphi_{s,31}$	0°	
3	m	1mm	m	1mm	$\varphi_{s,11}$	0°	
	α	37.5°	α	37.5°	$\varphi_{s,21}$	1.237113402°	
	Z_w	21	Z_d	97	$\varphi_{s,31}$	2.474226804°	
4	m	1mm	m	1mm	$\varphi_{s,11}$	0°	
	α	37.5°	α	37.5°	$\varphi_{s,21}$	0°	
	Z_w	19	Z_d	98	$\varphi_{s,31}$	0°	
5	m	1mm	m	1mm	$\varphi_{s,11}$	0°	
	α	37.5°	α	37.5°	$\varphi_{s,21}$	1.224489796°	
	Z_w	20	Z_d	98	$\varphi_{s,31}$	2.448979592°	
6	m	1mm	m	1mm	$\varphi_{s,11}$	0°	
	α	37.5°	α	37.5°	$\varphi_{s,21}$	2.448979592°	
	Z_w	21	Z_d	98	$\varphi_{s,31}$	4.897959184°	
7	m	1mm	m	1mm	$\varphi_{s,11}$	0°	
	α	37.5°	α	37.5°	$\varphi_{s,21}$	1.212121212°	
	Z_w	19	Z_d	99	$\varphi_{s,31}$	2.424242424°	
8	m	1mm	m	1mm	$\varphi_{s,11}$	0°	
	α	37.5°	α	37.5°	$\varphi_{s,21}$	2.424242424°	
	Z_w	20	Z_d	99	$\varphi_{s,31}$	4.848484848°	
9	m	1mm	m	1mm	$\varphi_{s,11}$	0°	
	α	37.5°	α	37.5°	$\varphi_{s,21}$	0°	
	Z_w	21	Z_d	99	$\varphi_{s,31}$	0°	

3.2.3　滚轧前模具相位调整方法

调整后滚轧模具相位依次相差的角度就是滚轧前模具相位要求，对于螺纹滚轧模具记作 φ_t，对于花键滚轧模具记作 φ_s。对于 N 个模具的螺纹滚轧成形工艺，若滚轧前螺纹滚轧模具存在相位要求 φ_t，则模具相位调整时，第 j 个螺纹滚轧模具相对于螺纹滚轧模量 1 的旋转角度为 $\varphi_{t,j1}$，即

$$\varphi_{t,j1} = (j-1)\varphi_t \tag{3.34}$$

式中，$j=1, 2, \cdots, N$。滚轧前相位调整的所有螺纹滚轧模具旋转方向相同，旋转方向为 N 个滚轧模具命名顺序的方向（和螺纹滚轧过程中的工件旋转方向相同）。

也就是说，N 个模具的螺纹滚轧成形前滚轧模具相位调整时，第 1 个螺纹滚轧模具固定，第 2 个螺纹滚轧模具到第 N 个螺纹滚轧模具按照式(3.34)规定的角度和方向旋转。由于螺纹牙型具有一定的周期对称性，滚轧模具旋转 θ_t 前后形状是相同的，因此上述滚轧模具进行相位调整时的旋转角度可进行简化。

类似地，对于 N 个模具的花键滚轧成形工艺，若滚轧前花键滚轧模具存在相位要求 φ_s，则滚轧模具相位调整时，第 j 个花键滚轧模具对于花键滚轧模具 1 的旋转角度为 $\varphi_{s,j1}$，即

$$\varphi_{s,j1} = (j-1)\varphi_s \tag{3.35}$$

式中，$j=1, 2, \cdots, N$。滚轧前相位调整的所有花键滚轧模具旋转方向相同，旋转方向为 N 个滚轧具命名顺序的方向（和花键滚轧过程中的工件旋转方向相同）。

也就是说，N 个模具的花键滚轧成形前滚轧模具相位调整时，第 1 个花键滚轧模具固定，第 2 个花键滚轧模具到第 N 个花键滚轧模具按照式(3.35)规定的角度和方向旋转。由于花键齿型具有一定的周期对称性，滚轧模具旋转 θ_s 前后形状是相同的，因此上述滚轧模具进行相位调整时的旋转角度可以简化。

对于采用 3 个及 3 个以上滚轧模具的螺纹滚轧工艺，根据式(3.1)～式(3.5)和式(3.34)，有

$$\varphi_{t,j1} = (j-1)\frac{n_w + n_d}{N}\frac{2\pi}{n_d} \tag{3.36}$$

同样根据式(3.6)～式(3.9)和式(3.35)，有

$$\varphi_{s,j1} = (j-1)\frac{Z_w + Z_d}{N}\frac{2\pi}{Z_d} \tag{3.37}$$

因为螺纹、花键滚轧模具齿型结构形式具有周期对称性，分别旋转 θ_t 和 θ_s 前后的结构形式相同。所以式(3.36)和式(3.37)可简化为

$$\varphi_{t,j1} = (j-1)\frac{(n_w + n_d)\,\mathrm{mod}\,N}{N}\frac{2\pi}{n_d} \tag{3.38}$$

$$\varphi_{s,j1} = (j-1)\frac{(Z_w + Z_d)\,\mathrm{mod}\,N}{N}\frac{2\pi}{Z_d} \tag{3.39}$$

对于螺纹滚轧成形，若滚轧模具和工件的螺纹头数之和能被所采用模具个数整除，即 $(n_w + n_d)\,\mathrm{mod}\,N = 0$，也就是 $(n_w + n_d)/N = k\,(k=1, 2, 3, \cdots)$，则螺纹滚轧前滚轧模具相位一样，可不调整；否则滚轧模具之间存在一定的相位差别，按照式(3.34)规定要求旋转螺纹滚轧模具。同样，对于花键滚轧成形，若滚轧模具和工件的花键齿数之和能被所采用模具个数整除，即 $(Z_w + Z_d)\,\mathrm{mod}\,N = 0$，也就是 $(Z_w + Z_d)/N = k\,(k=1, 2, 3, \cdots)$，则花键滚轧前滚轧模具相位一样，可不调整；否则滚轧模具之间存在一定的相位差别，按照式(3.35)规定要求旋转花键滚轧模具。

当采用两个滚轧模具滚轧螺纹或花键时，滚轧前模具调整比较简单，无须考虑滚轧时工件或模具的旋转方向。对于采用两个滚轧模具的螺纹或花键滚轧成形工艺，滚轧前两滚轧模具间相位取决于工件和模具螺纹头数或花键齿数的奇偶性是否相同。对于采用两个滚轧模具的螺纹滚轧成形工艺，当成形工件螺纹头数和螺纹滚轧模具螺纹头数的奇偶性相同时，滚轧前两滚轧模具相位相同，否则滚轧前两滚轧模具存在一定的相位差别。对于采用两个滚轧模具的花键滚轧成形工艺，成形工件花键齿数和花键滚轧模具齿数的奇偶性相同时，滚轧前两滚轧模具相位相同，否则滚轧前两滚轧模具存在一定的相位差别。

由于采用两滚轧模具滚轧时，模具调整时滚轧模具旋转方向和滚轧时工件的旋转方向不十分相关，考虑旋转方向与否并不影响滚轧模具相位调整结果。当采用两滚轧模具滚轧时，如果螺纹或花键滚轧模具之间存在相位要求 φ_t 或 φ_s，则任一滚轧模具按任一方向旋转 φ_t 或 φ_s 即可。当然，实际操作中还需要结合样件或试滚轧来调整模具的相位要求。

3.3　满足滚轧前相位的同步滚轧模具结构

对于螺纹滚轧或花键滚轧成形工艺，可通过旋转 N 个滚轧模具中的 $N-1$ 个滚轧模具，实现滚轧前的模具相位调整。螺纹与花键同步滚轧成形具有螺纹滚轧成形和花键/齿轮滚轧成形的复合运动，同步滚轧模具同时具有螺纹段和花键段，滚轧前螺纹段和花键段要同时满足螺纹滚轧成形和花键滚轧成形前的相位要

求。基于同步滚轧运动特征进一步研究了螺纹花键同步滚轧模具结构的方法及结构形式[4-6,8-10]。

对于螺纹与花键同步滚轧成形，螺纹段和花键段同步滚轧运动协调的基本要求是滚轧模具和所成形工件的齿数、头数应满足螺纹花键同步滚轧运动协调基本条件式(2.1)。

一般滚轧模具螺纹段的螺纹头数 n_d 远小于花键段的齿数 Z_d，因此有

$$\varphi_{t,j1} > \varphi_{s,j1}, \quad j = 2,3,\cdots,N \tag{3.40}$$

式中，$\varphi_{t,j1}$ 和 $\varphi_{s,j1}$ 的旋转方向相同，且均取非零值，即采用两滚轧模具、三滚轧模具滚轧工艺时，表 3.1～表 3.3 和表 3.5 中的 $\varphi_{t,j1}$ 和 $\varphi_{s,j1}$ 均取非零值。

设

$$S_{j1} = \frac{\varphi_{t,j1}}{\varphi_{s,j1}}, \quad j = 2,3,\cdots,N \tag{3.41}$$

式中，$\varphi_{t,j1}$ 和 $\varphi_{s,j1}$ 的旋转方向相同，均取非零值。

由 3.2 节分析可知，$\varphi_{t,j1}$ 和 $\varphi_{s,j1}$ 与所成形工件及滚轧模具的螺纹段头数、花键段齿数的取值密切相关，而根据式(2.1)螺纹花键同步滚轧模具的螺纹段头数、花键段齿数取值由成形工件的螺纹段头数、花键段齿数和 i 决定。根据成形工件螺纹段和花键段的 n_w、Z_w 以及同步滚轧模具和工件之间的关系比 i，并结合考虑相关参数表达式可确定 S_{j1} 的表达式。

对于采用两滚轧模具的同步滚轧成形，根据工件几何参数和关系比 i，并结合式(3.10)～式(3.19)可确定 S_{21} 的表达式，其结果见表 3.7，表中 $\varphi_{t,21}$ 和 $\varphi_{s,21}$ 的旋转方向相同。

基于螺纹、花键各自滚轧前模具相位要求，表 3.7 列出了螺纹花键同步滚轧中可能出现的八种情况。根据设备结构，i 尽量选最大值，但滚轧模具花键段的齿数同样宜取偶数，因此第 1、3 两种情况不推荐采用。根据 $\varphi_{s,j1}$ 和 S_{j1} 的不同情况，同步滚轧模具螺纹段和花键段相位要求不同，滚轧前模具结构和相位调整方法不同。分如下两种情况，其中 $k=0, 1, 2, 3,\cdots$。

(1) $\varphi_{s,j1} = \pi / Z_d = \theta_s / 2$。若 $S_{j1} = 2k+1$，则滚轧模具 $j(j=2)$ 上的螺纹段和花键段的相对位置与滚轧模具 1 上的螺纹段和花键段的相对位置相同，只需要对滚轧模具 j 旋转 $\varphi_{t,j1}$；否则滚轧模具 j 与滚轧模具 1 上螺纹段与花键段的相对位置不同，要分别满足螺纹段与花键段的相位要求(即 $\varphi_{t,j1}$、$\varphi_{s,j1}$)。

表 3.7　螺纹花键同步滚轧成形模具不同部分的相位要求（两滚轧模具）

编号	Z_w	n_w	i	Z_d	n_d	$\varphi_{s,21}$	$\varphi_{t,21}$	S_{21}
1	$2n+1$	$2m+1$	$2l+1$	$(2n+1)(2l+1)$	$(2m+1)(2l+1)$	$\dfrac{2\pi}{Z_d}$	$\dfrac{2\pi}{n_d}$	$\dfrac{Z_d}{n_d}$
2	$2n+1$	$2m+1$	$2l+2$	$(2n+1)(2l+2)$	$(2m+1)(2l+2)$	$\dfrac{\pi}{Z_d}$	$\dfrac{\pi}{n_d}$	$\dfrac{Z_d}{n_d}$
3	$2n+1$	$2m+2$	$2l+1$	$(2n+1)(2l+1)$	$(2m+2)(2l+1)$	$\dfrac{2\pi}{Z_d}$	$\dfrac{2\pi}{n_d}$	$\dfrac{Z_d}{n_d}$
4	$2n+1$	$2m+2$	$2l+2$	$(2n+1)(2l+2)$	$(2m+2)(2l+2)$	$\dfrac{\pi}{Z_d}$	$\dfrac{2\pi}{n_d}$	$\dfrac{2Z_d}{n_d}$
5	$2n+2$	$2m+1$	$2l+1$	$(2n+2)(2l+1)$	$(2m+1)(2l+1)$	$\dfrac{2\pi}{Z_d}$	$\dfrac{2\pi}{n_d}$	$\dfrac{Z_d}{n_d}$
6	$2n+2$	$2m+1$	$2l+2$	$(2n+2)(2l+2)$	$(2m+1)(2l+2)$	$\dfrac{2\pi}{Z_d}$	$\dfrac{\pi}{n_d}$	$\dfrac{Z_d}{2n_d}$
7	$2n+2$	$2m+2$	$2l+1$	$(2n+2)(2l+1)$	$(2m+2)(2l+1)$	$\dfrac{2\pi}{Z_d}$	$\dfrac{2\pi}{n_d}$	$\dfrac{Z_d}{n_d}$
8	$2n+2$	$2m+2$	$2l+2$	$(2n+2)(2l+2)$	$(2m+2)(2l+2)$	$\dfrac{2\pi}{Z_d}$	$\dfrac{2\pi}{n_d}$	$\dfrac{Z_d}{n_d}$

（2）$\varphi_{s,j1} = 2\pi / Z_d = \theta_s$。若 $S_{j1} = k (k \neq 0)$，则滚轧模具 $j(j=2)$ 上的螺纹段和花键段的相对位置与滚轧模具 1 上的螺纹段与花键段的相对位置相同，只需要对滚轧模具 j 旋转 $\varphi_{t,j1}$，特别是当 $\varphi_{t,j1} = \theta_t$ 时只需要对滚轧模具 j 旋转 $\varphi_{t,j1}$ 或 0°；否则，滚轧模具 j 与滚轧模具 1 上螺纹段和花键段的相对位置不同，要分别满足螺纹段与花键段的相位要求（即 $\varphi_{t,j1}$、$\varphi_{s,j1}$）。

当两滚轧模具上螺纹段和花键段相对位置相同时，滚轧前两滚轧模具中的一个旋转 φ_t（$\varphi_{t,21}$）实现模具相位调整，特别是当 φ_t（$\varphi_{t,21}$）和 φ_s（$\varphi_{s,21}$）都是对称周期 θ_t 和 θ_s 的整数倍情况下（即 $\varphi_{s,21} = 2\pi / Z_d = \theta_s$ 且 $\varphi_{t,21} = 2\pi / n_d = \theta_t$），不旋转模具，即两滚轧模具之间相位的差别为零，就可使一个滚轧模具成形的齿（牙）型和另一个滚轧模具的齿（牙）型相啮合。当两滚轧模具上螺纹段和花键段相对位置不相同时，滚轧前两滚轧模具不同特征段（螺纹特征和花键特征）的模具相位要求由滚轧模具结构本身保证。

对于采用三个滚轧模具的同步滚轧成形，根据工件几何参数和关系比 i，并结合式（3.20）～式（3.33）可确定 S_{j1} 的表达式，其结果见表 3.8。为了便于 S 计算，同步滚轧模具螺纹段与花键段模具相位相差角度的取值为正值，即同步模具螺纹段和花键段的相位调整方向与模具布置顺序方向相同（和同步滚轧过程中工件旋转方向一致），并按周期进行简化，即 $\varphi_{t,j1} \leq \theta_t$、$\varphi_{s,j1} \leq \theta_s (j = 2,3)$。

表 3.8　螺纹花键同步滚轧成形模具不同部分的相位要求(三滚轧模具)

编号	Z_w	n_w	i	z_d	n_d	$\varphi_{s,21}$	$\varphi_{s,31}$	$\varphi_{t,21}$	$\varphi_{t,31}$	S_{21}	S_{31}
1	$3n+1$	$3m+1$	$3l+1$	$(3n+1)(3l+1)$	$(3m+1)(3l+1)$	$\dfrac{4\pi}{3Z_d}$	$\dfrac{2\pi}{3Z_d}$	$\dfrac{4\pi}{3n_d}$	$\dfrac{2\pi}{3n_d}$	$\dfrac{Z_d}{n_d}$	$\dfrac{Z_d}{n_d}$
2	$3n+1$	$3m+1$	$3l+2$	$(3n+1)(3l+2)$	$(3m+1)(3l+2)$	$\dfrac{2\pi}{Z_d}$	$\dfrac{2\pi}{Z_d}$	$\dfrac{2\pi}{n_d}$	$\dfrac{2\pi}{n_d}$	$\dfrac{Z_d}{n_d}$	$\dfrac{Z_d}{n_d}$
3	$3n+1$	$3m+1$	$3l+3$	$(3n+1)(3l+3)$	$(3m+1)(3l+3)$	$\dfrac{2\pi}{3Z_d}$	$\dfrac{4\pi}{3Z_d}$	$\dfrac{2\pi}{3n_d}$	$\dfrac{4\pi}{3n_d}$	$\dfrac{Z_d}{n_d}$	$\dfrac{Z_d}{n_d}$
4	$3n+2$	$3m+1$	$3l+1$	$(3n+2)(3l+1)$	$(3m+1)(3l+1)$	$\dfrac{2\pi}{3Z_d}$	$\dfrac{4\pi}{3Z_d}$	$\dfrac{4\pi}{3n_d}$	$\dfrac{2\pi}{3n_d}$	$\dfrac{2Z_d}{n_d}$	$\dfrac{Z_d}{2n_d}$
5	$3n+2$	$3m+1$	$3l+2$	$(3n+2)(3l+2)$	$(3m+1)(3l+2)$	$\dfrac{2\pi}{Z_d}$	$\dfrac{2\pi}{Z_d}$	$\dfrac{2\pi}{n_d}$	$\dfrac{2\pi}{n_d}$	$\dfrac{Z_d}{n_d}$	$\dfrac{Z_d}{n_d}$
6	$3n+2$	$3m+1$	$3l+3$	$(3n+2)(3l+3)$	$(3m+1)(3l+3)$	$\dfrac{4\pi}{3Z_d}$	$\dfrac{2\pi}{3Z_d}$	$\dfrac{2\pi}{3n_d}$	$\dfrac{4\pi}{3n_d}$	$\dfrac{Z_d}{2n_d}$	$\dfrac{2Z_d}{n_d}$
7	$3n+3$	$3m+1$	$3l+1$	$(3n+3)(3l+1)$	$(3m+1)(3l+1)$	$\dfrac{2\pi}{Z_d}$	$\dfrac{2\pi}{Z_d}$	$\dfrac{4\pi}{3n_d}$	$\dfrac{2\pi}{3n_d}$	$\dfrac{2Z_d}{3n_d}$	$\dfrac{Z_d}{2n_d}$
8	$3n+3$	$3m+1$	$3l+2$	$(3n+3)(3l+2)$	$(3m+1)(3l+2)$	$\dfrac{2\pi}{Z_d}$	$\dfrac{2\pi}{Z_d}$	$\dfrac{2\pi}{n_d}$	$\dfrac{2\pi}{n_d}$	$\dfrac{Z_d}{n_d}$	$\dfrac{Z_d}{n_d}$
9	$3n+3$	$3m+1$	$3l+3$	$(3n+3)(3l+3)$	$(3m+1)(3l+3)$	$\dfrac{2\pi}{Z_d}$	$\dfrac{2\pi}{Z_d}$	$\dfrac{2\pi}{3n_d}$	$\dfrac{4\pi}{3n_d}$	$\dfrac{Z_d}{3n_d}$	$\dfrac{2Z_d}{3n_d}$
10	$3n+1$	$3m+2$	$3l+1$	$(3n+1)(3l+1)$	$(3m+2)(3l+1)$	$\dfrac{4\pi}{3Z_d}$	$\dfrac{2\pi}{3Z_d}$	$\dfrac{2\pi}{3n_d}$	$\dfrac{4\pi}{3n_d}$	$\dfrac{Z_d}{2n_d}$	$\dfrac{2Z_d}{n_d}$
11	$3n+1$	$3m+2$	$3l+2$	$(3n+1)(3l+2)$	$(3m+2)(3l+2)$	$\dfrac{2\pi}{Z_d}$	$\dfrac{2\pi}{Z_d}$	$\dfrac{2\pi}{n_d}$	$\dfrac{2\pi}{n_d}$	$\dfrac{Z_d}{n_d}$	$\dfrac{Z_d}{n_d}$
12	$3n+1$	$3m+2$	$3l+3$	$(3n+1)(3l+3)$	$(3m+2)(3l+3)$	$\dfrac{2\pi}{3Z_d}$	$\dfrac{4\pi}{3Z_d}$	$\dfrac{4\pi}{3n_d}$	$\dfrac{2\pi}{3n_d}$	$\dfrac{2Z_d}{n_d}$	$\dfrac{Z_d}{2n_d}$
13	$3n+2$	$3m+2$	$3l+1$	$(3n+2)(3l+1)$	$(3m+2)(3l+1)$	$\dfrac{2\pi}{3Z_d}$	$\dfrac{4\pi}{3Z_d}$	$\dfrac{2\pi}{3n_d}$	$\dfrac{4\pi}{3n_d}$	$\dfrac{Z_d}{n_d}$	$\dfrac{Z_d}{n_d}$
14	$3n+2$	$3m+2$	$3l+2$	$(3n+2)(3l+2)$	$(3m+2)(3l+2)$	$\dfrac{2\pi}{Z_d}$	$\dfrac{2\pi}{Z_d}$	$\dfrac{2\pi}{n_d}$	$\dfrac{2\pi}{n_d}$	$\dfrac{Z_d}{n_d}$	$\dfrac{Z_d}{n_d}$
15	$3n+2$	$3m+2$	$3l+3$	$(3n+2)(3l+3)$	$(3m+2)(3l+3)$	$\dfrac{4\pi}{3Z_d}$	$\dfrac{2\pi}{3Z_d}$	$\dfrac{4\pi}{3n_d}$	$\dfrac{2\pi}{3n_d}$	$\dfrac{Z_d}{n_d}$	$\dfrac{Z_d}{n_d}$
16	$3n+3$	$3m+2$	$3l+1$	$(3n+3)(3l+1)$	$(3m+2)(3l+1)$	$\dfrac{2\pi}{Z_d}$	$\dfrac{2\pi}{Z_d}$	$\dfrac{2\pi}{3n_d}$	$\dfrac{4\pi}{3n_d}$	$\dfrac{Z_d}{3n_d}$	$\dfrac{2Z_d}{3n_d}$
17	$3n+3$	$3m+2$	$3l+2$	$(3n+3)(3l+2)$	$(3m+2)(3l+2)$	$\dfrac{2\pi}{Z_d}$	$\dfrac{2\pi}{Z_d}$	$\dfrac{2\pi}{n_d}$	$\dfrac{2\pi}{n_d}$	$\dfrac{Z_d}{n_d}$	$\dfrac{Z_d}{n_d}$

编号	Z_w	n_w	i	z_d	n_d	$\varphi_{s,21}$	$\varphi_{s,31}$	$\varphi_{t,21}$	$\varphi_{t,31}$	S_{21}	S_{31}
18	$3n+3$	$3m+2$	$3l+3$	$(3n+3)(3l+3)$	$(3m+2)(3l+3)$	$\dfrac{2\pi}{Z_d}$	$\dfrac{2\pi}{Z_d}$	$\dfrac{4\pi}{3n_d}$	$\dfrac{2\pi}{3n_d}$	$\dfrac{2Z_d}{3n_d}$	$\dfrac{Z_d}{3n_d}$
19	$3n+1$	$3m+3$	$3l+1$	$(3n+1)(3l+1)$	$(3m+3)(3l+1)$	$\dfrac{4\pi}{3Z_d}$	$\dfrac{2\pi}{3Z_d}$	$\dfrac{2\pi}{n_d}$	$\dfrac{2\pi}{n_d}$	$\dfrac{3Z_d}{2n_d}$	$\dfrac{3Z_d}{n_d}$
20	$3n+1$	$3m+3$	$3l+2$	$(3n+1)(3l+2)$	$(3m+3)(3l+2)$	$\dfrac{2\pi}{Z_d}$	$\dfrac{2\pi}{Z_d}$	$\dfrac{2\pi}{n_d}$	$\dfrac{2\pi}{n_d}$	$\dfrac{Z_d}{n_d}$	$\dfrac{Z_d}{n_d}$
21	$3n+1$	$3m+3$	$3l+3$	$(3n+1)(3l+3)$	$(3m+3)(3l+3)$	$\dfrac{2\pi}{3Z_d}$	$\dfrac{4\pi}{3Z_d}$	$\dfrac{2\pi}{n_d}$	$\dfrac{2\pi}{n_d}$	$\dfrac{3Z_d}{n_d}$	$\dfrac{3Z_d}{2n_d}$
22	$3n+2$	$3m+3$	$3l+1$	$(3n+2)(3l+1)$	$(3m+3)(3l+1)$	$\dfrac{2\pi}{3Z_d}$	$\dfrac{4\pi}{3Z_d}$	$\dfrac{2\pi}{n_d}$	$\dfrac{2\pi}{n_d}$	$\dfrac{3Z_d}{n_d}$	$\dfrac{3Z_d}{2n_d}$
23	$3n+2$	$3m+3$	$3l+2$	$(3n+2)(3l+2)$	$(3m+3)(3l+2)$	$\dfrac{2\pi}{Z_d}$	$\dfrac{2\pi}{Z_d}$	$\dfrac{2\pi}{n_d}$	$\dfrac{2\pi}{n_d}$	$\dfrac{Z_d}{n_d}$	$\dfrac{Z_d}{n_d}$
24	$3n+2$	$3m+3$	$3l+3$	$(3n+2)(3l+3)$	$(3m+3)(3l+3)$	$\dfrac{2\pi}{3Z_d}$	$\dfrac{2\pi}{3Z_d}$	$\dfrac{2\pi}{n_d}$	$\dfrac{2\pi}{n_d}$	$\dfrac{3Z_d}{2n_d}$	$\dfrac{2Z_d}{n_d}$
25	$3n+3$	$3m+3$	$3l+1$	$(3n+3)(3l+1)$	$(3m+3)(3l+1)$	$\dfrac{2\pi}{Z_d}$	$\dfrac{2\pi}{Z_d}$	$\dfrac{2\pi}{n_d}$	$\dfrac{2\pi}{n_d}$	$\dfrac{Z_d}{n_d}$	$\dfrac{Z_d}{n_d}$
26	$3n+3$	$3m+3$	$3l+2$	$(3n+3)(3l+2)$	$(3m+3)(3l+2)$	$\dfrac{2\pi}{Z_d}$	$\dfrac{2\pi}{Z_d}$	$\dfrac{2\pi}{n_d}$	$\dfrac{2\pi}{n_d}$	$\dfrac{Z_d}{n_d}$	$\dfrac{Z_d}{n_d}$
27	$3n+3$	$3m+3$	$3l+3$	$(3n+3)(3l+3)$	$(3m+3)(3l+3)$	$\dfrac{2\pi}{Z_d}$	$\dfrac{2\pi}{Z_d}$	$\dfrac{2\pi}{n_d}$	$\dfrac{2\pi}{n_d}$	$\dfrac{Z_d}{n_d}$	$\dfrac{Z_d}{n_d}$

　　基于螺纹、花键各自滚轧前模具相位要求，表 3.8 列出了螺纹花键同步滚轧中可能出现的 27 种情况。同样 i 尽量选最大值，滚轧模具花键段的齿数宜取偶数，存在一些情况不推荐采用。根据 $\varphi_{s,j1}$ 和 S_{j1} 的不同情况，同步滚轧模具结构，即螺纹段和花键段相位要求不同，滚轧前模具结构和相位调整方法不同。分如下三种情况，其中 $k=0, 1, 2, \cdots$。

　　(1) $\varphi_{s,j1} = 2\pi/(3Z_d) = \theta_s/3$。若 $S_{j1} = 3k+1$，则滚轧模具 $j(j=2,3)$ 上的螺纹段与花键段的相对位置和滚轧模具 1 上的螺纹段与花键段的相对位置相同，只需要对滚轧模具 j 旋转 $\varphi_{t,j1}$；否则滚轧模具 j 与滚轧模具 1 上螺纹段和花键段的相对位置不同，要分别满足螺纹段与花键段的相位要求(即 $\varphi_{t,j1}$、$\varphi_{s,j1}$)。

　　(2) $\varphi_{s,j1} = 4\pi/(3Z_d) = 2\theta_s/3$。若 $S_{j1} = 3k/2+1$，则滚轧模具 j 上的螺纹段与花键段的相对位置和滚轧模具 1 上的螺纹段与花键段的相对位置相同，只需要对滚轧模具 j 旋转 $\varphi_{t,j1}$；否则，滚轧模具 j 与滚轧模具 1 上螺纹段与花键段的相对位置不同，要分别满足螺纹段与花键段的相位要求(即 $\varphi_{t,j1}$、$\varphi_{s,j1}$)。

　　(3) $\varphi_{s,j1} = 2\pi/Z_d = \theta_s$。若 $S_{j1} = k(k \neq 0)$，则滚轧模具 j 上的螺纹段与花键段

的相对位置和滚轧模具 1 上的螺纹段与花键段的相对位置相同，只需要对滚轧模具 j 旋转 $\varphi_{t,j1}$，特别是当 $\varphi_{t,j1}=\theta_t$、$\varphi_{s,j1}=\theta_s$ 时只需要对滚轧模具 j 旋转 $0°$；否则，滚轧模具 j 与滚轧模具 1 上螺纹段和花键段的相对位置不同，要分别满足螺纹段与花键段的相位要求(即 $\varphi_{t,j1}$、$\varphi_{s,j1}$)。

当滚轧模具 j 上螺纹段和花键段相对位置与滚轧模具 1 上的螺纹段和花键段的相对位置相同时，滚轧前滚轧模具 j 旋转 $\varphi_{t,j1}$，实现滚轧模具相位调整，特别是当 $\varphi_{t,j1}$ 和 $\varphi_{s,j1}$ 都是对称周期 θ_s 和 θ_t 整数倍的情况下，不旋转模具，即两滚轧模具之间相位相差的角度为 $0°$，就可使一个滚轧模具成形的齿(牙)型和另两个滚轧模具的齿(牙)型相啮合。当滚轧模具 j 上螺纹段和花键段相对位置与滚轧模具 1 上的螺纹段和花键段的相对位置不相同时，滚轧前滚轧模具 j 不同特征段(螺纹特征和花键特征)的模具相位要求由滚轧模具结构本身保证。

对采用两个和三个滚轧模具的螺纹花键同步滚轧成形过程的研究表明，对于 $\varphi_{s,j1}=h\theta_s/N(h=1,\cdots,N)$，若 $S_{j1}=Nk/h+1(k=0,1,2,\cdots)$，则滚轧模具 j 上的螺纹段与花键段的相对位置和滚轧模具 1 上的螺纹段与花键段的相对位置相同，滚轧模具参数完全相同；否则，滚轧模具 j 和滚轧模具 1 上螺纹段与花键段的相对位置不同，要分别满足螺纹段与花键段的相位要求(即 $\varphi_{t,j1}$、$\varphi_{s,j1}$)。螺纹花键同步滚轧成形中，若两个滚轧模具(模具 j 和模具 1)上螺纹段和花键段相对位置相同，滚轧前其中一个模具(模具 j)旋转 $\varphi_{t,j1}$，实现滚轧前模具相位调整；特别是当 $\varphi_{t,j1}=\theta_t$、$\varphi_{s,j1}=\theta_s$ 时，不旋转模具即可实现相位调整(即旋转 $0°$)。若两个滚轧模具(模具 j 和模具 1)上螺纹段和花键段相对位置不相同，滚轧前滚轧模具螺纹段和花键段的模具相位要求由滚轧模具结构本身保证。

针对采用两个滚轧模具的情况进行分析，对三种不同参数的零件设计四组模具。应用有限元法方法对螺纹花键同步滚轧成形过程进行数值模拟，以验证同步滚轧模具结构能够否正确成形出相应的螺纹和花键。零件 1 和零件 2 的结构形式相同，一段为螺纹段，一段为花键段，但参数不同。零件 3 中部为螺纹，两端为结构参数完全相同的花键。均采用三角形螺纹和渐开线花键。零件螺纹段和花键段参数及模具和所成形零件/工件之间的关系比 i 见表 3.9。

表 3.9　零件和模具参数

零件编号	零件螺纹段			零件花键段			关系比 i
	头数	螺距/mm	牙型角/(°)	齿数	模数/mm	分度圆压力角/(°)	
1	2	4	60	33	1	37.5	6
2	3	4	60	34	1	37.5	6
3	1	4	90	20	1	37.5	10
	1	4	90	20	1	37.5	9

对于零件 1，螺纹头数为偶数、花键齿数为奇数、i 为偶数，根据上述分析，

有 $S=33$。因此两滚轧模具参数完全相同，螺纹段和花键段相对位置是相同的，滚轧前两滚轧模具中的一个旋转 $\varphi_t = 2\pi/12$，实现滚轧前模具相位调整。根据具体参数建立模具几何模型，并按要求进行相位调整，如图 3.5(a) 所示。有限元模拟显示，所成形零件螺纹段的螺纹衔接良好，花键段也没有出现乱齿，如图 3.5(b) 所示。如果奇数的关系比被采用，如 $i=7$，那么 $S=33/2$。这种情况下，螺纹段和花键段相对位置不相同，这将会大大增加滚轧模具制造困难。因此，对于零件 1 滚轧成形工艺，模具和所成形工件之间关系比最好采用偶数。

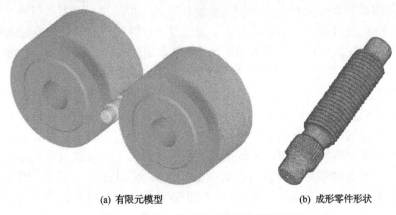

(a) 有限元模型　　　　　　　　　　　　　(b) 成形零件形状

图 3.5　零件 1 的有限元模型及模拟结果

对于零件 2，螺纹头数为奇数、花键齿数为偶数、i 为偶数，根据上述分析，$S=17/3$ 为非整数。因此，两滚轧模具螺纹段和花键段相对位置不同，要分别满足螺纹段和花键段相位要求，滚轧前两滚轧模具相位要求由滚轧模具结构本身保证，不需要旋转模具。根据具体参数分别建立两个滚轧模具的几何模型，建立了图 3.6(a) 所示的有限元模型。有限元模拟显示所成形零件没有出现螺纹不衔接或花键乱齿现象，如图 3.6(b) 所示。如果奇数的关系比被采用，如 $i=7$，那么 $S=34/3$。这种情况下，螺纹段和花键段相对位置仍然不相同。因此，对于零件 2，模具和所成形工件之间关系比无论采用奇数还是偶数，其模具制造难度是差不多的。

对于零件 3，螺纹头数为奇数、花键齿数为偶数。当 $i=10$ 时，$S=10$，两滚轧模具参数完全相同，螺纹段和花键段相对位置是相同的，滚轧前两滚轧模具中的一个旋转 $\varphi_t = \pi/10$，实现模具相位调整。成形零件的形状如图 3.7(a) 所示，可以正确成形零件上螺纹牙型和花键齿型。当 $i=9$ 时，$S=20$，两滚轧模具参数完全相同，螺纹段和花键段相对位置是相同的，滚轧前两滚轧模具中的一个旋转 $\varphi_t = 2\pi/9$ 或不旋转，都可实现模具相位调整。成形零件的形状如图 3.7(b) 所示，也可以正确成形零件上螺纹牙型和花键齿型。模具和所成形工件之间关系比无论采用奇数还是偶数，两滚轧模具上螺纹段和花键段相对位置都是相同的。因此，同零件 2 采用的滚轧模具相比，零件 3 的滚轧模具加工制造将会简单些。

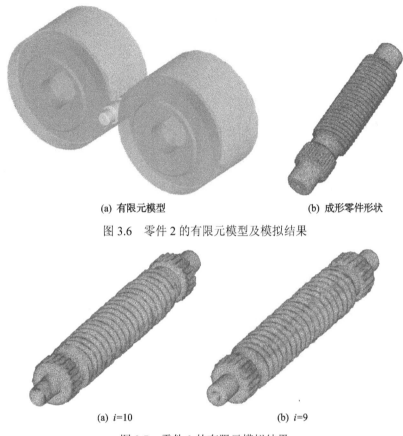

(a) 有限元模型　　　　　　　　　　　　(b) 成形零件形状

图 3.6　零件 2 的有限元模型及模拟结果

(a) $i=10$　　　　　　　　　　　(b) $i=9$

图 3.7　零件 3 的有限元模拟结果

参 考 文 献

[1] 宋建丽, 刘志奇, 李永堂. 轴类零件冷滚压精密成形理论与技术. 北京: 国防工业出版社, 2013.

[2] 崔长华. 螺纹的滚压加工. 北京: 机械工业出版社, 1978.

[3] Zhang D W, Zhao S D, Li Y T. Rotatory condition at initial stage of external spline rolling. Mathematical Problems in Engineering, 2014, 2014: Article ID 363184, 12 pages.

[4] Zhang D W, Zhao S D, Wu S B, et al. Phase characteristic between dies before rolling for thread and spline synchronous rolling process. The International Journal of Advanced Manufacturing Technology, 2015, 81: 513-528.

[5] Zhang D W. Die structure and its trial manufacture for thread and spline synchronous rolling process. The International Journal of Advanced Manufacturing Technology, 2018, 96: 319-325.

[6] Zhang D W, Liu B K, Xu F F, et al. A note on phase characteristic among rollers before thread or spline rolling. The International Journal of Advanced Manufacturing Technology, 2019, 100: 391-399.

[7] 何枫. 小模数渐开线花键滚轧轮的设计. 工具技术, 2001, 35(2): 23-25.

[8] 张大伟, 赵升吨, 吴士波. 一种确定螺纹花键同时滚压成形用模具结构的方法: 中国, ZL201310466295.7. 2013.

[9] 张大伟, 赵升吨, 吴士波. 一种螺纹花键同步滚轧用相位可调模具结构: 中国, ZL201610312232.X. 2016.

[10] 张大伟, 赵升吨. 一种螺纹花键同步滚轧模具结构和相位调整相结合的方法: 中国, ZL201710613618.9. 2017.

第4章 花键滚轧成形过程中的运动特征

轮式径向进给滚轧成形花键(齿轮)一般采用自由分度,成形过程中滚轧模具和工件中心距变化,滚轧模具的转速与径向进给速度间的关系、滚轧模具和工件之间的运动特征对滚轧成形过程的稳定性以及齿型等复杂型面成形质量的影响很大。花键滚轧成形过程中,附加的运动补偿能改善分齿精度、齿距精度和表面质量。

从工件齿型成形角度出发可将采用两滚轧模具的花键滚轧过程分为两个阶段[1]:工件旋转前半圈为分齿阶段,之后为齿型成形阶段。据此进一步推论,可将采用 N 个滚轧模具的花键滚轧成形分为两个成形阶段:初步分齿阶段,开始接触滚轧至工件旋转 $1/N$ 圈;齿型成形阶段,工件旋转 $1/N$ 圈至滚轧成形结束。

初步分齿阶段滚轧模具与工件初始接触,工件的齿侧尚未形成,主要是摩擦力力矩促使工件旋转。而在分齿阶段,若滚轧模具不能够带动工件正常旋转,两者运动不协调,将影响花键的分齿精度。在简单横轧旋转条件的基础上,建立了花键滚轧成形初始分齿阶段的旋转条件[2]。

在齿型成形阶段,工件已具初始齿型,则可将滚轧模具与工件间的运动视为范成运动,采用齿轮啮合原理分析[3,4]。齿型成形阶段,花键滚轧成形具有断续局部加载的特征[5],花键滚轧模具和工件之间接触不是连续的,容易导致工件旋转速度和啮合传动不匹配。并且由于中心距连续变化,其啮合方程同定中心距下的啮合传动有所不同。Neugebauer 等[6,7]认为齿轮/花键滚轧过程中模具工件啮合节圆(滚轧圆)是变化的,轧制大齿高的齿轮时需强制工件旋转同滚轧模具同步。工件旋转运动补偿应由滚轧模具转速和滚轧圆直径确定[6,8],或者工件旋转运动使滚轧过程中工件转速和滚轧圆直径之积为常数[7]。然而,相关文献并没有提及变化滚轧圆直径的确定问题。此外,平面啮合传动也多关注于中心距误差下对拟合传动的影响[9,10]。因此,本章将研究变中心距下啮合传动特征,建立相关数学模型,为花键滚轧过程中运动补偿奠定一定理论基础。

我们基于平面啮合原理和花键滚轧工艺特征,研究了中心距变化时花键滚轧过程中工件模具间的运动特征[11]。花键滚轧工艺中可认为工件齿廓曲线 f_w 是滚轧模具齿廓曲线 f_d 的共轭曲线[12]。在最终滚轧位置时(滚轧模具无径向进给), f_d 的共轭曲线是预期要获得的工件齿型。因此,在最终滚轧位置时,根据模具齿廓确定工件齿廓曲线,根据已知两齿廓曲线建立变中心距滚轧过程中的瞬心、传动比、瞬心线等数学模型,进而可获得工件转速变化规律。

4.1　花键滚轧过程运动特征建模

4.1.1　花键滚轧过程中坐标系建立

建立图 4.1 所示的 3 个直角坐标系 Oxy、$O_w x_w y_w$、$O_d x_d y_d$。其中，Oxy 是固定坐标系，$O_w x_w y_w$ 和工件固联，随工件转动而转动，$O_d x_d y_d$ 和滚轧模具固联，随滚轧模具进给和旋转。f_d 为(已知)滚轧模具齿廓曲线，f_w 为(未知)工件齿廓曲线，两齿廓曲线在 M 点相切接触，MP 为在 M 点处公法线，该公法线和工件同模具中心连线 $O_w O_d$ 交于 P 点(P 点在工件同模具中心连线 $O_w O_d$ 上)。滚轧模具顺时针旋转。

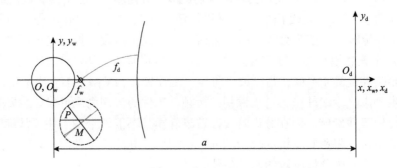

图 4.1　花键滚轧模具和工件齿廓及其坐标系

4.1.2　最终滚轧位置工件齿廓

当滚轧模具径向进给停止时，工件和滚轧模具之间中心距不再变化，保持常数。所要成形的工件齿廓曲线 f_w 是滚轧模具齿廓曲线 f_d 的共轭曲线。在最终滚轧位置时(滚轧模具无径向进给)，工件和滚轧模具中心距确定，传动比 i 已知。可根据共轭和包络理论求得 f_w 曲线方程[12]。

设 f_d 在坐标系 $O_d x_d y_d$ 中表达式为

$$\begin{cases} x_d = x_d(h) \\ y_d = y_d(h) \end{cases} \tag{4.1}$$

为了便于旋转和平移变化的合成，采用标准齐次坐标。则曲线族 $f_{d,\varphi}(h,\varphi)$ 在 $O_w x_w y_w$ 中的坐标变化如下：

$$\begin{bmatrix} x_w \\ y_w \\ 1 \end{bmatrix} = \begin{bmatrix} \cos(i_f \varphi) & \sin(i_f \varphi) & 0 \\ -\sin(i_f \varphi) & \cos(i_f \varphi) & 0 \\ 0 & 0 & 1 \end{bmatrix} \begin{bmatrix} 1 & 0 & a_f \\ 0 & 1 & 0 \\ 0 & 0 & 1 \end{bmatrix} \begin{bmatrix} \cos\varphi & \sin\varphi & 0 \\ -\sin\varphi & \cos\varphi & 0 \\ 0 & 0 & 1 \end{bmatrix} \begin{bmatrix} x_d \\ y_d \\ 1 \end{bmatrix} \tag{4.2}$$

式中，a_f 为最终滚轧位置时工件和滚轧模具之间的中心距；i_f 为最终滚轧位置时传动比。

$$i_f = \frac{Z_d}{Z_w} \tag{4.3}$$

根据包络理论，齿廓曲线 f_w 由式 (4.2) 加上一个关于 h、φ 的关系式 [式 (4.4)] 确定[13]：

$$\frac{\partial y_w}{\partial h}\frac{\partial x_w}{\partial \varphi} - \frac{\partial y_w}{\partial \varphi}\frac{\partial x_w}{\partial h} = 0 \tag{4.4}$$

x_w 和 y_w 的偏导数如下：

$$
\begin{cases}
\dfrac{\partial x_w}{\partial h} = \dfrac{dx_d}{dh}\cos\left[(i_f+1)\varphi\right] + \dfrac{dy_d}{dh}\sin\left[(i_f+1)\varphi\right] \\[2mm]
\dfrac{\partial x_w}{\partial \varphi} = -x_d(i_f+1)\sin\left[(i_f+1)\varphi\right] + y_d(i_f+1)\cos\left[(i_f+1)\varphi\right] - i_f a_f \sin(i_f\varphi) \\[2mm]
\dfrac{\partial y_w}{\partial h} = -\dfrac{dx_d}{dh}\sin\left[(i_f+1)\varphi\right] + \dfrac{dy_d}{dh}\cos\left[(i_f+1)\varphi\right] \\[2mm]
\dfrac{\partial y_w}{\partial \varphi} = -x_d(i_f+1)\cos\left[(i_f+1)\varphi\right] - y_d(i_f+1)\sin\left[(i_f+1)\varphi\right] - i_f a_f \cos(i_f\varphi)
\end{cases} \tag{4.5}
$$

将式 (4.5) 代入式 (4.4)，整理可得

$$(i_f+1)\left(x_d\frac{dx_d}{dh} + y_d\frac{dy_d}{dh}\right) + i_f a_f\left(\frac{dx_d}{dh}\cos\varphi + \frac{dy_d}{dh}\sin\varphi\right) = 0 \tag{4.6}$$

令

$$
\begin{cases}
\sin\gamma = \dfrac{\dfrac{dx_d}{dh}}{\sqrt{\left(\dfrac{dx_d}{dh}\right)^2 + \left(\dfrac{dy_d}{dh}\right)^2}} \\[6mm]
\cos\gamma = \dfrac{\dfrac{dy_d}{dh}}{\sqrt{\left(\dfrac{dx_d}{dh}\right)^2 + \left(\dfrac{dy_d}{dh}\right)^2}} \\[6mm]
\tan\gamma = \dfrac{\dfrac{dx_d}{dh}}{\dfrac{dy_d}{dh}}
\end{cases} \tag{4.7}
$$

将式(4.7)代入式(4.6)，可得

$$(i+1)(x_{\mathrm{d}}\sin\gamma + y_{\mathrm{d}}\cos\gamma) + i_{\mathrm{f}}a_{\mathrm{f}}\sin(\varphi+\gamma) = 0 \tag{4.8}$$

整理可得

$$\varphi = -\arcsin\frac{(i_{\mathrm{f}}+1)(x_{\mathrm{d}}\sin\gamma + y_{\mathrm{d}}\cos\gamma)}{i_{\mathrm{f}}a_{\mathrm{f}}} - \gamma \tag{4.9}$$

式(4.2)和式(4.9)构成最终工件齿廓曲线。

4.1.3　滚轧成形过程中传动比、瞬心及瞬心线

在中心距 a 下，滚轧模具齿廓 f_{d} 在坐标系 Oxy 中表达式为

$$\begin{bmatrix} x \\ y \\ 1 \end{bmatrix} = \begin{bmatrix} 1 & 0 & a \\ 0 & 1 & 0 \\ 0 & 0 & 1 \end{bmatrix} \begin{bmatrix} x_{\mathrm{d}} \\ y_{\mathrm{d}} \\ 1 \end{bmatrix} \tag{4.10}$$

其中，

$$a = \begin{cases} a_0 - vt, & v > 0 \\ a_{\mathrm{f}}, & v = 0 \end{cases} \tag{4.11}$$

式中，a_0 为初始中心距；v 为花键滚轧模具径向进给速度；t 为花键滚轧成形时间。

直角坐标系 $O_{\mathrm{w}}x_{\mathrm{w}}y_{\mathrm{w}}$ 和 Oxy 重合，工件齿廓曲线 f_{w} 用式(4.2)和式(4.9)表示。在中心距 a 下，f_{w} 坐标变化需要根据情况确定。

滚轧模具齿廓 f_{d} 和工件齿廓曲线 f_{w} 在 M 点处相切接触，接触点坐标 $(x(h_M), y(h_M))$，在 f_{d} 和 f_{w} 上分别表示为 $(x(h_{M,\mathrm{d}}), y(h_{M,\mathrm{d}}))$、$(x(h_{M,\mathrm{w}}), y(h_{M,\mathrm{w}}))$，则有

$$\begin{cases} x(h_{M,\mathrm{d}}) = x(h_{M,\mathrm{w}}) \\ y(h_{M,\mathrm{d}}) = y(h_{M,\mathrm{w}}) \\ \dfrac{\mathrm{d}f_{\mathrm{d}}}{\mathrm{d}x}\bigg|_{h=h_{M,\mathrm{d}}} = \dfrac{\mathrm{d}f_{\mathrm{w}}}{\mathrm{d}x}\bigg|_{h=h_{M,\mathrm{w}}} \end{cases} \tag{4.12}$$

联立模具齿廓 f_{d} 和工件齿廓曲线 f_{w} 表达式可求得 M 点。

根据平面啮合理论的啮合方程[见式(4.13)]，齿廓在 M 点处的公法线应通过该瞬时的瞬心 P 点[14]。

$$v^{(12)} \cdot n = 0 \tag{4.13}$$

式中，$v^{(12)}$ 为在 M 点的相对速度；n 为法向向量。

在 M 点处的公法线在坐标系 Oxy 中表示为

$$\left(\frac{\mathrm{d}x}{\mathrm{d}h}\right)\bigg|_{h=h_M}(x-x_M)+\left(\frac{\mathrm{d}y}{\mathrm{d}h}\right)\bigg|_{h=h_M}(y-y_M)=0 \tag{4.14}$$

滚轧模具中心和工件中心连线 O_wO_d 在坐标系 Oxy 中表示为

$$y=0 \tag{4.15}$$

联立式 (4.14) 和式 (4.15)，可求得公法线同中心线之间的交点 P。

$$\begin{cases} x_P = x_M + y_M \dfrac{\left(\dfrac{\mathrm{d}y}{\mathrm{d}h}\right)\bigg|_{h=h_M}}{\left(\dfrac{\mathrm{d}x}{\mathrm{d}h}\right)\bigg|_{h=h_M}} \\ y_P = 0 \end{cases} \tag{4.16}$$

此时，在中心距 a 下传动比为

$$i_a = \frac{O_d P}{O_w P} \tag{4.17}$$

设滚轧模具角速度为 ω_d（一般在成形过程中为常数值），则滚轧模具的瞬心线方程为

$$\begin{bmatrix} x \\ y \\ 1 \end{bmatrix} = \begin{bmatrix} 1 & 0 & a \\ 0 & 1 & 0 \\ 0 & 0 & 1 \end{bmatrix} \begin{bmatrix} \cos\int\omega_d\mathrm{d}t & \sin\int\omega_d\mathrm{d}t & 0 \\ -\sin\int\omega_d\mathrm{d}t & \cos\int\omega_d\mathrm{d}t & 0 \\ 0 & 0 & 1 \end{bmatrix} \begin{bmatrix} 1 & 0 & -a \\ 0 & 1 & 0 \\ 0 & 0 & 1 \end{bmatrix} \begin{bmatrix} x_P \\ y_P \\ 1 \end{bmatrix} \tag{4.18}$$

工件的瞬心线方程为

$$\begin{bmatrix} x \\ y \\ 1 \end{bmatrix} = \begin{bmatrix} \cos\int i\omega_d\mathrm{d}t & -\sin\int i\omega_d\mathrm{d}t & 0 \\ \sin\int i\omega_d\mathrm{d}t & \cos\int i\omega_d\mathrm{d}t & 0 \\ 0 & 0 & 1 \end{bmatrix} \begin{bmatrix} x_P \\ y_P \\ 1 \end{bmatrix} \tag{4.19}$$

4.2　圆齿根渐开线花键滚轧过程运动分析

一般花键冷滚轧成形用于成形圆齿根花键[15]，花键齿根过渡圆弧和齿根圆以及两齿侧相切。相应地，滚轧模具上齿顶过渡圆弧和齿顶圆以及两齿侧相切。本节主要讨论圆柱渐开线花键滚轧成形过程，基本参数见表 4.1。

表 4.1　渐开线基本参数

参数	符号	值
模数	m	1mm
成形花键/工件齿数	Z_w	20
滚轧模具齿数	Z_d	200
分度圆压力角	α_r	37.5°
工件齿顶高系数	h_a^*	0.45
工件齿根高系数	h_f^*	0.7

4.2.1　工件和滚轧模具齿廓

圆齿根花键滚轧成形时，模具齿廓 f_d 由齿侧渐开线段 $f_{d,inv}$ 和齿顶过渡圆弧段 $f_{d,cir}$ 两段曲线组成。滚轧模具齿顶过渡圆弧同两齿侧渐开线相切。如图 4.2 所示，设齿顶过渡圆弧与齿侧渐开线相切于 T 点，该点处渐开线上压力角和极径分别为 α_T、ρ_T。由几何关系可知

$$\angle O_d O_c T = \frac{\pi}{2} + \tan\alpha_T - \xi \tag{4.20}$$

式中，ξ 为渐开线极轴和花键滚轧模具 x_2 轴之间夹角；x_2 为滚轧模具齿廓中心对称轴，根据几何关系可得其 $\xi = \tan\alpha_{r,d} - \alpha_{r,d} + \dfrac{\pi}{2Z_d}$。

则在三角形 $O_d O_c T$ 中应用三角形余弦定理，整理可得

$$r_e^2 + \left(r_{a,d} - r_e\right)^2 - 2r_e\left(r_{a,d} - r_e\right)\cos\left(\frac{\pi}{2} + \tan\alpha_T - \frac{\pi}{2Z_d} - \mathrm{inv}\,\alpha_{r,d}\right)\alpha_{r,d} - \rho_T^2 = 0 \tag{4.21}$$

式中，r_e 为花键滚轧模具齿顶过渡圆弧半径；$r_{a,d}$ 为花键滚轧模具齿顶圆半径；$\alpha_{r,d}$ 为花键滚轧模具渐开线分度圆处压力角。

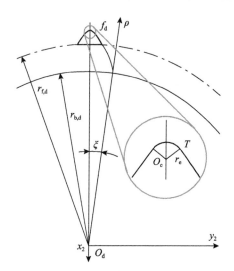

图 4.2　花键滚轧模具齿廓

花键滚轧模具齿侧渐开线曲率小于 0.05，越接近齿顶曲率越接近零，齿顶圆曲率小于 0.01，可用直线代替花键滚轧模具齿廓曲线求得花键滚轧模具齿顶过渡圆弧半径[16]。

此外，根据渐开线性质可得

$$\alpha_T = \arccos\frac{r_{b,d}}{\rho_T} \tag{4.22}$$

式中，$r_{b,d}$ 为花键滚轧模具基圆半径。

结合式 (4.21) 和式 (4.22)，采用二分法数值计算可求得切点 T 处的压力角。

最终滚轧位置时，在图 4.1 所示的坐标中，以 O_d 为极点，以 x_d 轴负向为极轴，建立一个极坐标系。当模具齿廓 f_d 渐开线段 $f_{d,inv}$ 和工件齿廓 f_w 渐开线段 $f_{w,inv}$ 的公切点在 O_wO_d 上时，$f_{d,inv}$ 渐开线的极坐标参数方程为

$$\begin{cases} \rho = r_{b,d}\sec\alpha \\ \theta = \operatorname{inv}\alpha - \operatorname{inv}\alpha_{r,d} \\ \alpha \in \left[\alpha_{f,d}, \alpha_T\right] \end{cases} \tag{4.23}$$

式中，$\alpha_{f,d}$ 为无顶隙啮合时滚轧模具渐开线齿根圆处压力角。

根据式 (4.23)，模具齿廓曲线渐开线段 $f_{d,inv}$ 在坐标系 $O_dx_dy_d$ 中表达式为

$$\begin{cases} x_{\mathrm{d}} = -\rho\cos\theta = x_{\mathrm{d}}(\alpha) \\ y_{\mathrm{d}} = -\rho\sin\theta = y_{\mathrm{d}}(\alpha) \\ \alpha \in \left[\alpha_{\mathrm{f,d}}, \alpha_T\right] \end{cases} \tag{4.24}$$

对式 (4.24) 进行微分，可得

$$\begin{cases} \dfrac{\mathrm{d}x_{\mathrm{d}}}{\mathrm{d}\alpha} = -r_{\mathrm{b,d}}\sec^2\alpha\tan\alpha\cos\left(\tan\alpha - \mathrm{inv}\,\alpha_{\mathrm{r,d}}\right) \\ \dfrac{\mathrm{d}y_{\mathrm{d}}}{\mathrm{d}\alpha} = -r_{\mathrm{b,d}}\sec^2\alpha\tan\alpha\sin\left(\tan\alpha - \mathrm{inv}\,\alpha_{\mathrm{r,d}}\right) \end{cases} \tag{4.25}$$

将式 (4.25) 代入式 (4.7)，有

$$\tan\gamma = \cot\left(\tan\alpha - \mathrm{inv}\,\alpha_{\mathrm{r,d}}\right) \tag{4.26}$$

即

$$\gamma = \frac{\pi}{2} - \tan\alpha + \mathrm{inv}\,\alpha_{\mathrm{r,d}} \tag{4.27}$$

结合式 (4.2)、式 (4.9)、式 (4.24) 和式 (4.27) 可求得工件齿廓曲线渐开线段 $f_{\mathrm{w,inv}}$ 表达式。

最终滚轧位置时，齿顶过渡圆弧的圆心 O_{c} 在 $O_{\mathrm{d}}x_{\mathrm{d}}y_{\mathrm{d}}$ 中表达式为

$$\left[-\left(r_{\mathrm{a,d}} - r_{\mathrm{e}}\right)\cos\frac{\pi}{2Z_{\mathrm{d}}}, -\left(r_{\mathrm{a,d}} - r_{\mathrm{e}}\right)\sin\frac{\pi}{2Z_{\mathrm{d}}}\right] \tag{4.28}$$

此时，滚轧模具齿廓 f_{d} 齿顶过渡圆弧段 $f_{\mathrm{d,cir}}$ 在 $O_{\mathrm{d}}x_{\mathrm{d}}y_{\mathrm{d}}$ 中表达式为

$$\begin{cases} x_{\mathrm{d}} = r_{\mathrm{e}}\cos\beta - \left(r_{\mathrm{a,d}} - r_{\mathrm{e}}\right)\cos\dfrac{\pi}{2Z_{\mathrm{d}}} = x_{\mathrm{d}}(\beta) \\ y_{\mathrm{d}} = r_{\mathrm{e}}\sin\beta - \left(r_{\mathrm{a,d}} - r_{\mathrm{e}}\right)\sin\dfrac{\pi}{2Z_{\mathrm{d}}} = y_{\mathrm{d}}(\beta) \\ \beta \in \left[\dfrac{\pi}{2} + \tan\alpha_T - \mathrm{inv}\,\alpha_{\mathrm{r,d}}, \pi + \dfrac{\pi}{2Z_{\mathrm{d}}}\right] \end{cases} \tag{4.29}$$

对式 (4.29) 进行微分，可得

$$\begin{cases} \dfrac{\mathrm{d}x_{\mathrm{d}}}{\mathrm{d}\beta} = -r_{\mathrm{e}}\sin\beta \\[2mm] \dfrac{\mathrm{d}y_{\mathrm{d}}}{\mathrm{d}\beta} = r_{\mathrm{e}}\cos\beta \end{cases} \tag{4.30}$$

将式 (4.30) 代入式 (4.7)，有

$$\tan\gamma = -\tan\beta \tag{4.31}$$

即

$$\gamma = \pi - \beta \tag{4.32}$$

结合式 (4.2)、式 (4.9)、式 (4.29)、式 (4.32) 可求得工件齿廓曲线齿根圆弧段 $f_{\mathrm{w,cir}}$ 表达式。

通过计算程序实现上述数值计算，在坐标系 Oxy 中工件和模具齿廓曲线如图 4.3 所示。

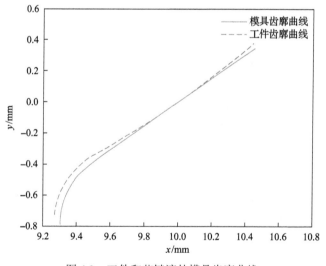

图 4.3　工件和花键滚轧模具齿廓曲线

4.2.2　圆齿根花键滚轧成形中的数学模型

2.2 节中根据压缩量 Δs 将滚轧过程分为四个成形阶段，4.1 节从工件齿型成形角度出发将滚轧过程分为分齿和齿型成形两个成形阶段。两种分类方法中分齿阶段和第一成形阶段是一致的，齿型成形阶段就是前者分类方法的第二、第三、第四成形阶段，如图 4.4 所示。对于圆齿根花键滚轧成形过程，在成形初期工件齿

侧渐开线段尚未形成；在一定进给量后，工件齿侧渐开线段形成[17]。

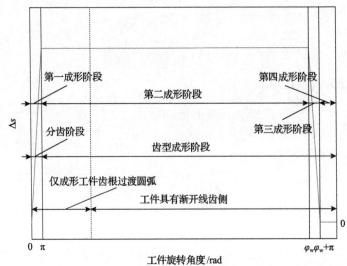

图 4.4　花键滚轧过程中的压缩量变化及成形阶段划分(两滚轧模具)

　　工件齿侧渐开线段可能在齿型成型阶段形成，如图 4.4 所示。但若花键滚轧模具径向进给速度过快，工件齿侧渐开线也可能在分齿阶段就形成了。初始阶段，齿廓圆弧段啮合运动；随着中心距减小，工件齿侧渐开线段形成，此时齿廓渐开线段啮合运动。不同啮合运动阶段所基于的齿廓曲线表达式不同，运动特征的数学模型有所区别。因此，圆齿根花键滚轧成形过程中运动特征应分为仅成形工件齿根过渡圆弧和工件具有渐开线齿侧两个阶段分析。

　　随着花键滚轧模具进给量增加，工件和滚轧模具之间的中心距减小，工件齿高增加，存在一个临界值 a_{crit}。当 $a \geqslant a_{\text{crit}}$ 时，工件齿廓仅有齿根圆弧部分，无齿侧渐开线；当 $a < a_{\text{crit}}$ 时，工件齿廓包括齿根圆弧和齿侧渐开线。可根据滚轧前后工件体积不变原则求得 a_{crit}，详细描述见 4.3.3 节。

　　工件齿根圆半径为 $r_{\text{f},a}$ 的表达式为

$$r_{\text{f},a} = \frac{1}{2}d_{\text{b}} + a - a_0 \tag{4.33}$$

式中，d_{b} 为滚轧前坯料直径。

　　圆齿根渐开线花键滚轧前坯料直径(半径)可根据体积不变原则求解。张大伟等[18]基于应用渐开线基本性质及微积分理论建立了圆齿根渐开线花键滚轧前坯料直径计算公式，开发了相关计算程序。

在中心距 a 下，工件齿侧渐开线部分类似变位齿轮，4.2.1 节相关表达式仍然适用。工件齿根过渡圆弧部分从齿根开始；文献[1]、[12]表明圆弧接触多发生在 x 轴附近，因此将工件旋转 $\dfrac{\pi}{2Z_w}$；此时工件齿廓 $f_{w,cir}$ 在坐标系 Oxy 中可用式(4.34)表示：

$$
\begin{bmatrix} x \\ y \\ 1 \end{bmatrix} = \begin{bmatrix} 1 & 0 & r_{f,a}-r_{f,w} \\ 0 & 1 & 0 \\ 0 & 0 & 1 \end{bmatrix} \begin{bmatrix} \cos\dfrac{\pi}{2Z_w} & -\sin\dfrac{\pi}{2Z_w} & 0 \\ \sin\dfrac{\pi}{2Z_w} & \cos\dfrac{\pi}{2Z_w} & 0 \\ 0 & 0 & 1 \end{bmatrix} \begin{bmatrix} x_w \\ y_w \\ 1 \end{bmatrix} \tag{4.34}
$$

式中，$r_{f,w}$ 为滚轧成形花键齿根圆半径。

在中心距 a 下，模具齿廓顺时针旋转 ϕ 角后和工件齿廓曲线 f_w 相切接触，此时滚轧模具齿廓 f_d 在坐标系 Oxy 中可用式(4.35)表示：

$$
\begin{bmatrix} x \\ y \\ 1 \end{bmatrix} = \begin{bmatrix} 1 & 0 & a \\ 0 & 1 & 0 \\ 0 & 0 & 1 \end{bmatrix} \begin{bmatrix} \cos\phi & \sin\phi & 0 \\ -\sin\phi & \cos\phi & 0 \\ 0 & 0 & 1 \end{bmatrix} \begin{bmatrix} x_d \\ y_d \\ 1 \end{bmatrix} \tag{4.35}
$$

1. 仅成形工件齿根过渡圆弧阶段的运动特征模型

成形初期，工件仅成形齿根过渡圆弧，接触点坐标为 $\left(x(\beta_M),y(\beta_M)\right)$，在 $f_{d,cir}$ 和 $f_{w,cir}$ 上分别表示为 $\left(x(\beta_{M,d}),y(\beta_{M,d})\right)$、$\left(x(\beta_{M,w}),y(\beta_{M,w})\right)$，根据式(4.12)，有

$$
\begin{cases} x\left(\beta_{M,d}\right) = x\left(\beta_{M,w}\right) \\ y\left(\beta_{M,d}\right) = y\left(\beta_{M,w}\right) \\ \left.\dfrac{\mathrm{d}f_d}{\mathrm{d}x}\right|_{\beta=\beta_{M,d}} = \left.\dfrac{\mathrm{d}f_w}{\mathrm{d}x}\right|_{\beta=\beta_{M,w}} \end{cases} \tag{4.36}
$$

将式(4.2)、式(4.9)、式(4.29)、式(4.32)、式(4.34)和式(4.35)代入式(4.36)，可得

$$
\begin{cases}
\begin{aligned}
& r_e \cos\left(\beta_{M,d} - \phi\right) - \left(r_{a,d} - r_e\right)\cos\left(\frac{\pi}{2Z_d} - \phi\right) + a \\
& = r_e \cos\left[\beta_{M,w} - (i_f + 1)\varphi + \frac{\pi}{2Z_w}\right] - \left(r_{a,d} - r_e\right)\cos\left[\frac{\pi}{2Z_d} - (i_f + 1)\varphi + \frac{\pi}{2Z_w}\right] \\
& \quad + a_f \cos\left(i_f\varphi - \frac{\pi}{2Z_w}\right) + \left(r_{f,a} - r_{f,w}\right) \\[4pt]
& r_e \sin\left(\beta_{M,d} - \phi\right) - \left(r_{a,d} - r_e\right)\sin\left(\frac{\pi}{2Z_d} - \phi\right) \\
& = r_e \sin\left[\beta_{M,w} - (i_f + 1)\varphi + \frac{\pi}{2Z_w}\right] - \left(r_{a,d} - r_e\right)\sin\left[\frac{\pi}{2Z_d} - (i_f + 1)\varphi + \frac{\pi}{2Z_w}\right] \\
& \quad - a_f \sin\left(i_f\varphi - \frac{\pi}{2Z_w}\right) - \cot\left(\beta_{M,d} - \phi\right) = \left.\frac{dy}{d\beta}\middle/ \frac{dx}{d\beta}\right|_{\beta = \beta_{M,w}} \\[4pt]
& \varphi = \arcsin \frac{(i_f + 1)\left(r_{a,d} - r_e\right)\sin\left(\beta_{M,w} - \dfrac{\pi}{2Z_d}\right)}{i_f a_f} + \beta_{M,w} - \pi
\end{aligned}
\end{cases}
\tag{4.37}
$$

式中，

$$
\begin{cases}
\begin{aligned}
\frac{dx}{d\beta} = {}& -r_e \sin\left[\beta - (i_f + 1)\varphi + \frac{\pi}{2Z_w}\right] + \frac{d\varphi}{d\beta}\left\{(i_f + 1)r_e \sin\left[\beta - (i_f + 1)\varphi + \frac{\pi}{2Z_w}\right]\right. \\
& \left. -(i_f + 1)\left(r_{a,d} - r_e\right)\sin\left[\frac{\pi}{2Z_d} - (i_f + 1)\varphi + \frac{\pi}{2Z_w}\right] - i_f a_f \sin\left(i_f\varphi - \frac{\pi}{2Z_w}\right)\right\} \\[4pt]
\frac{dy}{d\beta} = {}& r_e \cos\left[\beta - (i_f + 1)\varphi + \frac{\pi}{2Z_w}\right] + \frac{d\varphi}{d\beta}\left\{-(i_f + 1)r_e \cos\left[\beta - (i_f + 1)\varphi + \frac{\pi}{2Z_w}\right]\right. \\
& \left. + (i_f + 1)\left(r_{a,d} - r_e\right)\cos\left[\frac{\pi}{2Z_d} - (i_f + 1)\varphi + \frac{\pi}{2Z_w}\right] - i_f a_f \cos\left(i_f\varphi - \frac{\pi}{2Z_w}\right)\right\} \\[4pt]
\frac{d\varphi}{d\beta} = {}& 1 + \frac{\cos\left(\beta - \dfrac{\pi}{2Z_d}\right)}{\sqrt{\left[\dfrac{i_f a_f}{(i_f + 1)\left(r_{a,d} - r_e\right)}\right]^2 - \sin^2\left(\beta - \dfrac{\pi}{2Z_d}\right)}}
\end{aligned}
\end{cases}
\tag{4.38}
$$

在仅成形工件齿根过渡圆弧阶段，瞬心 P 点在坐标系 Oxy 中表示为

$$\begin{cases} x_P = x_M - y_M \cot\left(\beta_{M,\mathrm{d}} - \phi\right) \\ y_P = 0 \end{cases} \tag{4.39}$$

根据式(4.17)可求得此时传动比 i_a，由式(4.18)和式(4.19)可求得花键滚轧模具、工件的瞬心线。

2. 工件具有渐开线齿侧阶段的运动特征模型

接触点坐标 $\left(x(\alpha_M), y(\alpha_M)\right)$，在 $f_{\mathrm{d,inv}}$ 和 $f_{\mathrm{w,inv}}$ 上分别表示为 $\left(x(\alpha_{M,\mathrm{d}}), y(\alpha_{M,\mathrm{d}})\right)$、$\left(x(\alpha_{M,\mathrm{w}}), y(\alpha_{M,\mathrm{w}})\right)$，则有

$$\begin{cases} x\left(\alpha_{M,\mathrm{d}}\right) = x\left(\alpha_{M,\mathrm{w}}\right) \\ y\left(\alpha_{M,\mathrm{d}}\right) = y\left(\alpha_{M,\mathrm{w}}\right) \\ \left.\dfrac{\mathrm{d}f_{\mathrm{d}}}{\mathrm{d}x}\right|_{\alpha=\alpha_{M,\mathrm{d}}} = \left.\dfrac{\mathrm{d}f_{\mathrm{w}}}{\mathrm{d}x}\right|_{\alpha=\alpha_{M,\mathrm{w}}} \end{cases} \tag{4.40}$$

将式(4.2)、式(4.9)、式(4.24)、式(4.27)、式(4.35)代入式(4.40)，可得

$$\begin{cases} -r_{\mathrm{b,d}} \sec\alpha_{M,\mathrm{d}} \cos\left(\mathrm{inv}\,\alpha_{M,\mathrm{d}} - \mathrm{inv}\,\alpha_{\mathrm{r,d}} - \phi\right) + a \\ = -r_{\mathrm{b,d}} \sec\alpha_{M,\mathrm{w}} \sin\left[\alpha_{M,\mathrm{w}} + \arcsin\dfrac{r_{\mathrm{b,d}}\left(i_{\mathrm{f}}+1\right)}{i_{\mathrm{f}}a_{\mathrm{f}}} + i_{\mathrm{f}}\varphi\right] + a_{\mathrm{f}}\cos\left(i_{\mathrm{f}}\varphi\right) \\ \\ -r_{\mathrm{b,d}} \sec\alpha_{M,\mathrm{d}} \sin\left(\mathrm{inv}\,\alpha_{M,\mathrm{d}} - \mathrm{inv}\,\alpha_{\mathrm{r,d}} - \phi\right) \\ = -r_{\mathrm{b,d}} \sec\alpha_{M,\mathrm{w}} \cos\left[\alpha_{M,\mathrm{w}} + \arcsin\dfrac{r_{\mathrm{b,d}}\left(i_{\mathrm{f}}+1\right)}{i_{\mathrm{f}}a_{\mathrm{f}}} + i_{\mathrm{f}}\varphi\right] - a_{\mathrm{f}}\sin\left(i_{\mathrm{f}}\varphi\right) \\ \\ r_{\mathrm{b,d}}\sin\left[\arcsin\dfrac{r_{\mathrm{b,d}}\left(i_{\mathrm{f}}+1\right)}{i_{\mathrm{f}}a_{\mathrm{f}}} + i_{\mathrm{f}}\varphi\right] \\ = \tan\left(\tan\alpha_{M,\mathrm{d}} - \mathrm{inv}\,\alpha_{\mathrm{r,d}} - \phi\right)\dfrac{+i_{\mathrm{f}}r_{\mathrm{b,d}}\sec\alpha_{M,\mathrm{w}}\sin\left[\alpha_{M,\mathrm{w}}+\arcsin\dfrac{r_{\mathrm{b,d}}\left(i_{\mathrm{f}}+1\right)}{i_{\mathrm{f}}a_{\mathrm{f}}}+i_{\mathrm{f}}\varphi\right] - i_{\mathrm{f}}a_{\mathrm{f}}\cos\left(i_{\mathrm{f}}\varphi\right)}{-r_{\mathrm{b,d}}\cos\left[\arcsin\dfrac{r_{\mathrm{b,d}}\left(i_{\mathrm{f}}+1\right)}{i_{\mathrm{f}}a_{\mathrm{f}}}+i_{\mathrm{f}}\varphi\right]} \\ \\ \quad -i_{\mathrm{f}}r_{\mathrm{b,d}}\sec\alpha_{M,\mathrm{w}}\cos\left[\alpha_{M,\mathrm{w}}+\arcsin\dfrac{r_{\mathrm{b,d}}\left(i_{\mathrm{f}}+1\right)}{i_{\mathrm{f}}a_{\mathrm{f}}}+i_{\mathrm{f}}\varphi\right] - i_{\mathrm{f}}a_{\mathrm{f}}\sin\left(i_{\mathrm{f}}\varphi\right) \\ \\ \varphi = \arcsin\dfrac{r_{\mathrm{b,d}}\left(i_{\mathrm{f}}+1\right)}{i_{\mathrm{f}}a_{\mathrm{f}}} - \gamma \\ \\ \gamma = \dfrac{\pi}{2} - \tan\alpha_{M,\mathrm{w}} + \mathrm{inv}\,\alpha_{\mathrm{r,d}} \end{cases}$$

$$\tag{4.41}$$

瞬心 P 点在坐标系 Oxy 中表示为

$$\begin{cases} x_P = x_M + y_M \tan\left(\tan\alpha_{M,\mathrm{d}} - \mathrm{inv}\,\alpha_{\mathrm{r,d}} - \phi\right) \\ y_P = 0 \end{cases} \tag{4.42}$$

根据式 (4.17) 可求得此时传动比 i_a，根据式 (4.18) 和式 (4.19) 可求得模具、工件的瞬心线。

4.2.3　形成齿侧渐开线的中心距临界值

在临界中心距 a_{crit} 下，工件齿顶圆半径为 $r_{\mathrm{a,crit}}$，此时工件齿根过渡圆弧刚好完全形成，因此有

$$r_{\mathrm{a,crit}} - r_{\mathrm{f,crit}} = r_C - r_{\mathrm{f,w}} \tag{4.43}$$

式中，$r_{\mathrm{f,crit}}$ 为中心距 a_{crit} 下工件齿根圆半径；r_C 为工件齿根过渡圆弧与工件齿侧渐开线切点处的半径。

$$r_{\mathrm{f,crit}} = \frac{1}{2}d_{\mathrm{b}} + a_{\mathrm{crit}} - a_0 \tag{4.44}$$

一般认为花键滚轧成形为平面应变，特别是滚轧花键轴向长度大于 20mm 时[19]。有限元分析和试验表明，仅自由端面齿根部位有轻微凸起[20,21]，如图 4.5 所示。该轴向位移仅影响自由端面小范围内齿根、齿侧的变形。通过自由端面倒角、施加约束[如增加一段杆部，见图 4.5(a)]可有效避免这种端面充填问题。

因此，轴向变形可忽略，根据滚轧前后体积不变原则有

$$\pi\left(\frac{d_{\mathrm{b}}}{2}\right)^2 = \pi r_{\mathrm{f,crit}}^2 + Z_{\mathrm{w}} S_{\mathrm{crit}} \tag{4.45}$$

式中，S_{crit} 为中心距 a_{crit} 下，工件齿根圆以上单齿面积。

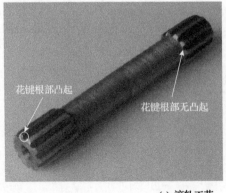

花键根部凸起

花键根部无凸起

(a) 滚轧工艺

(b) 物理模拟试验

图 4.5　滚轧成形花键根部凸起

根据文献[20]有

$$S_{\text{crit}} = r_{a,\text{crit}}^2 \left(\theta_A - \theta_B \right) + \frac{r_{b,w}^2}{3} \left(\tan^3 \alpha_B - \tan^3 \alpha_D \right) + 2r_e^2 \left(\tan \delta - \delta \right) - r_{f,\text{crit}}^2 \left(\theta_A - \theta_D \right)$$

$$(4.46)$$

式中，

$$\begin{cases} \theta_A = \dfrac{s_a'}{2r_a'} + \operatorname{inv}\alpha_a' \\[2mm] \theta_B = \operatorname{inv}\alpha_B \\[2mm] \theta_D = \operatorname{inv}\alpha_D \end{cases}$$

$$(4.47)$$

$$\begin{cases} \alpha_a' = \arccos \dfrac{m \cos \alpha_{r,w} (Z_w + Z_d)}{2(r_{a,d} + r_{f,\text{crit}})} \\[3mm] \alpha_B = \arccos \dfrac{r_{b,w}}{r_{a,\text{crit}}} \\[3mm] \alpha_D = \arccos \dfrac{r_{b,w}}{r_{f,\text{crit}}} \end{cases}$$

$$(4.48)$$

$$\begin{cases} r_a' = \dfrac{mZ_w}{2} \dfrac{\cos \alpha_{r,w}}{\cos \alpha_a'} \\[3mm] s_a' = s_{f,a} \dfrac{r_a'}{r_{f,\text{crit}}} - 2r_a'(\operatorname{inv}\alpha_a' - \operatorname{inv}\alpha_D) \\[3mm] s_{f,a} = \dfrac{2\pi r_{f,\text{crit}}}{Z_w} - \dfrac{2\pi r_{f,w}}{Z_w} + s_{f,w} \end{cases}$$

$$(4.49)$$

式中，δ 为齿根过渡圆弧对应角度的 1/2；$\alpha_{\mathrm{r,w}}$ 为工件分度圆压力角；$s_{\mathrm{f,w}}$ 为工件齿根圆齿厚。

根据式(4.43)～式(4.49)可求得临界中心距 a_{crit}。

4.2.4　变中心距下花键滚轧过程运动特征

不同成形阶段滚轧模具和工件齿廓曲线接触点及瞬心如图 4.6 所示。在仅成形工件齿根过渡圆弧阶段，接触点和瞬心距离较远，而且瞬心一般在此时工件齿顶圆之外。

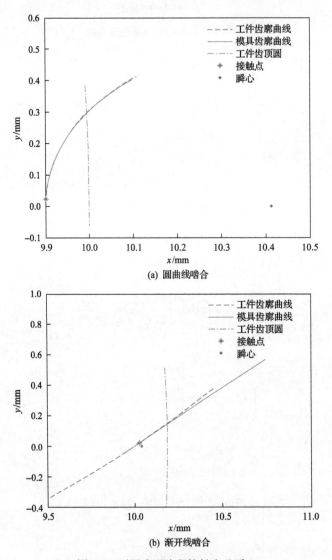

图 4.6　不同成形阶段接触点及瞬心

相反地，工件形成齿侧渐开线时，接触点和瞬心距离相对较近，瞬心一般在此时工件齿顶圆之内。正因如此，前一阶段的瞬心位置变化明显大于后一阶段，如图 4.7 所示。

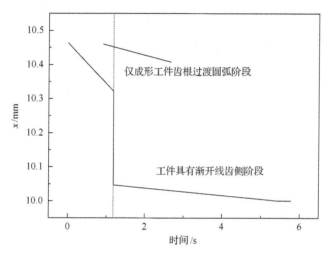

图 4.7　滚轧过程中瞬心的 x 轴坐标变化

成形过程中，瞬心的 x 轴坐标变化如图 4.7 所示，传动比变化如图 4.8 所示。随着滚轧模具径向进给，瞬心沿 x 轴负向移动，滚轧模具停止径向进给，瞬心在 x 轴位置保持不变。

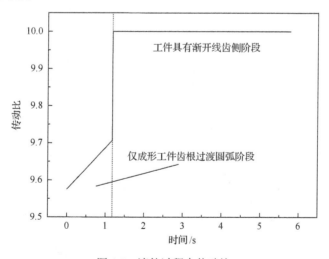

图 4.8　滚轧过程中传动比

在仅成形工件齿根过渡圆弧阶段，瞬心变化较为剧烈，x 轴坐标值迅速减小，如图 4.7 所示；传动比变化也较为显著，此阶段传动增加了约 1.3701%。而在工件具有渐开线齿侧阶段，瞬心位置变化相对缓慢；虽然传动比随中心距减小而减小，但变化甚微，此阶段变化约为 0.0007%。这与渐开线传动时具有中心距可分性相一致。

在仅成形工件齿根过渡圆弧阶段和具有渐开线齿侧阶段的瞬心位置及传动比变化显著不同，主要是由于不同啮合曲线的啮合传动特征不同。在图 4.8 采用的参数条件下第一阶段和第二阶段转化时传动比相差约 3.0211%。

滚轧过程中工件和模具的瞬心线如图 4.9 所示，中心距变化过程中瞬心线不封闭。在滚轧模具停止径向进给前，工件的瞬心线是一条极径逐渐减小的阿基米德螺线（Archimedes spiral）。瞬心位置决定了瞬心线，由于工件仅有齿根过渡圆弧阶段到具有渐开线齿侧阶段的瞬心位置变化显著，此时刻工件瞬心线也存在明显突变，如图 4.9(c)所示。

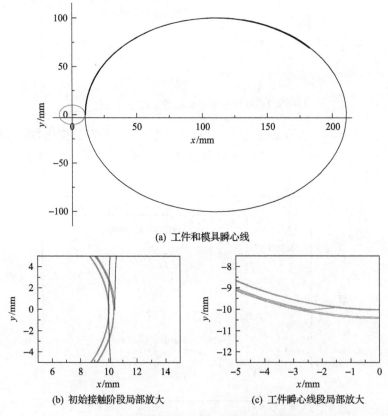

(a) 工件和模具瞬心线

(b) 初始接触阶段局部放大　　　　　　(c) 工件瞬心线段局部放大

图 4.9　滚轧过程中工件和模具的瞬心线

模具瞬心线也是类似的，但是在仅成形工件齿根过渡圆弧阶段，其瞬心线极径几乎保持不变；在工件具有齿侧渐开线阶段，类似于阿基米德螺线，极径随中心距减小而减小，如图 4.10 所示。滚轧模具回转中心随中心距变化而变化，沿 x 轴负向移动（向工件方向靠近），因此靠近工件的瞬心线会出现在初始瞬心线的外侧，如图 4.9 (b) 所示。仅成形工件齿根过渡圆弧阶段到工件具有渐开线齿侧阶段，滚轧模具瞬心线极径增大，但回转中心向工件移动，加之模具半径远大于工件，因此变化并不像工件那样明显。

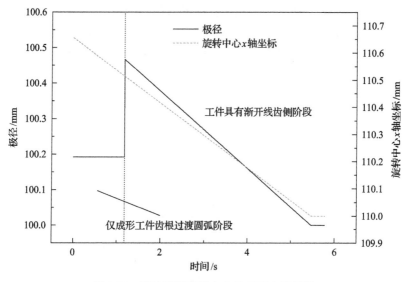

图 4.10　滚轧模具旋转中心及其瞬心线极径

为了保持花键滚轧过程中工件和滚轧模具之间旋转同步，需要全过程对工件施加一个附加的运动补偿。在整个花键滚轧过程中，工件的角速度应当由变化的传递比和滚轧模具角速度确定，如图 4.11 所示。

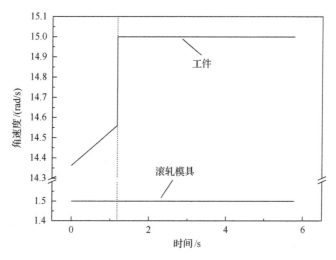

图 4.11　花键滚轧过程工件的运动补偿

花键滚轧模具和工件间中心距不断变化的花键滚轧成形过程运动特征有滚轧

模具沿径向进给、中心距逐渐减小、瞬心向工件方向移动。瞬心位置在仅成形工件齿根过渡圆弧阶段变化较为剧烈。随着中心距减小，传动比先增大再减小。在仅成形工件齿根过渡圆弧阶段，传动比增大；在工件具有渐开线齿侧阶段，传动比有减小趋势，但变化量可忽略。在这两个阶段，传动比的变化不连续，存在间断。工件的瞬心线是一条极径逐渐减小的阿基米德螺线；滚轧模具瞬心线极径在仅成形工件齿根过渡圆弧阶段几乎不变，在工件具有齿侧渐开线阶段极径随中心距减小而减小。

4.3　花键滚轧分齿阶段的运动特征

从工件齿型成形角度出发可将滚轧过程分为分齿和齿型成形两个阶段。在花键滚轧模具开始同工件接触滚轧至工件旋转 $1/N$ 圈分齿阶段，圆柱坯料无任何齿型，主要是摩擦力矩促使工件旋转。之后的齿型成形阶段，工件具有初步齿型才可采用齿轮啮合原理分析运动特征。而在分齿阶段，若滚轧模具不能够带动坯料正常旋转，两者运动不协调，将影响花键的分齿精度。这就需要了解花键滚轧成形初始分齿阶段的运动特征，即该阶段工件的旋转条件。

简单横轧的旋转条件是以压缩量同压缩后工件直径之比以及压缩后工件直径和轧辊直径之比为变量[22]，不便于确定压缩量的大小。在简单横轧旋转条件的基础上，胡正寰等[22]建立了楔横轧的旋转条件。但由于滚轧模具有复杂的花键特征，除了冷、热成形温度不同，变形特征也和楔横轧有明显区别，因此其成形过程同简单横轧和楔横轧有很大区别。

张大伟[20]同样以压缩量同压缩后工件直径之比以及压缩后工件直径和轧辊直径之比为变量探讨了偶数齿花键滚轧的旋转条件，但并未形成实用的公式；并且进一步研究发现偶数齿和奇数齿花键的旋转条件不同[2]，因此以花键滚轧模具齿顶圆直径与滚轧前坯料直径之比和压缩量与滚轧前坯料直径之比为变量，分别建立了偶数齿花键滚轧和奇数齿花键滚轧成形的旋转条件。

4.3.1　花键滚轧成形受力分析

在花键冷滚轧成形过程，轴向的位移和应变几乎忽略不计[17]。花键冷滚轧成形轴向变形仅限于端部局部区域[20,21]，特别是成形花键长度大于 20mm 时，可认为滚轧前后工件（花键）轴截面面积相等[19]。

3.2 节表明，成形中两滚轧模具的参数是完全相同的，但成形的花键齿数不同时，滚轧前两成形模具的相位要求不同。当采用两个滚轧模具时，即 N=2：成形偶数齿时，两滚轧模具之间相位相差的角度为零，即齿槽对齿槽或齿顶对齿顶，如图 4.12（a）所示；成形奇数齿时，两滚轧模具同工作接触侧的相位相差角度为 π/Z_d，即齿顶对齿槽，如图 4.12(b)所示。花键滚轧受力状态简图如图 4.12 所示。4.3 节的论述均针对两滚轧模具的情况。

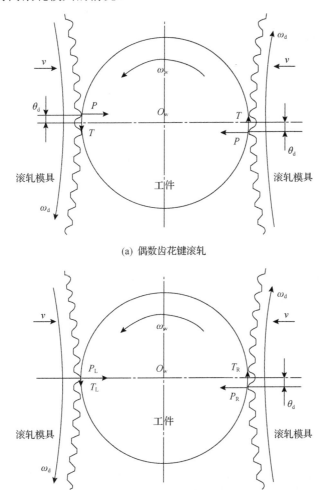

(a) 偶数齿花键滚轧

(b) 奇数齿花键滚轧

图 4.12　花键滚轧受力分析

在初始成形阶段(开始滚轧至工件旋转半周)，工件齿侧尚未形成，摩擦力力矩促使工件旋转。将接触面简化为一个微平面，实际接触面合力作用于其几何中心，分别为正压力 P 和摩擦力 T。若是偶数齿花键滚轧，其宏观受力简图如图 4.12(a)所示。滚轧模具施加给工件四个外力，正压力 P、摩擦力 T 对称作用于工件。P 作用方向通过滚轧模具中心，与水平方向成 θ_d 角。奇数齿花键滚轧时，其受力简图如图 4.12(b)所示。同样滚轧模具施加给工件四个外力，但正压力 P、摩擦力 T 不是对称作用的。

　　偶数齿花键滚轧时,两滚轧模具对应位置完全相同,与工件接触完全对称,受力也是对称的。而奇数齿花键滚轧成形时,两滚轧模具齿廓对应状态不同,受力不对称。两者的区别对工件旋转条件影响最大。对成形过程中一个滚轧模具滚轧过程中的滚轧力、接触面积、变形过程无甚影响,只是时间上有一滞后。

　　在简单横轧旋转条件推导中,一般采用库仑摩擦模型[22],即正压力 P 和摩擦力 T 有如下关系:

$$T = \mu P \tag{4.50}$$

式中, μ 为滚轧模具和工件之间的摩擦系数。

　　工件旋转起来的条件应该是由摩擦力组成的力矩 M_T 大于或等于正压力组成的力矩 M_P,即

$$M_T \geqslant M_P \tag{4.51}$$

　　根据横轧旋转条件可知,压缩量和轧件出口直径之比、轧件出口直径和轧辊直径之比是旋转条件表达式中的重要参数。在花键初始滚轧阶段的旋转条件表达式中也存在类似的参数,即相对压缩量、坯料和滚轧模具间外径比。相对压缩量定义为压缩量(Δs)和滚轧前坯料直径(d_b)之比,外径比定义为花键滚轧模具外径($d_{a,d}$)和滚轧前坯料直径(d_b)之比。为了便于后续推导方便,外径比和相对压缩量分别记作 x、y:

$$\begin{cases} x = \dfrac{d_{a,d}}{d_b} > 0 \\[2mm] y = \dfrac{\Delta s}{d_b} > 0 \end{cases} \tag{4.52}$$

　　花键滚轧过程中工件和滚轧模具之间不断接触、分离、再接触,一个滚轧模具一次滚轧后(接触分离),工件齿根圆前后半径之差定义为压缩量,如图 2.8 所示,滚轧全过程压缩量的变化如图 2.9 所示。

4.3.2　花键滚轧分齿阶段旋转条件

1. 偶数齿时的旋转条件

　　偶数齿花键滚轧,其受力简图如图 4.12(a) 所示,P、T 对称作用于工件,摩擦力构成的力矩 M_T 和正压力构成的力矩 M_P 分别为

$$\begin{cases} M_P = Pa \\ M_T = Tb \end{cases} \tag{4.53}$$

式中，a 为正压力力臂，其值为两正压力 P 之间的垂直距离；b 为摩擦力力臂，其值为两摩擦力 T 之间的垂直距离，如图 4.13 所示。

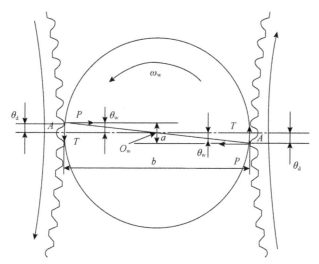

图 4.13　力和力臂示意图

根据图 4.13 所示几何关系可得

$$\frac{a}{2} = \left(\frac{d_{a,d}}{2} + \frac{d_Z}{2} - \Delta s \right) \sin\theta_d = \frac{d_b}{2}(1 + x - 2y)\sin\theta_d \tag{4.54}$$

即

$$a = d_b(1 + x - 2y)\sin\theta_d \tag{4.55}$$

同样，根据图 4.13 所示几何关系可得

$$\frac{b}{2} = \frac{d_b}{2}\left[1 + x\left(1 - \frac{1}{\cos\theta_d} \right) - 2y \right]\cos\theta_d \tag{4.56}$$

式中，$\theta_d \leqslant \pi/Z_d$，其中 Z_d 为滚轧模具齿数，根据设备结构取最大值，一般大于160，因此 θ_d 较小，则可得

$$1 - \frac{1}{\cos\theta_d} \approx 0 \tag{4.57}$$

将式(4.57)代入式(4.56)，可得

$$b = d_b(1 - 2y)\cos\theta_d \tag{4.58}$$

因 θ_d 较小，则有

$$\tan\theta_d \approx \sin\theta_d \tag{4.59}$$

将式 (4.50)、式 (4.53)、式 (4.55)、式 (4.58)、式 (4.59) 代入式 (4.51)，整理可得

$$\mu \geqslant \frac{1+x-2y}{1-2y}\tan\theta_d \approx \frac{1+x-2y}{1-2y}\sin\theta_d \tag{4.60}$$

在分齿阶段，花键滚轧模具和工件之间的中心距可表示为

$$\frac{d_b}{2}(1+x-2y) = \frac{d_b}{2}(x\cos\theta_d + \cos\theta_w) \tag{4.61}$$

式中，θ_w 为 $\overline{AO_w}$ 和 $\overline{O_dO_w}$ 的夹角。此处，A 为滚轧模具工件接触面 (横截面上为线) 的中心，P 也经过 A 点。

根据图 4.13 所示几何关系可得

$$\frac{d_{a,d}}{2}\sin\theta_d = \frac{d_b}{2}\sin\theta_w \tag{4.62}$$

则

$$\sin\theta_w = \frac{d_{a,d}}{d_b}\sin\theta_d = x\sin\theta_d \tag{4.63}$$

$$\cos\theta_w = \sqrt{1-\sin^2\theta_w} = \sqrt{1-x^2\sin^2\theta_d} \tag{4.64}$$

将式 (4.64) 代入式 (4.61)，可得

$$\cos\theta_d = 1 - \frac{2y(1-y)}{x(1+x-2y)} \tag{4.65}$$

由于 y 值较小，可忽略二次以上项，则

$$\sin\theta_d = \sqrt{1-\cos^2\theta_d} = \sqrt{\frac{4y(1-y)}{x(1+x-2y)}} \tag{4.66}$$

将式 (4.66) 代入式 (4.60)，可得

$$\mu \geqslant \frac{1+x-2y}{1-2y}\sqrt{\frac{4y(1-y)}{x(1+x-2y)}} \tag{4.67}$$

将式(4.67)两边平方，并忽略 y 二次以上的项，整理可得

$$\mu^2 \geqslant \frac{4y+4xy}{x-4xy} = \frac{4y(1+x)}{x-4xy} > 0 \tag{4.68}$$

结合 $4y(1+x)>0$ 可得

$$x-4xy>0 \tag{4.69}$$

因此整理不等式(4.68)可得

$$y \leqslant \frac{1}{4}\frac{\mu^2 x}{1+x+\mu^2 x} = f_1(x) \tag{4.70}$$

2. 奇数齿时的旋转条件

当所要成形的花键为奇数齿时，其受力简图如图 4.12(b)所示，P、T 不对称，分别为 P_L、P_R、T_L、T_R。则摩擦力构成的力矩 M_T 和正压力构成的力矩 M_P 分别为

$$\begin{cases} M_P = P_L a_L + P_R a_R \\ M_T = T_L b_L + T_R b_R \end{cases} \tag{4.71}$$

式中，a_R 为工件中心 O_w 点到 P_R 力作用线距离；a_L 为 O_w 点到 P_L 力作用线距离；b_R 为 O_w 点到 T_R 力作用线距离；b_L 为 O_w 点到 T_L 力作用线距离。

从图 4.12(b)所示的几何关系可知 a_L、a_R、b_L、b_R 的表达式为

$$a_L = 0 \tag{4.72}$$

$$a_R = \frac{d_b}{2}(1+x-2y)\sin\theta_d \tag{4.73}$$

$$b_L = \frac{d_b}{2}(1-2y) \tag{4.74}$$

$$b_R = \frac{d_b}{2}\left[1+x\left(1-\frac{1}{\cos\theta_d}\right)-2y\right]\cos\theta_d \tag{4.75}$$

将式(4.57)代入式(4.75)，可得

$$b_R = \frac{d_b}{2}(1-2y)\cos\theta_d \tag{4.76}$$

初始成形阶段工件齿侧渐开线尚未形成，主要是滚轧模具齿顶过渡圆弧同工件接触。花键滚轧模具和工件之间的接触不是连续的，"接触—分离—接触"不断循环。一次接触是指一个齿同滚轧模具接触到分离的过程，滚轧模具和工件之间的接触面积也是波动的[12]。

在奇数齿花键滚轧过程，左右两侧的接触状态不同，接触面积不同。但两侧的塑性变形状态几乎相同，因此力参数和接触面积线性相关，左右两侧的力参数也不相同。因此，奇数齿花键滚轧过程中力参数个数是偶数齿花键滚轧时的两倍，力臂参数也是如此。这为旋转条件建模带来一定困难。为了减少参数个数，引入指标 k。设左右两侧接触圆弧面积分别为 S_L、S_R，则左右两侧的力可近似认为

$$\frac{P_L}{P_R} = \frac{T_L}{T_R} = \frac{S_L}{S_R} = k \tag{4.77}$$

将式(4.50)、式(4.71)~式(4.74)、式(4.76)和式(4.77)代入式(4.51)，整理可得

$$\mu \geqslant \frac{1+x-2y}{1-2y}\frac{1}{\cos\theta_d + k}\sin\theta_d \tag{4.78}$$

将式(4.65)和式(4.66)代入式(4.78)，并将式(4.78)两边平方，同时忽略 y 二次以上的项，整理可得

$$\mu^2 \geqslant \frac{4y(1+x)^2}{(1+k)^2(x+x^2)-2y\left[2(1+k)+3(1+k)^2x+2(1+k)^2x^2\right]} > 0 \tag{4.79}$$

结合 $4y(1+x)^2 > 0$ 可得

$$(1+k)^2(x+x^2)-2y\left[2(1+k)+3(1+k)^2x+2(1+k)^2x^2\right] > 0 \tag{4.80}$$

因此，整理不等式(4.80)可得

$$y \leqslant \frac{1}{2}\frac{\mu^2(1+k)^2(x+x^2)}{2(1+x)^2+\mu^2\left[2(1+k)+3(1+k)^2x+2(1+k)^2x^2\right]} = g(k) \tag{4.81}$$

4.3.3　结果与应用

1. 奇数齿下指标 k

文献[16]建立了成形过程中滚轧模具齿顶圆弧区域同工件接触的数学模型；

文献[12]应用共轭曲线和包络线理论建立了成形过程中工件的齿廓曲线模型，开发了完全接触面积的计算程序。本节研究的成形阶段中，工件齿侧部分尚未形成，主要是滚轧模具齿顶圆弧同工件接触。

根据文献[16]的数学模型，图 4.12(b)所示状态下的 S_L 可以表示为

$$S_L = r_e \arctan \frac{-\dfrac{d_b}{2}\sin\beta}{X_{e,L} - \dfrac{d_b}{2}\cos\beta} \tag{4.82}$$

其中，

$$r_e = \sec\alpha_{r,d}\left|\frac{d_{a,d}}{2}\tan\alpha_{r,d} - \frac{mZ_d}{2}\tan\alpha_{r,d}\right| - \tan\alpha_{r,d}\left(\frac{d_{a,d}}{2}\tan\alpha_{r,d} - \frac{mZ_d}{2}\tan\alpha_{r,d}\right) \tag{4.83}$$

$$\begin{cases} X_{e,L} = \dfrac{d_b}{2} - \Delta s + r_e \\ Y_{e,L} = 0 \end{cases} \tag{4.84}$$

$$\beta = -\arccos\frac{\left(\dfrac{d_b}{2}\right)^2 + X_{e,L}^2 - r_e^2}{d_b X_{e,L}} \tag{4.85}$$

式中，r_e 为滚轧模具齿顶过渡圆弧半径，其圆心为 $O_c(X_e, Y_e)$，如图 4.14 所示；m 为花键模数。

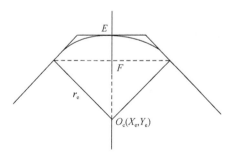

图 4.14　花键滚轧模具齿顶几何形状

根据文献[16]的数学模型，图 4.12(b)所示状态下的 S_R 可以表示为

$$S_R = r_e \left(\left| \arctan \frac{Y_{e,R} - \dfrac{d_b}{2}\sin\beta_1}{X_{e,R} - \dfrac{d_b}{2}\cos\beta_1} \right| + \left| \arctan \frac{Y_{e,R} - \dfrac{d_b}{2}\sin\beta_2}{X_{e,R} - \dfrac{d_b}{2}\cos\beta_2} \right| \right) \tag{4.86}$$

式中，

$$\begin{cases} X_{e,R} = \left(\dfrac{d_{a,d}}{2} + \dfrac{d_Z}{2} - \Delta s \right) - \left(\dfrac{d_{a,d}}{2} - r_e \right)\cos(-\theta_d) \\ Y_{e,R} = \left(\dfrac{d_{a,d}}{2} - r_e \right)\sin(-\theta_d) \end{cases} \tag{4.87}$$

$$\begin{cases} \beta_1 = -\arccos \dfrac{\left(\dfrac{d_b}{2} \right)^2 + X_{e,R}^2 + Y_{e,R}^2 - r_e^2}{d_b\sqrt{X_{e,R}^2 + Y_{e,R}^2}} + \arcsin \dfrac{Y_{e,R}}{\sqrt{X_{e,R}^2 + Y_{e,R}^2}} \\ \beta_2 = \arccos \dfrac{\left(\dfrac{d_b}{2} \right)^2 + X_{e,R}^2 + Y_{e,R}^2 - r_e^2}{d_b\sqrt{X_{e,R}^2 + Y_{e,R}^2}} + \arcsin \dfrac{Y_{e,R}}{\sqrt{X_{e,R}^2 + Y_{e,R}^2}} \end{cases} \tag{4.88}$$

将式 (4.65) 和式 (4.66) 代入式 (4.87)，可得

$$\begin{cases} X_{e,R} = \dfrac{d_b}{2} - \Delta s + r_e + \left(\dfrac{d_{a,d}}{2} - r_e \right)\dfrac{2y(1-y)}{x(1+x-2y)} \\ Y_{e,R} = -\left(\dfrac{d_{a,d}}{2} - r_e \right)\sqrt{\dfrac{4y(1-y)}{x(1+x-2y)}} \end{cases} \tag{4.89}$$

将式 (4.82) 和式 (4.86) 代入式 (4.77)，可得

$$k = \frac{S_L}{S_R} = \frac{\arctan \dfrac{-\dfrac{d_b}{2}\sin\beta}{X_{e,L} - \dfrac{d_b}{2}\cos\beta}}{\left| \arctan \dfrac{Y_{e,R} - \dfrac{d_b}{2}\sin\beta_1}{X_{e,R} - \dfrac{d_b}{2}\cos\beta_1} \right| + \left| \arctan \dfrac{Y_{e,R} - \dfrac{d_b}{2}\sin\beta_2}{X_{e,R} - \dfrac{d_b}{2}\cos\beta_2} \right|}$$

$$= f(m, Z_w, Z_d, \alpha_{r,d}, \Delta s, h_a^*, h_f^*) \tag{4.90}$$

标准花键的齿顶高系数(h_a^*)、齿根高系数(h_f^*)是随着分度圆压力角变化的，可根据手册查取，如中国标准圆齿根花键参数见表 4.2[15]。因此，本节着重分析模数 m、花键齿数 Z_w、模具齿数 Z_d、压缩量 Δs、压力角 α 对指标 k 的影响。应用式(4.90)可获得不同参数下的 k 值。

表 4.2　中国标准圆齿根花键参数

分度圆压力角/(°)	齿顶高系数	齿根高系数	模数/mm	齿数
30	0.5	0.9		
37.5	0.45	0.7	0.5,(0.75),1,(1.25),1.5,(1.75),2,2.5,3,(4),5,(6),(8),10	10～100
45	0.4	0.6	0.25,0.5,(0.75),1,(1.25),1.5,(1.75),2,2.5	

指标 k 随工件和模具齿数的变化情况如图 4.15 所示。从图 4.15 可以看出，不同压力角下 k 的变化趋势是一致的。根据经验可取 $\Delta s = (0.025 \sim 0.075)$ mm[16]。由于成形花键直径跨度较大，取靠近下限区域的值研究压缩量的影响，发现其对 k 值的影响甚微。滚轧模具的直径同模具齿数 Z_d 密切相关，在设备规格允许的条件下 Z_d 尽可能大，一般应是工件齿数的数倍以上。Z_d 增加，k 有所增加，但其变化量很小。滚轧模具的直径(同模具齿数 Z_d 密切相关)和压缩量(Δs)的变化对齿顶接触面积的影响甚微。花键齿数增加，k 显著增加，但变化在 $Z_w = 40 \sim 50$ 逐渐趋于平缓[12]。

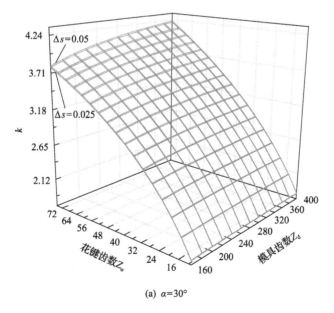

(a) $\alpha = 30°$

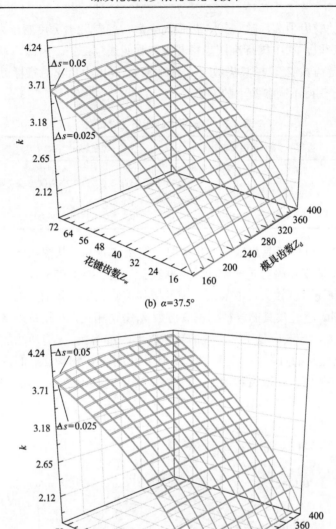

图 4.15　指标 k 随工件和模具齿数的变化

　　图 4.16 显示了模数 m 和分度圆压力角 α 对指标 k 的影响。随着模数增加，指标 k 减小，但变化微小。压力角的变化对 k 影响显著，但其影响程度明显小于工件齿数的影响程度。工件齿数是影响指标 k 值的主要因素，同一齿数下的 k 波动不会超过 1。总体来说，中国标准圆齿根花键参数 k 在 1～5 的范围内，即

$$1 < k < 5 \tag{4.91}$$

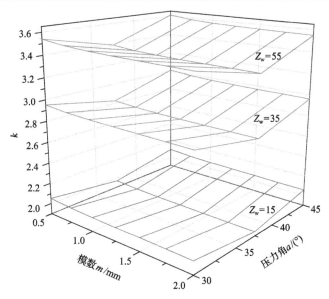

图 4.16 模数和分度圆压力角对指标 k 的影响

2. 旋转条件比较

偶数齿、奇数齿时的旋转条件表达式差别很大，而且奇数齿时的旋转条件表达式十分复杂，因此有必要对式(4.81)进行简化，并比较偶数齿、奇数齿下旋转条件的差别。

令

$$g(k) = \frac{1}{2} \frac{u_1(k)}{u_2(k)} \tag{4.92}$$

式中，

$$\begin{cases} u_1(k) = \mu^2 (1+k)^2 (x + x^2) \\ u_2(k) = 2(1+x)^2 + \mu^2 \left[2(1+k) + 3(1+k)^2 x + 2(1+k)^2 x^2 \right] \end{cases} \tag{4.93}$$

则

$$g'(k) = \frac{1}{2} \frac{u_1'(k) u_2(k) - u_1(k) u_2'(k)}{(u_2(k))^2} = \frac{\mu^2 (1+k)(x+x^2) \left[2(1+x)^2 + \mu^2 (1+k) \right]}{(u_2(k))^2} \tag{4.94}$$

因为 $\mu > 0, k > 0, x > 0$，所以

$$g'(k) = \frac{\mu^2(1+k)(x+x^2)\left[2(1+x)^2 + \mu^2(1+k)\right]}{(u_1(k))^2} > 0 \tag{4.95}$$

故 $g(k)$ 是 k 的单调增函数，结合式(4.91)，式(4.81)可写作

$$y \leqslant g(1) < g(k) \tag{4.96}$$

即奇数齿下的旋转条件为

$$y \leqslant g(1) = \frac{\mu^2 x(1+x)}{(1+x)^2 + 2\mu^2(1+3x+2x^2)} = f_2(x) \tag{4.97}$$

偶数齿、奇数齿旋转条件式(4.70)、式(4.97)的右侧关于 x 的函数之比为

$$f_3(x) = \frac{f_1(x)}{f_2(x)} = \frac{1}{4} \frac{(1+x)^2 + 2\mu^2(1+3x+2x^2)}{(1+x)(1+x+\mu^2 x)} \tag{4.98}$$

同 $g'(k)$ 推导过程一样，可得 $f_3(x)$ 的一阶导数为

$$f_3{}'(x) = \frac{1}{4} \frac{\mu^2(1-2\mu^2)}{(1+x+\mu^2 x)^2} \tag{4.99}$$

米泽斯屈服准则(Mises yield criterion)下库仑摩擦系数的最大值 $\mu_{\max} = 0.577$[23]，所以可得

$$1 - 2\mu^2 > 0 \tag{4.100}$$

将式(4.100)代入式(4.99)，可得

$$f_3{}'(x) > 0 \tag{4.101}$$

故 $f_3(x)$ 是 x 的单调增函数，实际滚轧成形中一般有 $x > 1$，但由于设备结构的限制不会太大，最大值在 $10 \sim 15$，所以

$$f_3(x) \leqslant f_3(15) = \frac{64 + 248\mu^2}{256 + 240\mu^2} = h(\mu) \tag{4.102}$$

同 $g'(k)$ 推导过程一样，可得 $h(\mu)$ 的一阶导数为

$$h'(\mu) = \frac{96256\mu}{\left(256 + 240\mu^2\right)^2} > 0 \tag{4.103}$$

故 $h(\mu)$ 是 μ 的单调增函数，所以有

$$h(\mu) \leqslant h(0.577) = 0.4363 \tag{4.104}$$

$f_1(x) > 0$、$f_2(x) > 0$，并根据式 (4.98)、式 (4.102) 和式 (4.104)，奇数齿的旋转条件优于偶数齿的旋转条件。也就是说，当 x、y、μ 满足所成形花键为偶数齿时的旋转条件时，所成形花键为奇数齿的工件能够更好地旋转。在齿型成形阶段，当所成形花键为偶数齿时，两滚轮接触状态相同，同时接触、同时脱离，其接触比同时达到最大值或最小值，其传动不稳定，更倾向于产生滑动；当所成形花键为奇数齿，右滚轮开始与工件接触时，左滚轮处于接触到脱离阶段的中间时刻，传动较稳定[20]。生产实践也表明，相同成形条件下，奇数齿 ($Z_w=29$) 的成形质量远好于偶数齿 ($Z_w=28$) 花键的成形质量[24]。

3. 旋转条件应用

根据式 (4.70)，偶数齿花键滚轧成形中，可取的最大相对压缩量 y_{max} 为

$$y_{max} = \frac{1}{4} \frac{\mu^2 x}{1 + x + \mu^2 x} \tag{4.105}$$

根据式 (4.97)，奇数齿花键滚轧成形中，可取的最大相对压缩量 y_{max} 为

$$y_{max} = \frac{\mu^2 x (1+x)}{(1+x)^2 + 2\mu^2 (1 + 3x + 2x^2)} \tag{4.106}$$

根据式 (4.105) 和式 (4.106)，可绘制最大相对压缩量曲线，如图 4.17 所示。虽然偶数齿、奇数齿的最大相对压缩量 y_{max} 不同，但变化趋势是一致的。从图 4.17

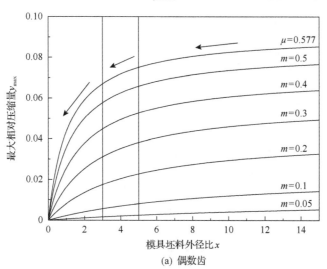

(a) 偶数齿

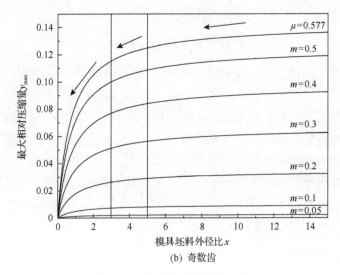

(b) 奇数齿

图 4.17 最大相对压缩量曲线

可以看出，摩擦系数对旋转条件影响显著，这同摩擦系数对简单横轧旋转条件的影响是一样的。

从图 4.17 可以看出，当滚轧模具齿顶圆直径和坯料直径比 $x>5$ 时，x 对最大相对压缩量 y_{max} 影响甚微；而 $x<5$ 时，y_{max} 减小，特别是 $x<3$ 时，y_{max} 迅速减小。摩擦系数越大，其变化越明显。当 x 增加到 $x=15$ 时，y_{max} 的增加量如图 4.18 所示。x 从 5 增加到 15 时，y_{max} 增加在 10%左右，x 从 9 增加到 15 时，y_{max} 增幅小于 5%。若从旋转条件的角度出发选择滚轮直径，滚轮直径应在工件直径 5 倍以上。

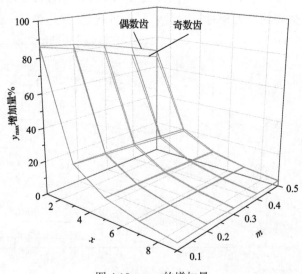

图 4.18 y_{max} 的增加量

压缩量由滚轮模具转速与径向进给速度综合决定。当摩擦系数大、滚轮模具与坯料直径比大时，旋转条件好，最大相对压缩量 y_{max} 较大，压缩量选择范围较大，可调滚轧参数范围也大。此时压缩量为

$$\Delta s \leqslant y_{max} d_b \tag{4.107}$$

滚轧成形前后工件的密度变化很小，花键冷滚轧前坯料直径的理论计算可按照成形前与成形后工件(花键)体积不变的原则确定，则可得花键滚轧前坯料直径 d_b[18]。

式(4.107)描述了满足旋转条件的压缩量选择范围，但是除满足旋转条件外，压缩量还受模具结构的限制。根据图 4.14 所示滚轧模具齿顶结构，保证成形过程中材料流动顺畅，压缩量 Δs 不大于过渡圆弧弦高 $\overline{EF}$，即

$$\Delta s \leqslant \overline{EF} \tag{4.108}$$

式中，

$$\overline{EF} \approx r_e \left[1 - \sin\left(\alpha - \frac{\pi}{2Z_d} \right) \right] \tag{4.109}$$

式(4.108)描述了根据滚轧模具结构确定的压缩量选择范围。确定压缩量要综合考虑旋转条件和模具结构，即根据工艺条件在式(4.107)和式(4.108)的交集中选择合适的压缩量，如图 4.19 所示。

从图 4.19 可以看出，偶数齿时根据旋转条件[见式(4.107)]确定的可用压缩量范围小于根据滚轧模具结构[见式(4.108)]确定的可用压缩量范围，而奇数齿条件

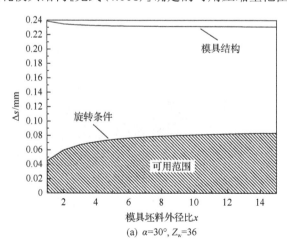

(a) $\alpha=30°$, $Z_w=36$

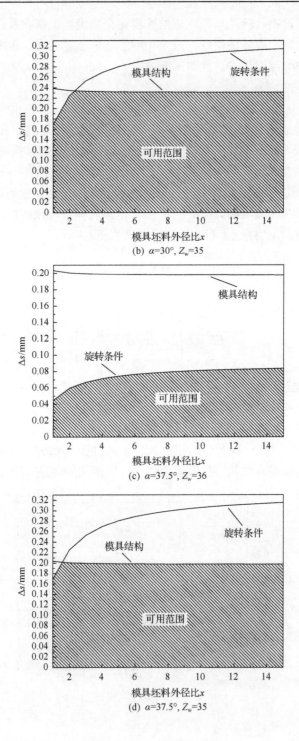

(b) $\alpha=30°$, $Z_w=35$

(c) $\alpha=37.5°$, $Z_w=36$

(d) $\alpha=37.5°$, $Z_w=35$

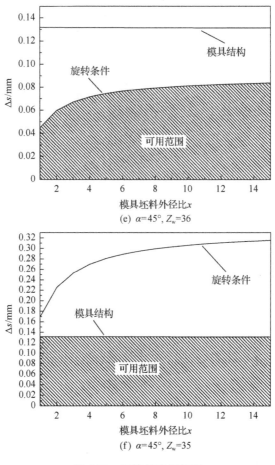

图 4.19　压缩量选择范围

下根据旋转条件[见式(4.107)]确定的可用压缩量范围一般情况下($x>3$)会大于根据滚轧模具结构[见式(4.108)]确定的可用压缩量范围。奇数齿条件下可用压缩量范围一般大于相近偶数齿条件下的可用压缩量范围。因此，一般根据式(4.70)确定的压缩量范围可以满足旋转条件和滚轧模具对压缩量的要求。

参 考 文 献

[1] Zhang D W, Li Y T, Fu J H, et al. Rolling force and rolling moment in spline cold rolling using slip-line field method. Chinese Journal of Mechanical Engineering, 2009, 22(5): 688-695.

[2] Zhang D W, Zhao S D, Li Y T. Rotatory condition at initial stage of external spline rolling. Mathematical Problems in Engineering, 2014, 2014: Article ID 363184, 12 pages.

[3] Zhang D W, Li Y T, Fu J H, et al. Theoretical analysis and numerical simulation of external spline cold rolling//IET Conference Publications CP556, Institution of Engineering and Technology, London, 2009: 1-7.

[4] 张大伟, 付建华, 李永堂. 花键冷滚压成形过程中的接触比. 锻压装备与制造技术, 2008, 43(4): 80-84.

[5] Zhang D W, Fan X G. Review on intermittent local loading forming of large-size complicated component: deformation characteristics. The International Journal of Advanced Manufacturing Technology, 2018, 99: 1427-1448.

[6] Neugebauer R, Putz M, Hellfritzsch U. Improved process design and quality for gear manufacturing with flat and round rolling. Annals of the CIRP, 2007, 56(1): 307-312.

[7] Neugebauer R, Klug D, Hellfritzsch U. Description of the interactions during gear rolling as a basis for a method for the prognosis of the attainable quality parameters. Production Engineering Research Development, 2007, 1(3): 253-257.

[8] Neugebauer R, Hellfritzsch U, Lahl M. Advanced process limits by rolling of helical gears. International Journal of Material Forming, 2008, 1(s1): 1183-1186.

[9] Tsai C F, Liang T L, Yang S C. Using double envelope method on a planetary gear mechanism with double circular-arc tooth. Transactions of the Canadian Society for Mechanical Engineering, 2008, 32(2): 267-281.

[10] Skrickij V, Marijonas B. Vehicle gearbox dynamics: Centre distance influence on mesh stiffness and spur gear dynamics. Transport, 2010, 25(3): 278-286.

[11] Zhang D W, Zhao S D, Ou H A. Motion Characteristic between die and workpiece in spline rolling process with round dies. Advances in Mechanical Engineering, 2016, 8(7): 1-12.

[12] Zhang D W, Li Y T, Fu J H. Tooth curves and entire contact area in process of spline cold rolling. Chinese Journal of Mechanical Engineering, 2008, 21(6): 94-97.

[13] 复旦大学数学系《曲线与曲面》编写组. 曲线与曲面. 北京: 科学出版社, 1977.

[14] 吴序堂. 齿轮啮合原理. 2版. 西安: 西安交通大学出版社, 2009.

[15] 詹昭平, 常宝印, 明翠新. 渐开线花键标准应用手册. 北京: 中国标准出版社, 1997.

[16] 张大伟, 李永堂, 付建华. 外花键冷滚压精密成形滚压接触面积的计算与仿真分析. 太原科技大学学报, 2007, 28(1): 64-68.

[17] Zhang D W, Li Y T, Fu J H, et al. Mechanics analysis on precise forming process of external spline cold rolling. Chinese Journal of Mechanical Engineering, 2007, 20(3): 54-58.

[18] 张大伟, 李永堂, 付建华, 等. 外花键冷滚压成形坯料直径计算. 锻压装备与制造技术, 2007, 42(2): 56-59.

[19] Li Y T, Song J L, Zhang D W, et al. Mechanics analysis and numerical simulation on the precise forming process of spline cold rolling. Materials Science Forum, 2008, 575-578: 416-421.

[20] 张大伟. 花键冷滚压工艺理论研究[硕士学位论文]. 太原: 太原科技大学, 2007.

[21] Zhang D W, Zhao S D. Influences of friction condition and end shape of billet on convex at root of spline by rolling with round dies. Manufacturing Technology, 2018, 18(1): 165-169.

[22] 胡正寰, 张康生, 王宝雨, 等. 楔横轧零件成形技术与模拟仿真. 北京: 冶金工业出版社, 2005.

[23] LeuD K. A simple dry friction model for metal forming process. Journal of Materials Processing Technology, 2009, 209: 2361-2368.

[24] 沈金富. 应用冷滚轧法加工大压力角渐开线花键时的花键模数. 新技术新工艺, 2004, (2): 41-42.

第5章 螺纹滚轧成形过程中的运动特征

与花键滚轧成形相比，螺纹滚轧成形过程更稳定。因此，螺纹类零件滚轧塑性成形关于变中心距下的螺纹滚轧成形运动特征的研究较少[1]，而成形过程的有限元建模[2,3]、滚轧成形的表面强化[2,4]、成形工艺参数影响[5,6]等方面的研究较多。空间啮合传动中关于中心距变化方面的研究主要是装配误差对啮合传动的影响[7,8]。但是螺纹滚轧过程中工件和滚轧模具之间的中心距连续变化，有别于传统的空间啮合传动。

螺纹花键同步滚轧成形过程中螺纹段和花键段的运动协调对螺距误差、齿距误差和成形精度起着重要作用。螺纹滚轧成形过程中工件和模具之间的运动特征是研究揭示螺纹花键同步滚轧成形过程多轴运动以及多种啮合方式运动协调条件的基础。因此，我们研究了变中心距下螺纹滚轧过程中的运动特征[9]。

为了避免出现滚轧成形零件螺距误差较大、表面质量差、螺纹不衔接等问题，变中心距滚轧成形中工件和模具的运动应相互匹配。变中心距螺纹滚轧成形过程中，滚轧模具和工件之间的相互运动应同滚轧模具螺旋齿面和最终滚轧成形工件螺旋齿面在中心距连续变化下的传动特征相一致，这也是本章分析螺纹滚轧成形过程中运动特征的思路。

本章研究中心距变化下螺纹滚轧过程中工件和模具间运动特征。求解滚轧前螺纹滚轧模具和工件切触条件，建立中心距连续变化条件下工件旋转角度的数学模型。基于滚轧成形时间离散区间，求解螺纹滚轧成形过程中工件旋转角速度，建立变中心距滚轧过程传动比、瞬轴面的数学模型。并将这些数学模型应用于渐开螺旋面和阿基米德螺旋面螺纹滚轧成形过程分析。

5.1 螺纹滚轧过程运动特征建模

5.1.1 螺纹滚轧过程中坐标系建立

建立如图 5.1 所示的 3 个直角坐标系 $Oxyz$、$O_wx_wy_wz_w$、$O_dx_dy_dz_d$。z 轴和 z_w 轴是工件的旋转轴，z_d 轴是滚轧模具的旋转轴。其中，$Oxyz$ 是固定坐标系；$O_wx_wy_wz_w$ 和工件固联，随工件转动而转动；$O_dx_dy_dz_d$ 和滚轧模具固联，随滚轧模具进给和旋转。

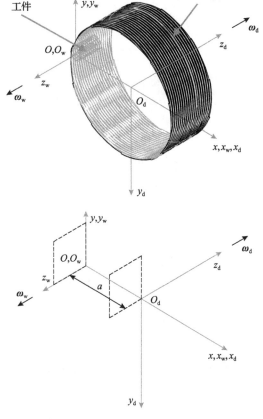

图 5.1　螺纹滚轧过程中的坐标系

坐标系 $Oxyz$ 和 $O_w x_w y_w z_w$ 的原点相同，原点 O 和 O_w 在工件端面上。z_w 轴和 z_d 轴相互平行，之间夹角为 180°。z_w 轴和 z_d 轴之间最短距离，也就是中心距，记为 a，如图 5.1 所示。

点 M 在直角坐标系 $Oxyz$、$O_w x_w y_w z_w$、$O_d x_d y_d z_d$ 中分别表示为 $M(x,y,z)$、$M(x_w,y_w,z_w)$、$M(x_d,y_d,z_d)$。为了便于旋转和平移变化的合成，后续建模中采用标准齐次坐标。

5.1.2　滚轧模具齿面和最终成形工件齿面

Litvin[10]和吴序堂[11]在各自的专著中详细阐述了螺旋面的方程式及其共轭齿面的求解方法。通过包络理论求解共轭曲面的方法是比较常用的求解方法。

设所要成形工件为右旋螺旋面，则滚轧模具齿面为左旋螺旋面。设滚轧模具齿廓曲面 Σ_d 的母线为空间曲线 $\boldsymbol{r}_{d0}$，其参数方程为

$$
\begin{cases}
x_{\mathrm{d}} = x_{\mathrm{d}0}(u) \\
y_{\mathrm{d}} = y_{\mathrm{d}0}(u) \\
z_{\mathrm{d}} = z_{\mathrm{d}0}(u)
\end{cases}
\tag{5.1}
$$

式中，u 为参变数。

坐标系 $O_{\mathrm{d}}x_{\mathrm{d}}y_{\mathrm{d}}z_{\mathrm{d}}$ 中，滚轧模具齿廓曲面可表示为[11]

$$
\begin{cases}
x_{\mathrm{d}} = x_{\mathrm{d}0}(u)\cos\theta - y_{\mathrm{d}0}(u)\sin\theta \\
y_{\mathrm{d}} = x_{\mathrm{d}0}(u)\sin\theta + y_{\mathrm{d}0}(u)\cos\theta \\
z_{\mathrm{d}} = z_{\mathrm{d}0}(u) - \dfrac{P_{\mathrm{h,d}}}{2\pi}\theta
\end{cases}
\tag{5.2}
$$

式中，θ 为 $r_{\mathrm{d}0}$ 绕 z_{d} 轴转过的角度；$P_{\mathrm{h,d}}$ 为螺纹滚轧模具的导程。

在最终滚轧位置时，滚轧模具无径向进给，滚轧模具和工件旋转轴之间的距离不再变化，为 a_{f}；此时滚轧模具和工件之间的传动比 i_{f} 计算式为

$$
i_{\mathrm{f}} = \frac{n_{\mathrm{d}}}{n_{\mathrm{w}}}
\tag{5.3}
$$

式中，n_{d} 为螺纹滚轧模具螺纹头数；n_{w} 为成形工件螺纹头数。

在最终滚轧位置时(螺纹滚轧模具和工件之间中心距为 a_{f})，螺纹滚轧模具齿面 Σ_{d} 在 $O_{\mathrm{w}}x_{\mathrm{w}}y_{\mathrm{w}}z_{\mathrm{w}}$ 中产生的曲面族 Σ_{φ} 由式(5.2)和式(5.4)确定。其中，坐标变换中采用标准齐次坐标。

$$
\begin{bmatrix}
x_{\mathrm{w}} \\
y_{\mathrm{w}} \\
z_{\mathrm{w}} \\
1
\end{bmatrix}
=
\begin{bmatrix}
\cos(i_{\mathrm{f}}\varphi) & \sin(i_{\mathrm{f}}\varphi) & 0 & 0 \\
-\sin(i_{\mathrm{f}}\varphi) & \cos(i_{\mathrm{f}}\varphi) & 0 & 0 \\
0 & 0 & 1 & 0 \\
0 & 0 & 0 & 1
\end{bmatrix}
\begin{bmatrix}
1 & 0 & 0 & a_{\mathrm{f}} \\
0 & -1 & 0 & 0 \\
0 & 0 & -1 & 0 \\
0 & 0 & 0 & 1
\end{bmatrix}
\begin{bmatrix}
\cos\varphi & -\sin\varphi & 0 & 0 \\
\sin\varphi & \cos\varphi & 0 & 0 \\
0 & 0 & 1 & 0 \\
0 & 0 & 0 & 1
\end{bmatrix}
\begin{bmatrix}
x_{\mathrm{d}} \\
y_{\mathrm{d}} \\
z_{\mathrm{d}} \\
1
\end{bmatrix}
\tag{5.4}
$$

曲面族 Σ_{φ} 的包络面由式(5.4)和一个关于 u、θ、φ 的关系式(5.5)确定[12]。

$$
n_{\Sigma_{\varphi},x}\frac{\partial x_{\mathrm{w}}}{\partial\varphi} + n_{\Sigma_{\varphi},y}\frac{\partial y_{\mathrm{w}}}{\partial\varphi} + n_{\Sigma_{\varphi},z}\frac{\partial z_{\mathrm{w}}}{\partial\varphi} = 0
\tag{5.5}
$$

曲面族 Σ_{φ} 法向量 $\boldsymbol{n}_{\Sigma_{\varphi}}$ 可以表示为[11]

$$\boldsymbol{n}_{\varSigma_\varphi} = \begin{bmatrix} n_{\varSigma_\varphi,x} \\ n_{\varSigma_\varphi,y} \\ n_{\varSigma_\varphi,z} \end{bmatrix} = \begin{bmatrix} \dfrac{\partial y_{\mathrm{w}}}{\partial u}\dfrac{\partial z_{\mathrm{w}}}{\partial \theta} - \dfrac{\partial z_{\mathrm{w}}}{\partial u}\dfrac{\partial y_{\mathrm{w}}}{\partial \theta} \\[3mm] \dfrac{\partial z_{\mathrm{w}}}{\partial u}\dfrac{\partial x_{\mathrm{w}}}{\partial \theta} - \dfrac{\partial x_{\mathrm{w}}}{\partial u}\dfrac{\partial z_{\mathrm{w}}}{\partial \theta} \\[3mm] \dfrac{\partial x_{\mathrm{w}}}{\partial u}\dfrac{\partial y_{\mathrm{w}}}{\partial \theta} - \dfrac{\partial y_{\mathrm{w}}}{\partial u}\dfrac{\partial x_{\mathrm{w}}}{\partial \theta} \end{bmatrix} \tag{5.6}$$

将式(5.2)、式(5.4)和式(5.6)代入式(5.5)，整理可得

$$(i_{\mathrm{f}}+1)\frac{P_{\mathrm{h,d}}}{2\pi}x_{\mathrm{d0}}(u)x'_{\mathrm{d0}}(u)+(i_{\mathrm{f}}+1)\frac{P_{\mathrm{h,d}}}{2\pi}y_{\mathrm{d0}}(u)y'_{\mathrm{d0}}(u)$$

$$+i_{\mathrm{f}}a_{\mathrm{f}}\left[\frac{P_{\mathrm{h,d}}}{2\pi}x'_{\mathrm{d0}}(u)-y_{\mathrm{d0}}(u)z'_{\mathrm{d0}}(u)\right]\cos(\varphi+\theta)$$

$$-i_{\mathrm{f}}a_{\mathrm{f}}\left[\frac{P_{\mathrm{h,d}}}{2\pi}y'_{\mathrm{d0}}(u)+x_{\mathrm{d0}}(u)z'_{\mathrm{d0}}(u)\right]\sin(\varphi+\theta)=0 \tag{5.7}$$

令

$$\begin{cases} \sin\gamma = \dfrac{\dfrac{P_{\mathrm{h,d}}}{2\pi}x'_{\mathrm{d0}}(u)-y_{\mathrm{d0}}(u)z'_{\mathrm{d0}}(u)}{\sqrt{\left[\dfrac{P_{\mathrm{h,d}}}{2\pi}x'_{\mathrm{d0}}(u)-y_{\mathrm{d0}}(u)z'_{\mathrm{d0}}(u)\right]^2 + \left[\dfrac{P_{\mathrm{h,d}}}{2\pi}y'_{\mathrm{d0}}(u)+x_{\mathrm{d0}}(u)z'_{\mathrm{d0}}(u)\right]^2}} \\[10mm] \cos\gamma = \dfrac{\dfrac{P_{\mathrm{h,d}}}{2\pi}y'_{\mathrm{d0}}+x_{\mathrm{d0}}(u)z'_{\mathrm{d0}}(u)}{\sqrt{\left[\dfrac{P_{\mathrm{h,d}}}{2\pi}x'_{\mathrm{d0}}(u)-y_{\mathrm{d0}}(u)z'_{\mathrm{d0}}(u)\right]^2 + \left[\dfrac{P_{\mathrm{h,d}}}{2\pi}y'_{\mathrm{d0}}(u)+x_{\mathrm{d0}}(u)z'_{\mathrm{d0}}(u)\right]^2}} \\[10mm] \tan\gamma = \dfrac{\dfrac{P_{\mathrm{h,d}}}{2\pi}x'_{\mathrm{d0}}(u)-y_{\mathrm{d0}}(u)z'_{\mathrm{d0}}(u)}{\dfrac{P_{\mathrm{h,d}}}{2\pi}y'_{\mathrm{d0}}(u)+x_{\mathrm{d0}}(u)z'_{\mathrm{d0}}(u)} \end{cases} \tag{5.8}$$

将式(5.8)代入式(5.7)，整理可得

$$\varphi = \arcsin\frac{(i_{\mathrm{f}}+1)\dfrac{P_{\mathrm{h,d}}}{2\pi}\left[x_{\mathrm{d0}}(u)x'_{\mathrm{d0}}(u)+y_{\mathrm{d0}}(u)y'_{\mathrm{d0}}(u)\right]}{i_{\mathrm{f}}a_{\mathrm{f}}\sqrt{\left[\dfrac{P_{\mathrm{h,d}}}{2\pi}x'_{\mathrm{d0}}(u)-y_{\mathrm{d0}}(u)z'_{\mathrm{d0}}(u)\right]^2 + \left[\dfrac{P_{\mathrm{h,d}}}{2\pi}y'_{\mathrm{d0}}(u)+x_{\mathrm{d0}}(u)z'_{\mathrm{d0}}(u)\right]^2}}+\gamma-\theta$$

$$\tag{5.9}$$

式(5.2)、式(5.4)和式(5.9)构成最终成形工件齿面 Σ_w 的表达式。

5.1.3　初始接触状态下模具和工件齿面

在初始中心距 a_0 下，初始直角坐标系 $O_w x_w y_w z_w$ 和 $Oxyz$ 重合，在坐标系 $Oxyz$ 中，工件齿面 Σ_w 可用式(5.2)、式(5.4)和式(5.9)表示。由于滚轧模具和工件之间中心距变化，不同于 5.1.2 节中求解工件齿面 Σ_w 的中心距，此时螺纹滚轧模具齿面 Σ_d 旋转 ϕ 角后和工件齿面 Σ_w 相切接触，其中 ϕ 角正向和 z_d 的正向相同。此时滚轧模具齿廓 Σ_d 在坐标系 $Oxyz$ 中可用式(5.2)和式(5.10)表示。

$$\begin{bmatrix} x \\ y \\ z \\ 1 \end{bmatrix} = \begin{bmatrix} 1 & 0 & 0 & a_0 \\ 0 & -1 & 0 & 0 \\ 0 & 0 & -1 & 0 \\ 0 & 0 & 0 & 1 \end{bmatrix} \begin{bmatrix} \cos\phi & -\sin\phi & 0 & 0 \\ \sin\phi & \cos\phi & 0 & 0 \\ 0 & 0 & 1 & 0 \\ 0 & 0 & 0 & 1 \end{bmatrix} \begin{bmatrix} x_d \\ y_d \\ z_d \\ 1 \end{bmatrix} \tag{5.10}$$

工件齿面 Σ_w 和滚轧模具齿面 Σ_d 在固定坐标系 $Oxyz$ 中分别表示为 $\boldsymbol{r}^w(u_w, \theta_w)$、$\boldsymbol{r}^d(u_d, \theta_d, \phi)$，其法向向量分别为 $\boldsymbol{n}^w(u_w, \theta_w)$、$\boldsymbol{n}^d(u_d, \theta_d, \phi)$。则在相切接触点处获得如下方程[10]：

$$\boldsymbol{r}^d(u_d, \theta_d, \phi) = \boldsymbol{r}^w(u_w, \theta_w) \tag{5.11}$$

$$\lambda \boldsymbol{n}^d(u_d, \theta_d, \phi) = \boldsymbol{n}^w(u_w, \theta_w) \tag{5.12}$$

式中，λ 为法向向量比率。

向量方程式(5.11)、式(5.12)有 6 个独立的标量方程，共有 6 个未知量 u_w、θ_w、u_d、θ_d、ϕ、λ，可以求出螺纹滚轧模具齿面 Σ_d 旋转角度 ϕ。

5.1.4　螺纹滚轧过程相关运动模型

螺纹滚轧过程中，滚轧模具和工件之间中心距可用式(5.13)表示：

$$a = \begin{cases} a_0 - \displaystyle\int_0^t v\mathrm{d}t, & v > 0 \\ a_f, & v = 0 \end{cases} \tag{5.13}$$

式中，v 为螺纹滚轧模具径向进给速度，一般可取常数；t 为螺纹滚轧成形时间。

在中心距 a 下，螺纹滚轧模具和工件的旋转角度分别为 φ_d、φ_w，则滚轧模具齿面和工件齿面在固定坐标系 $Oxyz$ 分别表示为

$$\boldsymbol{r}^{\mathrm{d}}\left(u_{\mathrm{d}},\theta_{\mathrm{d}},\varphi_{\mathrm{d}},a,\phi\right)=\begin{bmatrix}x\\y\\z\\1\end{bmatrix}=\begin{bmatrix}1&0&0&a\\0&-1&0&0\\0&0&-1&0\\0&0&0&1\end{bmatrix}\begin{bmatrix}\cos\left(\varphi_{\mathrm{d}}+\phi\right)&-\sin\left(\varphi_{\mathrm{d}}+\phi\right)&0&0\\\sin\left(\varphi_{\mathrm{d}}+\phi\right)&\cos\left(\varphi_{\mathrm{d}}+\phi\right)&0&0\\0&0&1&0\\0&0&0&1\end{bmatrix}\begin{bmatrix}x_{\mathrm{d}}\\y_{\mathrm{d}}\\z_{\mathrm{d}}\\1\end{bmatrix}$$

$$(5.14)$$

$$\boldsymbol{r}^{\mathrm{w}}\left(u_{\mathrm{w}},\theta_{\mathrm{w}},\varphi_{\mathrm{w}}\right)=\begin{bmatrix}x\\y\\z\\1\end{bmatrix}=\begin{bmatrix}\cos\varphi_{\mathrm{w}}&-\sin\varphi_{\mathrm{w}}&0&0\\\sin\varphi_{\mathrm{w}}&\cos\varphi_{\mathrm{w}}&0&0\\0&0&1&0\\0&0&0&1\end{bmatrix}\begin{bmatrix}x_{\mathrm{w}}\\y_{\mathrm{w}}\\z_{\mathrm{w}}\\1\end{bmatrix} \quad (5.15)$$

式 (5.15) 中 $\varphi=\varphi\left(u_{\mathrm{w}},\theta_{\mathrm{w}}\right)$，具体表达式为式 (5.16)。

$$\begin{cases}\varphi=\varphi\left(u_{\mathrm{w}},\theta_{\mathrm{w}}\right)\\\quad=\gamma-\theta_{\mathrm{w}}\\\quad+\arcsin\dfrac{\left(i_{\mathrm{f}}+1\right)\dfrac{P_{\mathrm{h,d}}}{2\pi}\left[x_{\mathrm{d0}}\left(u_{\mathrm{w}}\right)x_{\mathrm{d0}}'\left(u_{\mathrm{w}}\right)+y_{\mathrm{d0}}\left(u_{\mathrm{w}}\right)y_{\mathrm{d0}}'\left(u_{\mathrm{w}}\right)\right]}{i_{\mathrm{f}}a_{\mathrm{f}}\sqrt{\left[\dfrac{P_{\mathrm{h,d}}}{2\pi}x_{\mathrm{d0}}'\left(u_{\mathrm{w}}\right)-y_{\mathrm{d0}}\left(u_{\mathrm{w}}\right)z_{\mathrm{d0}}'\left(u_{\mathrm{w}}\right)\right]^{2}+\left[\dfrac{P_{\mathrm{h,d}}}{2\pi}y_{\mathrm{d0}}'\left(u_{\mathrm{w}}\right)+x_{\mathrm{d0}}\left(u_{\mathrm{w}}\right)z_{\mathrm{d0}}'\left(u_{\mathrm{w}}\right)\right]^{2}}}\\\gamma=\arctan\dfrac{\dfrac{P_{\mathrm{h,d}}}{2\pi}x_{\mathrm{d0}}'\left(u_{\mathrm{w}}\right)-y_{\mathrm{d0}}\left(u_{\mathrm{w}}\right)z_{\mathrm{d0}}'\left(u_{\mathrm{w}}\right)}{\dfrac{P_{\mathrm{h,d}}}{2\pi}y_{\mathrm{d0}}'\left(u_{\mathrm{w}}\right)+x_{\mathrm{d0}}\left(u_{\mathrm{w}}\right)z_{\mathrm{d0}}'\left(u_{\mathrm{w}}\right)}\end{cases}$$

$$(5.16)$$

螺纹滚轧模具齿面和工件齿面的法向向量分别为

$$\boldsymbol{n}^{\mathrm{d}}=\boldsymbol{n}^{\mathrm{d}}\left(u_{\mathrm{d}},\theta_{\mathrm{d}},\varphi_{\mathrm{d}},\phi\right)$$

$$=\begin{bmatrix}n_{x}^{\mathrm{d}}\\n_{y}^{\mathrm{d}}\\n_{z}^{\mathrm{d}}\end{bmatrix}=\begin{bmatrix}-\dfrac{P_{\mathrm{h,d}}}{2\pi}x_{\mathrm{d0}}'\left(u_{\mathrm{d}}\right)\sin\left(\theta_{\mathrm{d}}+\phi+\varphi_{\mathrm{d}}\right)-\dfrac{P_{\mathrm{h,d}}}{2\pi}y_{\mathrm{d0}}'\left(u_{\mathrm{d}}\right)\cos\left(\theta_{\mathrm{d}}+\phi+\varphi_{\mathrm{d}}\right)\\\quad-x_{\mathrm{d0}}\left(u_{\mathrm{d}}\right)z_{\mathrm{d0}}'\left(u_{\mathrm{d}}\right)\cos\left(\theta_{\mathrm{d}}+\phi+\varphi_{\mathrm{d}}\right)+y_{\mathrm{d0}}\left(u_{\mathrm{d}}\right)z_{\mathrm{d0}}'\left(u_{\mathrm{d}}\right)\sin\left(\theta_{\mathrm{d}}+\phi+\varphi_{\mathrm{d}}\right)\\-\dfrac{P_{\mathrm{h,d}}}{2\pi}x_{\mathrm{d0}}'\left(u_{\mathrm{d}}\right)\cos\left(\theta_{\mathrm{d}}+\phi+\varphi_{\mathrm{d}}\right)+\dfrac{P_{\mathrm{h,d}}}{2\pi}y_{\mathrm{d0}}'\left(u_{\mathrm{d}}\right)\sin\left(\theta_{\mathrm{d}}+\phi+\varphi_{\mathrm{d}}\right)\\\quad+x_{\mathrm{d0}}\left(u_{\mathrm{d}}\right)z_{\mathrm{d0}}'\left(u_{\mathrm{d}}\right)\sin\left(\theta_{\mathrm{d}}+\phi+\varphi_{\mathrm{d}}\right)+y_{\mathrm{d0}}\left(u_{\mathrm{d}}\right)z_{\mathrm{d0}}'\left(u_{\mathrm{d}}\right)\cos\left(\theta_{\mathrm{d}}+\phi+\varphi_{\mathrm{d}}\right)\\-x_{\mathrm{d0}}\left(u_{\mathrm{d}}\right)x_{\mathrm{d0}}'\left(u_{\mathrm{d}}\right)-y_{\mathrm{d0}}\left(u_{\mathrm{d}}\right)y_{\mathrm{d0}}'\left(u_{\mathrm{d}}\right)\end{bmatrix}$$

$$(5.17)$$

$$\boldsymbol{n}^{\mathrm{w}} = \boldsymbol{n}^{\mathrm{w}}\left(u_{\mathrm{w}}, \theta_{\mathrm{w}}, \varphi_{\mathrm{w}}\right) = \begin{bmatrix} n_x^{\mathrm{w}} \\ n_y^{\mathrm{w}} \\ n_z^{\mathrm{w}} \end{bmatrix}$$

$$= \begin{bmatrix} i_{\mathrm{f}} z_{\mathrm{d}0}'\left(u_{\mathrm{w}}\right)\left\{x_{\mathrm{d}0}\left(u_{\mathrm{w}}\right)\cos\left[\left(i_{\mathrm{f}}+1\right)\varphi+\theta_{\mathrm{w}}-\varphi_{\mathrm{w}}\right] - y_{\mathrm{d}0}\left(u_{\mathrm{w}}\right)\sin\left[\left(i_{\mathrm{f}}+1\right)\varphi+\theta_{\mathrm{w}}-\varphi_{\mathrm{w}}\right]\right. \\ \qquad +a_{\mathrm{f}}\cos\left(i_{\mathrm{f}}\varphi-\varphi_{\mathrm{w}}\right)\Big\} - \dfrac{P_{\mathrm{h,d}}}{2\pi}\Big\{x_{\mathrm{d}0}'\left(u_{\mathrm{w}}\right)\sin\left[\left(i_{\mathrm{f}}+1\right)\varphi+\theta_{\mathrm{w}}-\varphi_{\mathrm{w}}\right] \\ \qquad +\left(i_{\mathrm{f}}+1\right)\dfrac{\partial\varphi}{\partial u_{\mathrm{w}}}x_{\mathrm{d}0}\left(u_{\mathrm{w}}\right)\cos\left[\left(i_{\mathrm{f}}+1\right)\varphi+\theta_{\mathrm{w}}-\varphi_{\mathrm{w}}\right] \\ \qquad +y_{\mathrm{d}0}'\left(u_{\mathrm{w}}\right)\cos\left[\left(i_{\mathrm{f}}+1\right)\varphi+\theta_{\mathrm{w}}-\varphi_{\mathrm{w}}\right] - \left(i_{\mathrm{f}}+1\right)\dfrac{\partial\varphi}{\partial u_{\mathrm{w}}}y_{\mathrm{d}0}\left(u_{\mathrm{w}}\right)\sin\left[\left(i_{\mathrm{f}}+1\right)\varphi+\theta_{\mathrm{w}}-\varphi_{\mathrm{w}}\right] \\ \qquad +i_{\mathrm{f}}a_{\mathrm{f}}\dfrac{\partial\varphi}{\partial u_{\mathrm{w}}}\cos\left(i_{\mathrm{f}}\varphi-\varphi_{\mathrm{w}}\right)\Big\} \\[2ex] -i_{\mathrm{f}} z_{\mathrm{d}0}'\left(u_{\mathrm{w}}\right)\left\{x_{\mathrm{d}0}\left(u_{\mathrm{w}}\right)\sin\left[\left(i_{\mathrm{f}}+1\right)\varphi+\theta_{\mathrm{w}}-\varphi_{\mathrm{w}}\right] + y_{\mathrm{d}0}\left(u_{\mathrm{w}}\right)\cos\left[\left(i_{\mathrm{f}}+1\right)\varphi+\theta_{\mathrm{w}}-\varphi_{\mathrm{w}}\right]\right. \\ \qquad +a_{\mathrm{f}}\sin\left(i_{\mathrm{f}}\varphi-\varphi_{\mathrm{w}}\right)\Big\} - \dfrac{P_{\mathrm{h,d}}}{2\pi}\Big\{x_{\mathrm{d}0}'\left(u_{\mathrm{w}}\right)\cos\left[\left(i_{\mathrm{f}}+1\right)\varphi+\theta_{\mathrm{w}}-\varphi_{\mathrm{w}}\right] \\ \qquad -\left(i_{\mathrm{f}}+1\right)\dfrac{\partial\varphi}{\partial u_{\mathrm{w}}}x_{\mathrm{d}0}\left(u_{\mathrm{w}}\right)\sin\left[\left(i_{\mathrm{f}}+1\right)\varphi+\theta_{\mathrm{w}}-\varphi_{\mathrm{w}}\right] \\ \qquad -y_{\mathrm{d}0}'\left(u_{\mathrm{w}}\right)\sin\left[\left(i_{\mathrm{f}}+1\right)\varphi+\theta_{\mathrm{w}}-\varphi_{\mathrm{w}}\right] - \left(i_{\mathrm{f}}+1\right)\dfrac{\partial\varphi}{\partial u_{\mathrm{w}}}y_{\mathrm{d}0}\left(u_{\mathrm{w}}\right)\cos\left[\left(i_{\mathrm{f}}+1\right)\varphi+\theta_{\mathrm{w}}-\varphi_{\mathrm{w}}\right] \\ \qquad -i_{\mathrm{f}}a_{\mathrm{f}}\dfrac{\partial\varphi}{\partial u_{\mathrm{w}}}\sin\left(i_{\mathrm{f}}\varphi-\varphi_{\mathrm{w}}\right)\Big\} \\[2ex] i_{\mathrm{f}}\left[x_{\mathrm{d}0}\left(u_{\mathrm{w}}\right)x_{\mathrm{d}0}'\left(u_{\mathrm{w}}\right) + y_{\mathrm{d}0}\left(u_{\mathrm{w}}\right)y_{\mathrm{d}0}'\left(u_{\mathrm{w}}\right) - a_{\mathrm{f}}\dfrac{\partial\varphi}{\partial u_{\mathrm{w}}}x_{\mathrm{d}0}\left(u_{\mathrm{w}}\right)\sin\left(\varphi+\theta_{\mathrm{w}}\right)\right. \\ \qquad -a_{\mathrm{f}}\dfrac{\partial\varphi}{\partial u_{\mathrm{w}}}y_{\mathrm{d}0}\left(u_{\mathrm{w}}\right)\cos\left(\varphi+\theta_{\mathrm{w}}\right) + a_{\mathrm{f}}x_{\mathrm{d}0}'\left(u_{\mathrm{w}}\right)\cos\left(\varphi+\theta_{\mathrm{w}}\right) - a_{\mathrm{f}}y_{\mathrm{d}0}'\left(u_{\mathrm{w}}\right)\sin\left(\varphi+\theta_{\mathrm{w}}\right)\Big] \end{bmatrix}$$

$$\tag{5.18}$$

在相切接触点处得到如下方程[10]:

$$\boldsymbol{r}^{\mathrm{d}}\left(u_{\mathrm{d}}, \theta_{\mathrm{d}}, \varphi_{\mathrm{d}}, a, \phi\right) = \boldsymbol{r}^{\mathrm{w}}\left(u_{\mathrm{w}}, \theta_{\mathrm{w}}, \varphi_{\mathrm{w}}\right) \tag{5.19}$$

$$\boldsymbol{r}^{\mathrm{d}}\left(u_{\mathrm{d}}, \theta_{\mathrm{d}}, \varphi_{\mathrm{d}}, a, \phi\right) = \boldsymbol{r}^{\mathrm{w}}\left(u_{\mathrm{w}}, \theta_{\mathrm{w}}, \varphi_{\mathrm{w}}\right) \tag{5.20}$$

一般螺纹滚轧模具角度已知，螺纹滚轧模具旋转角度 φ_{d} 可表示为

$$\varphi_{\mathrm{d}} = \int_0^t \omega_{\mathrm{d}}\mathrm{d}t \tag{5.21}$$

式中，ω_d 为螺纹滚轧模具角速度，一般可取常数。

将式 (5.14)～式 (5.18) 代入式 (5.19) 和式 (5.20)，两个向量方程式 (5.19)、式 (5.20) 有 6 个独立的标量方程，附加标量方程式 (5.13)、式 (5.21)，共有 8 个独立的标量方程，共有 8 个未知量 u_d、θ_d、φ_d、u_w、θ_w、φ_w、a、λ，可以求出螺纹滚轧成形中工件相应的旋转角度 φ_w。则螺纹滚轧成形过程中的传动比应满足

$$i_a = \frac{\omega_\text{w}}{\omega_\text{d}} = \frac{\dfrac{\text{d}\varphi_\text{w}}{\text{d}t}}{\dfrac{\text{d}\varphi_\text{d}}{\text{d}t}} \tag{5.22}$$

螺纹滚轧成形中瞬时轴 k 和 Oxy 平面交点为 O_k，$\overrightarrow{OO_k} = \boldsymbol{a}_k$，设绕 k 轴旋转角速度为 $\boldsymbol{\omega}_k$，则

$$\boldsymbol{\omega}_k = \boldsymbol{\omega}_\text{d} - \boldsymbol{\omega}_\text{w} \tag{5.23}$$

平行轴无轴向运动的空间啮合运动有[11]

$$\boldsymbol{a}_k = a_k \boldsymbol{i} = \frac{a(\boldsymbol{\omega}_\text{d} \cdot \boldsymbol{\omega}_k)\boldsymbol{i}}{(\boldsymbol{\omega}_k)^2} \tag{5.24}$$

式中，$\boldsymbol{i}$ 为 x 轴方向单位向量。

由式 (5.24) 可得

$$a_k = \frac{a\omega_\text{d}}{\omega_\text{d} + \omega_\text{w}} \tag{5.25}$$

瞬时轴 k 在坐标系 Oxy 中可表示为 $\boldsymbol{r}_k$：

$$\begin{cases} x = a_k \\ y = 0 \\ z = z \end{cases} \tag{5.26}$$

则螺纹滚轧模具的瞬轴面方程为

$$\begin{bmatrix} x \\ y \\ z \\ 1 \end{bmatrix} = \begin{bmatrix} 1 & 0 & 0 & a \\ 0 & 1 & 0 & 0 \\ 0 & 0 & 1 & 0 \\ 0 & 0 & 0 & 1 \end{bmatrix} \begin{bmatrix} \cos(-\varphi_\text{d}) & -\sin(-\varphi_\text{d}) & 0 & 0 \\ \sin(-\varphi_\text{d}) & \cos(-\varphi_\text{d}) & 0 & 0 \\ 0 & 0 & 1 & 0 \\ 0 & 0 & 0 & 1 \end{bmatrix} \begin{bmatrix} 1 & 0 & 0 & -a \\ 0 & 1 & 0 & 0 \\ 0 & 0 & 1 & 0 \\ 0 & 0 & 0 & 1 \end{bmatrix} \begin{bmatrix} a_k \\ 0 \\ z \\ 1 \end{bmatrix} \tag{5.27}$$

工件的瞬轴面方程为

$$\begin{bmatrix} x \\ y \\ z \\ 1 \end{bmatrix} = \begin{bmatrix} \cos\varphi_{\mathrm{w}} & -\sin\varphi_{\mathrm{w}} & 0 & 0 \\ \sin\varphi_{\mathrm{w}} & \cos\varphi_{\mathrm{w}} & 0 & 0 \\ 0 & 0 & 1 & 0 \\ 0 & 0 & 0 & 1 \end{bmatrix} \begin{bmatrix} a_k \\ 0 \\ z \\ 1 \end{bmatrix} \tag{5.28}$$

式(5.22)、式(5.25)～式(5.28)都是基于滚轧成形过程中的滚轧模具和工件角速度。滚轧模具角速度已知，工件角速度由螺纹滚轧成形中工件相应的旋转角度 φ_{w} 确定。一般可求出工件相应的旋转角度 φ_{w} 的数值解，难以求得其解析表达式。采用数值方法求解滚轧成形过程中的工件角速度，将滚轧成形时间离散为 N 个区间，离散区间 $[t_i, t_{i+1}]$ 内时间增量为 Δt，工件旋转角度 φ_{w} 增量为 $\Delta\varphi_{\mathrm{w}}$，则在时间 t_{i+1} 的工件角速度为

$$\omega_{\mathrm{w}}|_{t=t_{i+1}} = \frac{\Delta\varphi_{\mathrm{w}}}{\Delta t} \tag{5.29}$$

在时间 t_{i+1} 开始数值求解 φ_{w} 时所用到的 u_{d}、θ_{d}、u_{w}、θ_{w}、λ 初始值为时间 t_i 求解结果。

基于空间啮合原理和螺纹滚轧工艺特征，求解滚轧前螺纹滚轧模具和工件切触条件，进而建立中心距连续变化条件下工件旋转角度的数学模型。在此基础上，基于滚轧成形时间离散区间，求解螺纹滚轧成形过程中工件旋转角速度，进而发展变中心距滚轧过程传动比、瞬轴面的数学模型。

5.2　渐开螺旋面滚轧过程运动分析

螺纹齿面为渐开螺旋面，其端面截形是渐开线。为便于分析计算，端面参数取标准值，滚轧模具参数见表 5.1。其中小径为无顶隙啮合时滚轧模具小径。滚轧成形螺纹工件的螺纹头数 n_{w} 为 1。

表 5.1　螺纹滚轧模具基本参数(渐开螺旋面齿廓)

参数	符号	参数值
螺纹头数	n_{d}	10
螺纹导程	$P_{\mathrm{h,d}}$	40mm
大径	d	201.5mm
中径	d_2	200mm
小径	d_1	198.5mm
横截面上中径处压力角	α_2	30°

5.2.1　最终滚轧位置工件和滚轧模具齿廓

滚轧模具渐开螺旋面的端截形为渐开线，如图 5.2 所示。以 O_d 为极点，以 x_d 轴负向为极轴，建立一个极坐标系，形成图 5.2 所示渐开线，基圆半径为 $r_{b,d}$。渐开线上点 M 和基圆切于点 T 处，O_dT 和极轴夹角为 u，$u \in [\tan \alpha_1, \tan \alpha]$，其中 α_1、α 分别为端面截形在小径和大径处的压力角，取 u 为参数。

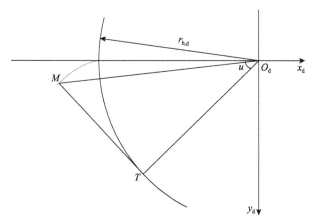

图 5.2　渐开螺旋面端截形

渐开螺旋面滚轧模具齿廓曲面 Σ_d 在 $x_dO_dy_d$ 平面内的截形 $\boldsymbol{r}_{d0}$ 在坐标系 $O_dx_dy_dz_d$ 中表示为

$$\begin{cases} x_d = x_{d0}(u) = -r_{b,d}\cos u - r_{b,d}u\sin u \\ y_d = y_{d0}(u) = r_{b,d}\sin u - r_{b,d}u\cos u \\ z_d = z_{d0}(u) = 0 \end{cases} \tag{5.30}$$

其关于参数 u 的一阶导数可表示为

$$\begin{cases} x'_{d0}(u) = -r_{b,d}u\cos u \\ y'_{d0}(u) = r_{b,d}u\sin u \\ z'_{d0}(u) = 0 \end{cases} \tag{5.31}$$

则坐标系 $O_dx_dy_dz_d$ 中，渐开螺旋面滚轧模具齿廓曲面可表示为

$$\begin{cases} x_d = -r_{b,d}\cos(u-\theta) - r_{b,d}u\sin(u-\theta) \\ y_d = r_{b,d}\sin(u-\theta) - r_{b,d}u\cos(u-\theta) \\ z_d = -\dfrac{P_{h,d}}{2\pi}\theta \end{cases} \tag{5.32}$$

将式(5.30)和式(5.31)代入式(5.8)，可得

$$\tan\gamma = -\cot u \tag{5.33}$$

即

$$\gamma = -\frac{\pi}{2} + u \tag{5.34}$$

将式(5.30)、式(5.31)和式(5.34)代入式(5.9)，可得

$$\varphi = \arcsin\frac{r_{b,d}(i_f+1)}{i_f a_f} - \frac{\pi}{2} + u - \theta \tag{5.35}$$

由于坐标系 $O_w x_w y_w z_w$ 和 $Oxyz$ 重合，根据式(5.32)和式(5.4)可得最终成形工件齿面在坐标系 $Oxyz$ 中的表达式(5.36)，其中 φ 由式(5.35)计算。

$$\boldsymbol{r}^w = \begin{bmatrix} -r_{b,d}\cos\left[(i_f+1)\varphi + \theta - u\right] + r_{b,d}u\sin\left[(i_f+1)\varphi + \theta - u\right] + a_f\cos i_f\varphi \\ r_{b,d}\sin\left[(i_f+1)\varphi + \theta - u\right] + r_{b,d}u\cos\left[(i_f+1)\varphi + \theta - u\right] - a_f\sin i_f\varphi \\ \frac{P_{h,d}}{2\pi}\theta \end{bmatrix} \tag{5.36}$$

坐标系 $Oxyz$ 中工件齿面如图 5.3(a)所示。在最终滚轧位置时，渐开螺旋面滚轧模具齿面在坐标系 $Oxyz$ 中表示为式(5.37)，则在坐标系 $Oxyz$ 中工件和滚轧模具齿面如图 5.3(b)所示。

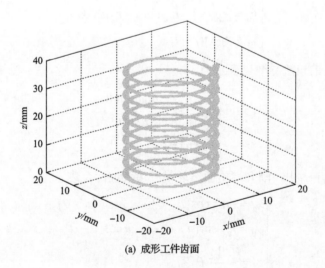

(a) 成形工件齿面

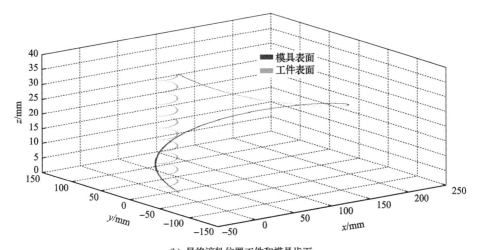

(b) 最终滚轧位置工件和模具齿面

图 5.3　滚轧模具工件齿面(渐开螺旋面)

$$\begin{bmatrix} x \\ y \\ z \\ 1 \end{bmatrix} = \begin{bmatrix} 1 & 0 & 0 & a_f \\ 0 & -1 & 0 & 0 \\ 0 & 0 & -1 & 0 \\ 0 & 0 & 0 & 1 \end{bmatrix} \begin{bmatrix} x_d \\ y_d \\ z_d \\ 1 \end{bmatrix} \tag{5.37}$$

5.2.2　初始接触状态下模具和工件齿面

在初始中心距 a_0 下，工件齿面 Σ_w 可用式 (5.36) 表示，此时渐开螺旋面滚轧模具齿面 Σ_d 旋转 ϕ 角后和工件齿面 Σ_w 相切接触。将式 (5.32) 代入式 (5.10)，可得

$$\boldsymbol{r}^d = \begin{bmatrix} -r_{b,d}\cos(\theta+\phi-u)+r_{b,d}u\sin(\theta+\phi-u)+a_0 \\ r_{b,d}\sin(\theta+\phi-u)+r_{b,d}u\cos(\theta+\phi-u) \\ \dfrac{P_{h,d}}{2\pi}\theta \end{bmatrix} \tag{5.38}$$

根据式 (5.36) 和式 (5.38)，工件齿面和渐开螺旋面滚轧模具齿面法向向量可分别表示为

$$\boldsymbol{n}^w = \begin{bmatrix} -\dfrac{P_{h,d}}{2\pi}\big\{i_f r_{b,d}u\sin\big[(i_f+1)\varphi+\theta-u\big]-r_{b,d}(i_f+1)\cos\big[(i_f+1)\varphi+\theta-u\big]+i_f a_f\cos(i_f\varphi)\big\} \\ -\dfrac{P_{h,d}}{2\pi}\big\{i_f r_{b,d}u\cos\big[(i_f+1)\varphi+\theta-u\big]+r_{b,d}(i_f+1)\sin\big[(i_f+1)\varphi+\theta-u\big]-i_f a_f\sin(i_f\varphi)\big\} \\ i_f\big[r_{b,d}^2 u+a_f r_{b,d}\sin(\varphi+\theta-u)\big] \end{bmatrix} \tag{5.39}$$

$$n^{\mathrm{d}} = \begin{bmatrix} \dfrac{P_{\mathrm{h,d}}}{2\pi} r_{\mathrm{b,d}} u \sin(\theta + \phi - u) \\[3mm] \dfrac{P_{\mathrm{h,d}}}{2\pi} r_{\mathrm{b,d}} u \cos(\theta + \phi - u) \\[3mm] -r_{\mathrm{b,d}}^2 u \end{bmatrix} \tag{5.40}$$

将式 (5.36)、式 (5.38)～式 (5.40) 代入式 (5.11) 和式 (5.12)，可以求出渐开螺旋面滚轧模具齿面旋转角度 ϕ。

5.2.3 渐开螺旋面滚轧成形过程相关运动模型

滚轧模具旋转 φ_{d} 角度，对应工件旋转 φ_{w}，此时在中心距 a，将式 (5.32) 和式 (5.36) 分别代入式 (5.14) 和式 (5.15)，可得固定坐标系 $Oxyz$ 下的渐开螺旋面滚轧模具齿面和工件齿面：

$$r^{\mathrm{d}} = \begin{bmatrix} -r_{\mathrm{b,d}} \cos(\theta_{\mathrm{d}} + \phi + \varphi_{\mathrm{d}} - u_{\mathrm{d}}) + r_{\mathrm{b,d}} u_{\mathrm{d}} \sin(\theta_{\mathrm{d}} + \phi + \varphi_{\mathrm{d}} - u_{\mathrm{d}}) + a \\[3mm] r_{\mathrm{b,d}} \sin(\theta_{\mathrm{d}} + \phi + \varphi_{\mathrm{d}} - u_{\mathrm{d}}) + r_{\mathrm{b,d}} u_{\mathrm{d}} \cos(\theta_{\mathrm{d}} + \phi + \varphi_{\mathrm{d}} - u_{\mathrm{d}}) \\[3mm] \dfrac{P_{\mathrm{h,d}}}{2\pi} \theta_{\mathrm{d}} \end{bmatrix} \tag{5.41}$$

$$r^{\mathrm{w}} = \begin{bmatrix} -r_{\mathrm{b,d}} \cos\big[(i_{\mathrm{f}} + 1)\varphi + \theta_{\mathrm{w}} - \varphi_{\mathrm{w}} - u_{\mathrm{w}}\big] + r_{\mathrm{b,d}} u_{\mathrm{w}} \sin\big[(i_{\mathrm{f}} + 1)\varphi + \theta_{\mathrm{w}} - \varphi_{\mathrm{w}} - u_{\mathrm{w}}\big] \\ + a_{\mathrm{f}} \cos(i_{\mathrm{f}}\varphi - \varphi_{\mathrm{w}}) \\[2mm] r_{\mathrm{b,d}} \sin\big[(i_{\mathrm{f}} + 1)\varphi + \theta_{\mathrm{w}} - \varphi_{\mathrm{w}} - u_{\mathrm{w}}\big] + r_{\mathrm{b,d}} u_{\mathrm{w}} \cos\big[(i_{\mathrm{f}} + 1)\varphi + \theta_{\mathrm{w}} - \varphi_{\mathrm{w}} - u_{\mathrm{w}}\big] \\ - a_{\mathrm{f}} \sin(i_{\mathrm{f}}\varphi - \varphi_{\mathrm{w}}) \\[2mm] \dfrac{P_{\mathrm{h,d}}}{2\pi} \theta_{\mathrm{w}} \end{bmatrix} \tag{5.42}$$

式中，

$$\varphi = \arcsin \frac{r_{\mathrm{b,d}}(i_{\mathrm{f}} + 1)}{i_{\mathrm{f}} a_{\mathrm{f}}} - \frac{\pi}{2} + u_{\mathrm{w}} - \theta_{\mathrm{w}} \tag{5.43}$$

根据式 (5.41) 和式 (5.42)，可得渐开螺旋面滚轧模具齿面和工件齿面法向向量：

$$n^{\mathrm{d}} = \begin{bmatrix} \dfrac{P_{\mathrm{h,d}}}{2\pi} r_{\mathrm{b,d}} u_{\mathrm{d}} \sin(\theta_{\mathrm{d}} + \phi + \varphi_{\mathrm{d}} - u_{\mathrm{d}}) \\ \dfrac{P_{\mathrm{h,d}}}{2\pi} r_{\mathrm{b,d}} u_{\mathrm{d}} \cos(\theta_{\mathrm{d}} + \phi + \varphi_{\mathrm{d}} - u_{\mathrm{d}}) \\ -r_{\mathrm{b,d}}^{2} u_{\mathrm{d}} \end{bmatrix} \tag{5.44}$$

$$n^{\mathrm{w}} = \begin{bmatrix} -\dfrac{P_{\mathrm{h,d}}}{2\pi} \Big\{ i_{\mathrm{f}} r_{\mathrm{b,d}} u_{\mathrm{w}} \sin\big[(i_{\mathrm{f}}+1)\varphi + \theta_{\mathrm{w}} - \varphi_{\mathrm{w}} - u_{\mathrm{w}}\big] \\ \qquad -r_{\mathrm{b,d}}(i_{\mathrm{f}}+1)\cos\big[(i_{\mathrm{f}}+1)\varphi + \theta_{\mathrm{w}} - \varphi_{\mathrm{w}} - u_{\mathrm{w}}\big] + i_{\mathrm{f}} a_{\mathrm{f}} \cos(i_{\mathrm{f}}\varphi - \varphi_{\mathrm{w}}) \Big\} \\ -\dfrac{P_{\mathrm{h,d}}}{2\pi} \Big\{ i_{\mathrm{f}} r_{\mathrm{b,d}} u_{\mathrm{w}} \cos\big[(i_{\mathrm{f}}+1)\varphi + \theta_{\mathrm{w}} - \varphi_{\mathrm{w}} - u_{\mathrm{w}}\big] \\ \qquad +r_{\mathrm{b,d}}(i_{\mathrm{f}}+1)\sin\big[(i_{\mathrm{f}}+1)\varphi + \theta_{\mathrm{w}} - \varphi_{\mathrm{w}} - u_{\mathrm{w}}\big] - i_{\mathrm{f}} a_{\mathrm{f}} \sin(i_{\mathrm{f}}\varphi - \varphi_{\mathrm{w}}) \Big\} \\ i_{\mathrm{f}}\big[r_{\mathrm{b,d}}^{2} u_{\mathrm{w}} + a_{\mathrm{f}} r_{\mathrm{b,d}} \sin(\varphi + \theta_{\mathrm{w}} - u_{\mathrm{w}}) \big] \end{bmatrix} \tag{5.45}$$

将式(5.41)~式(5.45)代入式(5.19)和式(5.20)，并结合式(5.13)和式(5.21)，可以求出渐开螺旋面滚轧模具旋转角度 φ_{d} 及和其匹配的工件旋转角度 φ_{w}。采用 Trust-region-dogleg 算法进行求解。将 φ_{d}、φ_{w} 代入式(5.22)、式(5.25)~式(5.29)，可得滚轧过程相关的传动比、瞬轴面。

5.2.4 渐开螺旋面滚轧成形过程运动特征

渐开螺旋面螺纹滚轧成形过程中，滚轧模具旋转角度 φ_{d} 和对应工件旋转角度 φ_{w} 如图 5.4 所示。滚轧模具的角速度为常数，滚轧成形过程中旋转角度 φ_{d} 和

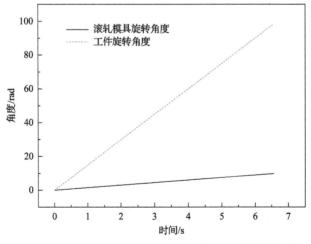

图 5.4　渐开螺旋面滚轧成形过程中模具和工件旋转角度

滚轧成形时间是线性相关的。工件旋转角度和滚轧时间也近似为线性,如图 5.4 所示。但是工件角速度在成形初期有波动,波动结束后几乎是常数,如图 5.5 所示。

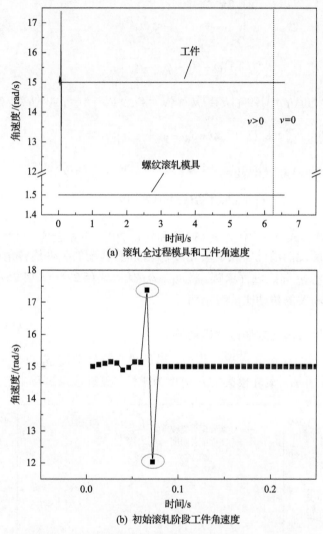

(a) 滚轧全过程模具和工件角速度

(b) 初始滚轧阶段工件角速度

图 5.5 渐开螺旋面滚轧成形过程模具和工件角速度

当渐开螺旋面滚轧模具径向进给时(即 $v>0$),滚轧模具和工件之间中心距是持续变化的;当滚轧模具停止径向进给时(即 $v=0$),中心距保持不变。从图 5.5(a) 可以看出,工件角速度稳定后中心距变化对其影响很小,这可能与渐开线传动时具有中心距可分性相关。从图 5.5(b) 可以看出,初始滚轧阶段工件角速度的波动时间较少,仅占中心距变化滚轧时间(即 $v>0$ 的滚轧时间)的 0.1155%。

工件角速度波动峰值同稳定后的角速度相比相差小于 20%。从图 5.5(b)可以看出，峰值较大的仅有很少几个点，将这些点排除后，同稳定后的角速度相比相差约为 1%。角速度的变化规律决定了滚轧模具和工件之间传动比的变化规律。滚轧模具角速度为常数，因此传动比的变化规律和工件角速度的变化规律相似，如图 5.6 所示。

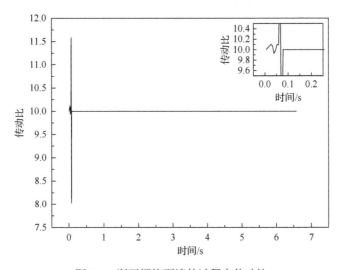

图 5.6　渐开螺旋面滚轧过程中传动比

传动比初期存在波动变化，稳定后传动比几乎保持不变，传动比波动变化的时间仅占中心距变化滚轧时间(即 $v>0$ 的滚轧时间)的 0.1155%。传动比波动峰值同稳定后的传动比相比相差小于 20%。峰值较大的仅有很少几个点，将这些点排除后，同稳定后的传动比相比相差约为 1%，这与渐开线性质相关。Seol 和 Litvin[7]也认为具有渐开螺旋齿型的蜗杆蜗轮传动中，装配误差引起的传动误差是零。

渐开螺旋面滚轧成形过程的瞬轴面如图 5.7(a)所示，由于滚轧模具和工件的旋转轴是平行的，其横截面上曲线形状是相同的，其截面形状如图 5.7(b)所示。由于工件角速度初始阶段的波动，特别是图 5.5(b)标示的峰值较大的数据点，在相应时刻瞬轴面上出现奇异点。螺纹滚轧成形过程中的滚轧模具和工件的瞬轴面并不封闭，类似于极径逐渐减小的阿基米德螺线，滚轧成形过程瞬轴面的极径变化如图 5.8 所示。但滚轧模具回转中心随中心距变化而变化，沿 x 轴负向移动(向工件方向靠近)，如图 5.9 所示，因此靠近工件的模具瞬轴面会出现在初始瞬轴面的外侧，如图 5.7(b)局部区域所示。

从图 5.7(b)可以看出，渐开螺旋面滚轧模具瞬轴面不封闭现象比工件的瞬轴面不封闭现象要明显，其主要原因为：一是虽然稳定滚轧成形过程中极径变化相

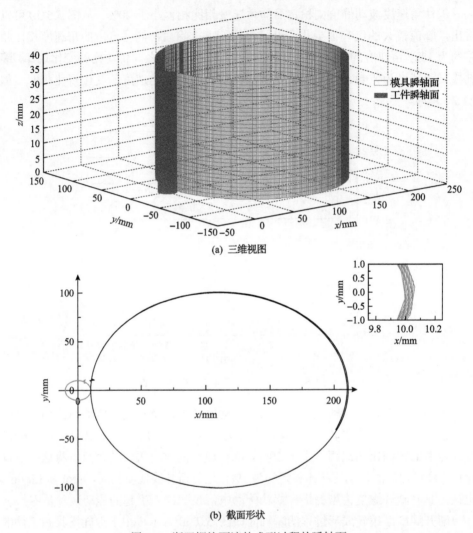

(a) 三维视图

(b) 截面形状

图 5.7　渐开螺旋面滚轧成形过程的瞬轴面

对值差不多，但渐开螺旋面滚轧模具瞬轴面极径变化绝对值要大许多，如图 5.8
所示；二是滚轧成形过程中工件的回转中心保持不变，而滚轧模具回转中心随中
心变化而变化，沿 x 轴负向移动(向工件方向靠近)，如图 5.9 所示。

　　将所建立模型用于渐开螺旋面滚轧成形过程分析。结果表明，由于滚轧模具
角速度为常数，工件旋转角度和滚轧时间近似为线性；工件角速度和传动比的变
化规律是一样的，在成形初期有波动，波动时间较短，稳定后几乎是常数；工件
和渐开螺旋面滚轧模具的瞬轴面截面近似为一条极径逐渐减小的阿基米德螺线，
其极径随中心距减小而减小，工件角速度稳定阶段工件和渐开螺旋面滚轧模具的
瞬轴面的极径变化的相对值近似而绝对值有较大差别。

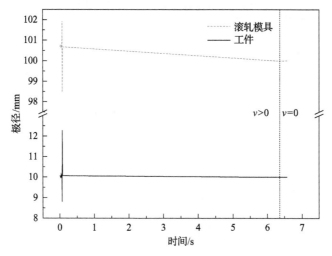

图 5.8　渐开螺旋面滚轧过程中瞬轴面极径

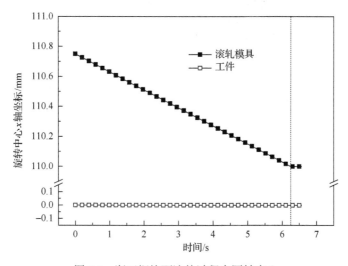

图 5.9　渐开螺旋面滚轧过程中回转中心

5.3　阿基米德螺旋面滚轧成形过程运动分析

螺纹齿面为阿基米德螺旋面，其端面截形是阿基米德螺线，轴向截形是直线。为便于分析计算，轴向截面参数取标准值，滚轧模具参数见表 5.2。其中，小径为无顶隙啮合时滚轧模具小径。滚轧成形螺纹工件的螺纹头数 n_w 为 1。

表 5.2　滚轧模具基本参数（阿基米德螺旋面齿廓）

参数	符号	参数值
螺纹头数	n_d	10
螺纹导程	$P_{h,d}$	40mm
螺距	P	4mm
大径	d	201.5mm
中径	d_2	200mm
小径	d_1	198.5mm
轴截面牙型半角	α	45°

5.3.1　最终滚轧位置工件和螺纹滚轧模具齿廓

阿基米德螺旋面滚轧模具阿基米德螺旋面的轴向截形是直线，如图 5.10 所示。在 $x_d O_d z_d$ 平面内直母线（螺纹上侧齿面）和 z_d 轴交于 O' 点，和 x_d 轴夹角为 α 。母线上点 M，取参数 u，$u = \overline{O'M}$ ，$u \in \left[\dfrac{r_1}{\cos\alpha}, \dfrac{r}{\cos\alpha} \right]$ 。

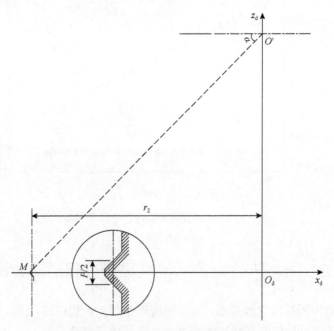

图 5.10　阿基米德螺旋面轴向截形

阿基米德螺旋面滚轧模具齿廓曲面 Σ_d 在 $x_d O_d z_d$ 平面内的截形 r_{d0} 在坐标系 $O_d x_d y_d z_d$ 中表示为

$$\begin{cases} x_d = x_{d0}(u) = -u\cos\alpha \\ y_d = y_{d0}(u) = 0 \\ z_d = z_{d0}(u) = r_2\tan\alpha + \dfrac{P}{4} - u\sin\alpha \end{cases} \tag{5.46}$$

其关于参数 u 的一阶导数可表示为

$$\begin{cases} x'_{d0}(u) = -\cos\alpha \\ y'_{d0}(u) = 0 \\ z'_{d0}(u) = -\sin\alpha \end{cases} \tag{5.47}$$

则坐标系 $O_d x_d y_d z_d$ 中，阿基米德螺旋面滚轧模具齿廓曲面可表示为

$$\begin{cases} x_d = -u\cos\alpha\cos\theta \\ y_d = -u\cos\alpha\sin\theta \\ z_d = r_2\tan\alpha + \dfrac{P}{4} - u\sin\alpha - \dfrac{P_{h,d}}{2\pi}\theta \end{cases} \tag{5.48}$$

将式 (5.46) 和式 (5.47) 代入式 (5.8) 和式 (5.9)，可得

$$\varphi = \arcsin\frac{(i_f+1)u\cos\alpha}{i_f a_f\sqrt{1+\left(\dfrac{2\pi u\sin\alpha}{P_{h,d}}\right)^2}} + \operatorname{arccot}\left(-\frac{2\pi u\sin\alpha}{P_{h,d}}\right) - \theta \tag{5.49}$$

由于坐标系 $O_w x_w y_w z_w$ 和 $Oxyz$ 重合，根据式 (5.46) 和式 (5.4) 可得最终成形工件齿面在坐标系 $Oxyz$ 中的表达式 (5.50)，其中 φ 由式 (5.49) 计算。

$$\boldsymbol{r}^w = \begin{bmatrix} -u\cos\alpha\cos\big[(i_f+1)\varphi+\theta\big] + a_f\cos i_f\varphi \\ u\cos\alpha\sin\big[(i_f+1)\varphi+\theta\big] - a_f\sin i_f\varphi \\ \dfrac{P_{h,d}}{2\pi}\theta + u\sin\alpha - r_2\tan\alpha - \dfrac{P}{4} \end{bmatrix} \tag{5.50}$$

根据式 (5.49) 和式 (5.50)，在坐标系 $Oxyz$ 中工件齿面如图 5.11(a) 所示。在最终滚轧位置时，坐标系 $Oxyz$ 中阿基米德螺旋面模具齿面可根据式 (5.37) 和式 (5.48) 求得，则在坐标系 $Oxyz$ 中工件和模具齿面如图 5.11(b) 所示。

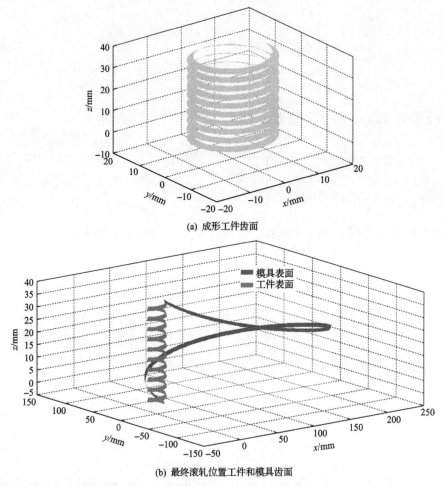

(a) 成形工件齿面

(b) 最终滚轧位置工件和模具齿面

图 5.11　滚轧模具工件齿面(阿基米德螺旋面)

5.3.2　初始接触状态下模具和工件齿面

在初始中心距 a_0 下，工件齿面 $\varSigma_\mathrm{w}$ 可用式(5.50)表示，此时阿基米德螺旋面滚轧模具齿面 $\varSigma_\mathrm{d}$ 旋转 ϕ 角后和工件齿面 $\varSigma_\mathrm{w}$ 相切接触。将式(5.46)代入式(5.10)，可得

$$\boldsymbol{r}^\mathrm{d} = \begin{bmatrix} -u\cos\alpha\cos(\theta+\phi)+a_0 \\[2mm] u\cos\alpha\sin(\theta+\phi) \\[2mm] \dfrac{P_{\mathrm{h,d}}}{2\pi}\theta + u\sin\alpha - r_2\tan\alpha - \dfrac{P}{4} \end{bmatrix} \tag{5.51}$$

根据式(5.50)和式(5.51)，可得工件齿面和阿基米德螺旋面滚轧模具齿面法向

向量分别表示为式 (5.52) 和式 (5.54)。

$$
\boldsymbol{n}^{\mathrm{w}} = \begin{bmatrix}
\begin{aligned}
& -i_{\mathrm{f}}\sin\alpha\left\{-u\cos\alpha\cos\left[(i_{\mathrm{f}}+1)\varphi+\theta\right]+a_{\mathrm{f}}\cos(i_{\mathrm{f}}\varphi)\right\} \\
& \quad -\frac{P_{\mathrm{h,d}}}{2\pi}\left\{-\cos\alpha\sin\left[(i_{\mathrm{f}}+1)\varphi+\theta\right]\right. \\
& \quad\quad \left. -(i_{\mathrm{f}}+1)\frac{\partial\varphi}{\partial u_{\mathrm{w}}}u\cos\alpha\cos\left[(i_{\mathrm{f}}+1)\varphi+\theta\right]+i_{\mathrm{f}}a_{\mathrm{f}}\frac{\partial\varphi}{\partial u_{\mathrm{w}}}\cos(i_{\mathrm{f}}\varphi)\right\} \\
& i_{\mathrm{f}}\sin\alpha\left\{-u\cos\alpha\sin\left[(i_{\mathrm{f}}+1)\varphi+\theta\right]+a_{\mathrm{f}}\sin(i_{\mathrm{f}}\varphi)\right\} \\
& \quad -\frac{P_{\mathrm{h,d}}}{2\pi}\left\{-\cos\alpha\cos\left[(i_{\mathrm{f}}+1)\varphi+\theta\right]\right. \\
& \quad\quad \left. +(i_{\mathrm{f}}+1)\frac{\partial\varphi}{\partial u_{\mathrm{w}}}u\cos\alpha\sin\left[(i_{\mathrm{f}}+1)\varphi+\theta\right]-i_{\mathrm{f}}a_{\mathrm{f}}\frac{\partial\varphi}{\partial u_{\mathrm{w}}}\sin(i_{\mathrm{f}}\varphi)\right\} \\
& i_{\mathrm{f}}\cos\alpha\left[u\cos\alpha+a_{\mathrm{f}}\frac{\partial\varphi}{\partial u}u\sin(\varphi+\theta)-a_{\mathrm{f}}\cos(\varphi+\theta)\right]
\end{aligned}
\end{bmatrix}
\tag{5.52}
$$

式中，

$$
\frac{\partial\varphi}{\partial u}=\frac{1}{1+\left(\dfrac{2\pi u\sin\alpha}{P_{\mathrm{h,d}}}\right)^{2}}\left\{\frac{1}{\sqrt{\left[\dfrac{i_{\mathrm{f}}a_{\mathrm{f}}}{(i_{\mathrm{f}}+1)\cos\alpha}\right]^{2}\left[1+\left(\dfrac{2\pi u\sin\alpha}{P_{\mathrm{h,d}}}\right)^{2}\right]-u^{2}}}+\frac{2\pi\sin\alpha}{P_{\mathrm{h,d}}}\right\}
\tag{5.53}
$$

$$
\boldsymbol{n}^{\mathrm{d}}=\begin{bmatrix}
\dfrac{P_{\mathrm{h,d}}}{2\pi}\cos\alpha\sin(\theta+\phi)-u\cos\alpha\sin\alpha\cos(\theta+\phi) \\[2mm]
\dfrac{P_{\mathrm{h,d}}}{2\pi}\cos\alpha\cos(\theta+\phi)+u\cos\alpha\sin\alpha\sin(\theta+\phi) \\[2mm]
-u\cos^{2}\alpha
\end{bmatrix}
\tag{5.54}
$$

将式 (5.50)～式 (5.58) 和式 (5.54) 代入式 (5.11) 式 (5.12)，可以得到阿基米德螺旋面滚轧模具齿面旋转角度 ϕ。

5.3.3　阿基米德螺旋面滚轧成形过程相关运动模型

滚轧模具旋转 φ_{d} 角度，对应工件旋转 φ_{w}，此时在中心距为 a，将式 (5.48) 和式 (5.50) 分别代入式 (5.14) 和式 (5.15)，可得固定坐标系 $Oxyz$ 下的阿基米德螺旋面滚轧模具齿面和工件齿面：

$$r^{\mathrm{d}} = \begin{bmatrix} -u_{\mathrm{d}}\cos\alpha\cos(\theta_{\mathrm{d}}+\phi+\varphi_{\mathrm{d}})+a \\ u_{\mathrm{d}}\cos\alpha\sin(\theta_{\mathrm{d}}+\phi+\varphi_{\mathrm{d}}) \\ \dfrac{P_{\mathrm{h,d}}}{2\pi}\theta_{\mathrm{d}}+u_{\mathrm{d}}\sin\alpha-r_2\tan\alpha-\dfrac{P}{4} \end{bmatrix} \tag{5.55}$$

$$r^{\mathrm{w}} = \begin{bmatrix} -u_{\mathrm{w}}\cos\alpha\cos\big[(i_{\mathrm{f}}+1)\varphi+\theta_{\mathrm{w}}-\varphi_{\mathrm{w}}\big]+a_{\mathrm{f}}\cos(i_{\mathrm{f}}\varphi-\varphi_{\mathrm{w}}) \\ u_{\mathrm{w}}\cos\alpha\sin\big[(i_{\mathrm{f}}+1)\varphi+\theta_{\mathrm{w}}-\varphi_{\mathrm{w}}\big]-a_{\mathrm{f}}\sin(i_{\mathrm{f}}\varphi-\varphi_{\mathrm{w}}) \\ \dfrac{P_{\mathrm{h,d}}}{2\pi}\theta_{\mathrm{w}}+u_{\mathrm{w}}\sin\alpha-r_2\tan\alpha-\dfrac{P}{4} \end{bmatrix} \tag{5.56}$$

式中，

$$\varphi = \arcsin\frac{(i_{\mathrm{f}}+1)u_{\mathrm{w}}\cos\alpha}{i_{\mathrm{f}}a_{\mathrm{f}}\sqrt{1+\left(\dfrac{2\pi u_{\mathrm{w}}\sin\alpha}{P_{\mathrm{h,d}}}\right)^2}} + \operatorname{arccot}\left(-\frac{2\pi u_{\mathrm{w}}\sin\alpha}{P_{\mathrm{h,d}}}\right)-\theta_{\mathrm{w}} \tag{5.57}$$

根据式(5.55)和式(5.56)，可得阿基米德螺旋面滚轧模具齿面和工件齿面法向向量：

$$n^{\mathrm{d}} = \begin{bmatrix} \dfrac{P_{\mathrm{h,d}}}{2\pi}\cos\alpha\sin(\theta_{\mathrm{d}}+\phi+\varphi_{\mathrm{d}})-u_{\mathrm{d}}\cos\alpha\sin\alpha\cos(\theta_{\mathrm{d}}+\phi+\varphi_{\mathrm{d}}) \\ \dfrac{P_{\mathrm{h,d}}}{2\pi}\cos\alpha\cos(\theta_{\mathrm{d}}+\phi+\varphi_{\mathrm{d}})+u_{\mathrm{d}}\cos\alpha\sin\alpha\sin(\theta_{\mathrm{d}}+\phi+\varphi_{\mathrm{d}}) \\ -u_{\mathrm{d}}\cos^2\alpha \end{bmatrix} \tag{5.58}$$

$$n^{\mathrm{w}} = \begin{bmatrix} -i_{\mathrm{f}}\sin\alpha\big\{-u_{\mathrm{w}}\cos\alpha\cos\big[(i_{\mathrm{f}}+1)\varphi+\theta_{\mathrm{w}}-\varphi_{\mathrm{w}}\big]+a_{\mathrm{f}}\cos(i_{\mathrm{f}}\varphi-\varphi_{\mathrm{w}})\big\} \\ -\dfrac{P_{\mathrm{h,d}}}{2\pi}\Big\{-\cos\alpha\sin\big[(i_{\mathrm{f}}+1)\varphi+\theta_{\mathrm{w}}-\varphi_{\mathrm{w}}\big]-(i_{\mathrm{f}}+1)\dfrac{\partial\varphi}{\partial u_{\mathrm{w}}}u_{\mathrm{w}}\cos\alpha \\ \cdot\cos\big[(i_{\mathrm{f}}+1)\varphi+\theta_{\mathrm{w}}-\varphi_{\mathrm{w}}\big]+i_{\mathrm{f}}a_{\mathrm{f}}\dfrac{\partial\varphi}{\partial u_{\mathrm{w}}}\cos(i_{\mathrm{f}}\varphi-\varphi_{\mathrm{w}})\Big\} \\ i_{\mathrm{f}}\sin\alpha\big\{-u_{\mathrm{w}}\cos\alpha\sin\big[(i_{\mathrm{f}}+1)\varphi+\theta_{\mathrm{w}}-\varphi_{\mathrm{w}}\big]+a_{\mathrm{f}}\sin(i_{\mathrm{f}}\varphi-\varphi_{\mathrm{w}})\big\} \\ -\dfrac{P_{\mathrm{h,d}}}{2\pi}\Big\{-\cos\alpha\cos\big[(i_{\mathrm{f}}+1)\varphi+\theta_{\mathrm{w}}-\varphi_{\mathrm{w}}\big]+(i_{\mathrm{f}}+1)\dfrac{\partial\varphi}{\partial u_{\mathrm{w}}}u_{\mathrm{w}}\cos\alpha \\ \cdot\sin\big[(i_{\mathrm{f}}+1)\varphi+\theta_{\mathrm{w}}-\varphi_{\mathrm{w}}\big]-i_{\mathrm{f}}a_{\mathrm{f}}\dfrac{\partial\varphi}{\partial u_{\mathrm{w}}}\sin(i_{\mathrm{f}}\varphi-\varphi_{\mathrm{w}})\Big\} \\ i_{\mathrm{f}}\Big[u_{\mathrm{w}}\cos^2\alpha+a_{\mathrm{f}}\dfrac{\partial\varphi}{\partial u_{\mathrm{w}}}u_{\mathrm{w}}\cos\alpha\sin(\varphi+\theta_{\mathrm{w}})-a_{\mathrm{f}}\cos\alpha\cos(\varphi+\theta_{\mathrm{w}})\Big] \end{bmatrix} \tag{5.59}$$

式中，

$$\frac{\partial \varphi}{\partial u_{\mathrm{w}}} = \frac{1}{1 + \left(\dfrac{2\pi u_{\mathrm{w}} \sin \alpha}{P_{\mathrm{h,d}}}\right)^2}\left\{\frac{1}{\sqrt{\left[\dfrac{i_{\mathrm{f}} a_{\mathrm{f}}}{(i_{\mathrm{f}}+1)\cos \alpha}\right]^2\left[1 + \left(\dfrac{2\pi u_{\mathrm{w}} \sin \alpha}{P_{\mathrm{h,d}}}\right)^2\right] - u_{\mathrm{w}}^2}} + \frac{2\pi \sin \alpha}{P_{\mathrm{h,d}}}\right\}$$

(5.60)

将式(5.55)～式(5.59)代入式(5.19)和式(5.20)，并结合式(5.13)和式(5.21)，可以求出螺纹滚轧模具旋转角度 φ_{d} 及和其匹配工件旋转角度 φ_{w}。采用 Trust-region-dogleg 算法进行求解。将 φ_{d}、φ_{w} 代入式(5.22)、式(5.25)～式(5.29)，可以得到滚轧过程相关的传动比、瞬轴面。

5.3.4　阿基米德螺旋面滚轧成形过程运动特征

阿基米德螺旋面螺纹滚轧成形过程中，滚轧模具旋转角度 φ_{d} 和对应工件旋转角度 φ_{w} 如图 5.12 中 "△" 所示。滚轧模具的角速度为常数，滚轧成形过程中旋转角度 φ_{d} 和滚轧成形时间是线性相关的。工件旋转角度 φ_{w} 出现较大的波动，其数值解在个别离散时间点上发散。主要是由于阿基米德螺旋面法向向量的表达式更加复杂，数值求解过程对初值要求高导致。这些发散的 φ_{w} 数值解进而使式(5.29)中微小的 Δt 增量内形成较大的 $\Delta \varphi_{\mathrm{w}}$，从而导致工件旋转角速度的异常，如图 5.13 (a)所示。

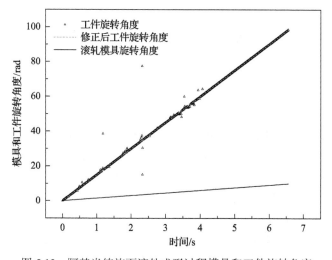

图 5.12　阿基米德螺旋面滚轧成形过程模具和工件旋转角度

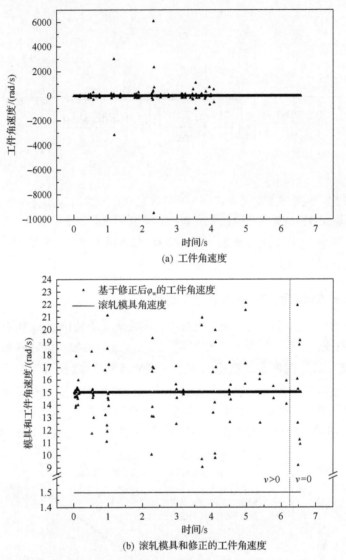

(a) 工件角速度

(b) 滚轧模具和修正的工件角速度

图 5.13　阿基米德螺旋面滚轧成形过程模具和工件角速度

　　虽然在 5.2.4 节中,渐开螺旋面螺纹滚轧成形过程中工件角速度在成形初期有波动,但工件角速度波动峰值同稳定后的角速度相比相差小于 20%,如图 5.5(b)所示。峰值较大(>50%)的数据点可能是由于数值计算引起的,是异常点,因此需要对其数值结果进行必要的改进和修正,可用当前求解的 u_d、θ_d、u_w、θ_w、λ 作为初值重新求解 φ_w,并循环,直至工件角速度波动峰值变化<50%。在离散时间点 t_{i+1} 处的改进算法步骤如下。

　　(1)式(5.19)～式(5.21)产生的非线性方程组,其所用到的 u_d、θ_d、u_w、θ_w、

λ 初值为离散时间点 t_i 处的数值解。

(2) 根据式 (5.29) 计算工件角速度 ω_{w}，其中 $\Delta\varphi_{\mathrm{w}} = \varphi_{\mathrm{w}}\big|_{t=t_{i+1}} - \varphi_{\mathrm{w}}\big|_{t=t_i}$、$\Delta t = t_{i+1} - t_i$。

(3) 如果 $\left|\dfrac{\omega_{\mathrm{w}} - i_{\mathrm{f}}\omega_{\mathrm{d}}}{i_{\mathrm{f}}\omega_{\mathrm{d}}} \times 100\%\right| > 50\%$，那么回到步骤(1)，此时以 t_{i+1} 时刻所求得 u_{d}、θ_{d}、u_{w}、θ_{w}、λ 数值解作为初值去求新的数值解；否则停止，进入下一离散时间点求解。

经此算法修正后的工件旋转角度 φ_{w} 如图 5.12 中虚线所示，其和滚轧时间也近似为线性。但工件角速度仍然有较大的波动，如图 5.13(b)所示。

工件角速度在滚轧过程中存在波动，有一定的周期性，即"波动—稳定—波动"。如图 5.14 所示，其稳定值在 15rad/s 左右，相对于稳定值其波动范围为 −39.6630%～47.5939%。但是绝大部分的角速度稳定值在 15rad/s 左右，94%的工件角速度数据点在 15rad/s±5%的范围内。中心距的变化和滚轧前模具旋转的角度 ϕ 都影响滚轧过程中工件旋转角度，进而导致工件角速度变化。因此，即使滚轧模具停止径向进给后，工件角速度仍然存在一定的波动。

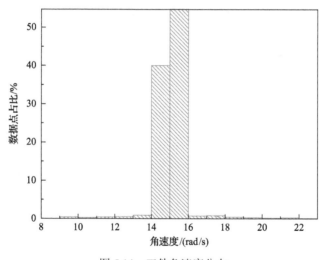

图 5.14　工件角速度分布

角速度的变化规律决定了滚轧模具和工件之间传动比的变化规律。由于滚轧模具角速度为常数，传动比的变化规律和工件角速度的变化规律相似，如图 5.15 所示。采用 Savitzky-Golay 滤波方法对滚轧力数据进行重构，滚轧成形中的波动具有明显的周期性。滤波后数据波动范围为稳定值的−11.9716%～22.0985%。Litvin 和 Hsiao[13]也认为具有阿基米德螺旋面的蜗杆蜗轮传动中传动误差是周期函数。

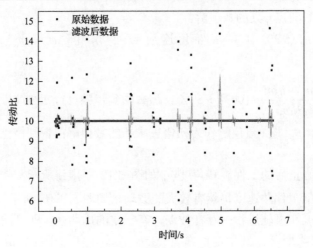

图 5.15　阿基米德螺旋面滚轧过程中的传动比

　　阿基米德螺旋面瞬轴面的横截面上曲线形状是相同的，其截面形状如图 5.16 所示。由于中心距的变化，阿基米德螺旋面滚轧成形过程中的滚轧模具和工件的瞬轴面并不封闭。尽管工件角速度的波动变化导致了瞬轴面上的一些波动，但是总体趋势还是类似于极径逐渐减小的阿基米德螺线，当然其极径也存在波动，如图 5.17(a) 所示。

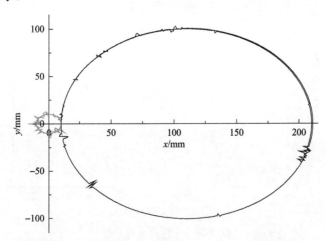

图 5.16　阿基米德螺旋面滚轧成形过程瞬轴面截面形状

　　滚轧模具停止径向进给后，工件和滚轧模具之间中心距保持不变，在瞬轴面的极径存在一个稳定值，如图 5.17(b) 所示。和这一稳定值相比，工件瞬轴面极径波动相对值的范围为 $-30.1032\%\sim56.8202\%$，滚轧模具瞬轴面极径波动的范围为 $-5.4515\%\sim3.2986\%$。而工件瞬轴面极径和滚轧模具瞬轴面极径波动变化的绝对值几乎是相同的。除齿面形状外，其他几何参数以及滚轧模具进给速度和旋转速度都和 5.2 节相同，滚轧成形过程中工件和滚轧模具的回转中心变化和图 5.9 相同。

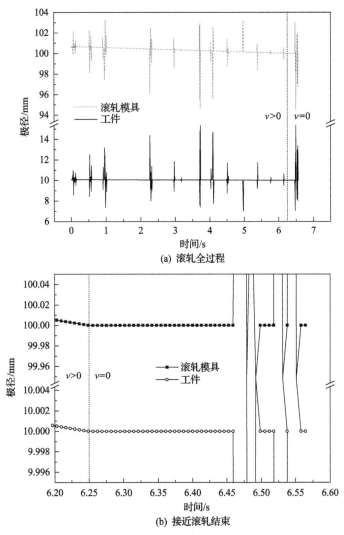

图 5.17　阿基米德螺旋面滚轧成形过程中瞬轴面极径

将所建立模型用于阿基米德螺旋面滚轧成形过程分析。结果表明，由于滚轧模具角速度为常数，工件旋转角度和滚轧时间近似为线性；工件角速度和传动比的变化规律是一样的，在滚轧过程中存在波动，滤波后数据显示波动有一定的周期性；尽管工件角速度的波动变化导致瞬轴面上的一些波动，工件和阿基米德螺旋面滚轧模具的瞬轴面截面总体趋势还是类似于极径逐渐减小的阿基米德螺线，工件和阿基米德螺旋面滚轧模具的瞬轴面的极径变化的绝对值近似而相对值有较大差别。

参 考 文 献

[1] 张大伟, 赵升吨. 外螺纹冷滚压精密成形工艺研究进展. 锻压装备与制造技术, 2015, 50(2): 88-91.

[2] Domblesky J P, Feng F. Two-dimensional and three-dimensional finite element models of external thread rolling. Proceedings of the Institution of Mechanical Engineers, Part B: Journal of Engineering Manufacture, 2002, 216: 507-509.

[3] Kao Y C, Cheng H Y, She C H. Development of an integrated CAD/CAE/CAM system on taper-tipped thread-rolling die-plates. Journal of Materials Processing Technology, 2006, 177: 98-103.

[4] Chen C H, Wang S T, Lee R S. 3-D Finite element siumlation for flat-die thread rolling of stainless steel. Journal of the Chinese Society of Mechanical Engineers, 2005, 26(5): 617-622.

[5] Domblesky J P, Feng F. A parametric study of process parameters in external thread rolling. Journal Materials Processing Technology, 2002, 121: 341-349.

[6] Qi H P, Li Y T, Fu J H, et al. Minimum wall thickness of hollow threaded parts in three-die cold thread rolling[J]. International Journal of Modern Physics B, 2008, 22(31-32): 6112-6117.

[7] Seol I H, Litvin F L. Computerized design generation and simulation of meshing and contact of modified involute, Klingelnberg and Flender type worm-gear drives. Journal of Mechanical Design, 1996, 118: 551-555.

[8] Bair B W, Tsay C B. ZK-type dual-lead worm and worm gear drives contact teeth, contact ratios and kinematic errors. Journal of Mechanical Design, 1998, 120: 422-428.

[9] Zhang D W, Zhao S D, Ou H A. Analysis of motion between rolling die and workpiece in thread rolling process with round dies. Mechanism and Machine Theory, 2016, 105: 471-494.

[10] Litvin F L. Theory of Gearing. Washington DC: NASA Reference Publication, 1989.

[11] 吴序堂. 齿轮啮合原理. 2 版. 西安: 西安交通大学出版社, 2009.

[12] 复旦大学数学系《曲线与曲面》编写组. 曲线与曲面. 北京: 科学出版社, 1977.

[13] Litvin F L, Hsiao C L. Computerized simulation of meshing and contact of enveloping gear tooth surfaces. Computer Methods in Applied Mechanics and Engineering, 1993, 102: 337-366.

第6章 基于运动特征的同步滚轧成形误差

螺纹花键同步滚轧过程中齿轮啮合运动和螺纹啮合运动相互耦合，运动特征复杂，容易出现运动不协调。在不同型面终轧时运动协调的条件下，变中心距下不同曲面(线)啮合变化特征存在细微差别，这必然导致齿型误差。因此，迫切需要深入研究螺纹花键同步滚轧成形运动特征导致的齿型误差。

根据轧制精整时的啮合传动特征确定螺纹花键同步滚轧运动协调基本条件式(2.1)，不同齿型段啮合圆半径相等，此阶段中心距固定不变。此外，滚轧模具螺纹段和花键段要同时满足螺纹滚轧和花键滚轧前的相位要求[1, 2]。由于滚轧过程中心距变化较小[3]，试验和有限元结果[1-5]表明同步滚轧的宏观齿型是可接受的。然而，变中心距滚轧阶段，不同曲面(线)啮合变化特征不同，这必然导致齿型误差。

花键滚轧运动及旋转条件分析较多关注滚轧初期分齿误差[6, 7]。Neugebauer等[8, 9]认为齿轮/花键滚轧过程中模具工件啮合节圆(滚轧圆)是变化的，对大齿高的齿轮轧制需进行运动补偿。螺纹滚轧过程中工件旋转条件远优于花键滚轧过程，因此很少关注螺纹滚轧过程的运动，一般花键滚轧过程较多聚集于初始阶段工件旋转条件。此外，传统平面、空间啮合分析多聚焦于定中心距下的运动分析[10-12]，较少关注变中心距下的运动分析。通过建立变中心距下螺纹滚轧、花键滚轧过程中工件运动模型，可分析滚轧过程中角速度、传动比、瞬心线等变化特征[13,14]。这些为螺纹花键同步滚轧成形运动协调及其导致的齿型误差研究奠定了基础。

因此我们深入研究了螺纹花键同步滚轧过程中不同齿型段运动细微差别所导致的成形误差[15]；并发现根据螺纹花键同步滚轧运动特征，同步滚轧过程中螺纹段的啮合运动占主导地位，花键段容易产生齿距误差。本章定义并建立螺纹花键同步滚轧成形过程中花键段齿距累积误差的数学模型；结合第4章、第5章已经建立的花键滚轧、螺纹滚轧成形过程运动特征模型，应用 MATLAB 软件编译计算程序，实现螺纹花键同步滚轧成形过程中由运动特征导致的成形误差的定量计算分析。本章相关内容为螺纹花键同步滚轧成形中的齿距误差控制提供理论基础。

6.1　运动误差特征及齿距误差建模

6.1.1　同步滚轧过程中的运动特征

螺纹花键同步滚轧成形过程中螺纹段的啮合可促进工件旋转，从而提高花键段的分齿精度。因此一般滚轧模具螺纹段先接触工件，滚轧模具花键段后接触工件。试验研究也表明同步滚轧过程中螺纹段的啮合运动占主导地位[1]。根据滚轧模具螺纹段、花键段和工件的接触情况以及中心距变化情况，可将滚轧过程分为三个阶段(图 6.1)：第一阶段，仅滚轧模具螺纹段接触，中心距变化；第二阶段，滚轧模具螺纹段、花键段同时接触，中心距变化；第三阶段，滚轧模具螺纹段、花键段同时接触，中心距不变。

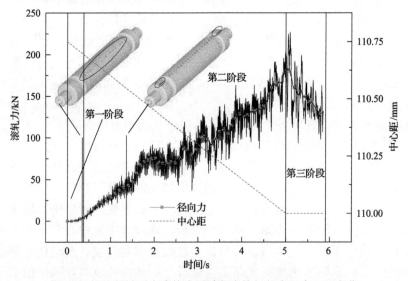

图 6.1　螺纹花键同步滚轧成形过程中接触状态及中心距变化

(1)螺纹花键同步滚轧过程第一阶段，仅滚轧模具螺纹段接触工件，是变中心距下螺纹滚轧运动特征，可由第 5 章中数学模型计算相关运动参数，如传动比、角速度。工件螺纹段理论转速就是工件转速，即

$$\omega_{\mathrm{w}} = \omega_{\mathrm{t}} \qquad (6.1)$$

式中，ω_{w} 为工件滚轧过程中实际角速度；ω_{t} 为工件螺纹段滚轧过程中的理论角速度。

(2)螺纹花键同步滚轧过程第二阶段，滚轧模具螺纹段、花键段同时接触工件，螺纹段啮合占主导，工件螺纹段理论转速确定工件转速，即式(6.1)。

此时，工件花键段实际转速和理想转速之间可能存在角速度差 $\Delta\omega_{\mathrm{ts}}$，如图 6.2

中采用阿基米德螺旋面的螺纹段和渐开线花键段的情况，其中工件花键段理想转速可由第 4 章中数学模型计算。

$$\Delta \omega_{ts} = \omega_w - \omega_s = \omega_t - \omega_s \qquad (6.2)$$

式中，ω_s 为理论上工件花键段滚轧过程中角速度。

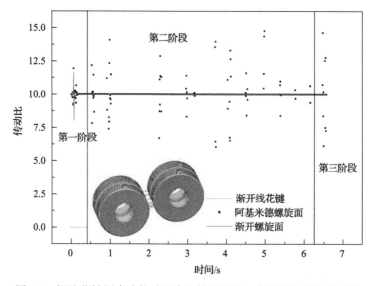

图 6.2　螺纹花键同步滚轧过程中工件螺纹段、花键段理想传动变化

角速度差 $\Delta \omega_{ts}$ 必然引起花键段的齿距误差 ΔF_p，在滚轧过程中该齿距误差不断累积，也可称为齿距累积误差。这里定义的齿距(累积)误差 ΔF_p 同齿轮精度标准中的累积误差有一定区别。齿轮精度标准中的齿距累积误差是指半圈($Z_w/2$ 齿数)同侧齿面件弧长与理论弧长之差[16]。本书所定义的齿距累积误差 ΔF_p 主要是指在时间上的累积和动态变化。

(3)螺纹花键同步滚轧过程第三阶段，中心距不变，根据运动协调基本条件式 (2.1)，$\Delta \omega_{ts}$ 理论上为零，由此引起的齿距误差在此阶段应该为零。

6.1.2　同步滚轧过程中花键段齿距累积误差

齿轮精度标准中的齿距误差以分度圆上的弧长计算的[16]。本节在螺纹花键同步滚轧中也以滚轧中工件花键段假想分度圆上的理论转过角度下的弧长和实际转过角度下的弧长之差来定义齿距误差。

一滚轧模具滚轧的齿型经过 $1/N$ 圈后同下一滚轧模具接触，其中 N 是滚轧模具的个数。工件的实际旋转速度就是工件螺纹段的理论转速。则工件花键段在第 j 个 $1/N$ 圈内实际弧长和理论弧长差 Δl 可表示为

$$\Delta l_j = \frac{mZ_\text{w}}{2}\int_{\frac{2\pi}{N}}(\omega_\text{w}-\omega_\text{s})\text{d}t = \frac{mZ_\text{w}}{2}\int_{\frac{2\pi}{N}}(\omega_\text{t}-\omega_\text{s})\text{d}t = \frac{mZ_\text{w}}{2}\left(\frac{2\pi}{N}-\psi_\text{s}\right) \tag{6.3}$$

式中，ψ_s 为工件转过 $1/N$ 圈时间内，工件花键段理想状态旋转的角度。

工件在 $1/N$ 圈的齿数 k 为

$$k = \frac{Z_\text{w}}{N} \tag{6.4}$$

在第 j 个 $1/N$ 圈由同步滚轧运动特征导致的工件花键段平均单个齿距轧制误差 $\Delta F_{\text{p},j}$ 可表示为

$$\Delta F_{\text{p},j} = \frac{\Delta l_j}{k} = \frac{Nm}{2}\int_{\frac{2\pi}{N}}(\omega_\text{w}-\omega_\text{s})\text{d}t = \frac{Nm}{2}\int_{\frac{2\pi}{N}}(\omega_\text{t}-\omega_\text{s})\text{d}t = \frac{Nm}{2}\left(\frac{2\pi}{N}-\psi_\text{s}\right) \tag{6.5}$$

平均单个齿距轧制误差在滚轧过程不断累积，则工件花键段平均单个齿距轧制累积误差 ΔF_p 表示为

$$\Delta F_\text{p} = \sum_1^M \Delta F_{\text{p},j} \tag{6.6}$$

式中，M 为工件花键段接触滚轧模具后工件旋转 $1/N$ 圈的个数。

在第 M 个 $1/N$ 圈内，若工件旋转不足 $1/N$ 圈，其旋转角度为 ψ_w（也是工件螺纹段理论旋转的角度 ψ_t），这个时间内理论上工件花键段旋转角度为 ψ_s，则此时 $\Delta F_{\text{p},M}$ 表示为

$$\Delta l_M = \frac{mZ_\text{w}}{2}\int(\omega_\text{w}-\omega_\text{s})\text{d}t = \frac{mZ_\text{w}}{2}\int(\omega_\text{t}-\omega_\text{s})\text{d}t = \frac{mZ_\text{w}}{2}(\psi_\text{w}-\psi_\text{s}) = \frac{mZ_\text{w}}{2}(\psi_\text{t}-\psi_\text{s})$$
$$\tag{6.7}$$

$$\Delta F_{\text{p},M} = \frac{\Delta l_M}{\dfrac{\psi_\text{w}Z_\text{w}}{2\pi}} = \frac{\pi m}{\psi_\text{w}}(\psi_\text{w}-\psi_\text{s}) = \frac{\pi m}{\psi_\text{t}}(\psi_\text{t}-\psi_\text{s}) \tag{6.8}$$

6.2　螺纹花键同步滚轧齿距累积误差计算

6.2.1　程序实现

根据滚轧模具螺纹段、花键段和工件的接触情况以及中心距变化情况，可将滚轧过程分为三个阶段，滚轧时间分别为 $[0,t_1]$、$[t_1,t_2]$、$[t_2,t_3]$。式(6.3)~式(6.8)中的角速度可分别由第 4 章、第 5 章中的模型计算，第 4 章、第 5 章采用数值方

法计算。本章也采用数值方法计算螺纹花键同步滚轧成形过程中的花键段的齿距误差,将成形过程在时间域内离散,三个阶段内离散后的时间步长 dt 大致相等。所编写的计算程序流程如图 6.3 所示。

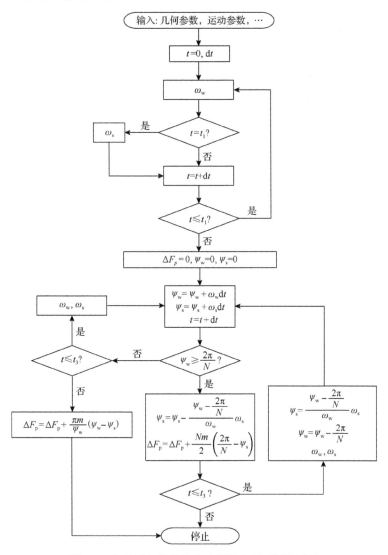

图 6.3　齿距累积误差计算流程图(时间增量步长)

由于滚轧前模具相位调整的复杂性,螺纹花键同步滚轧一般采用两个滚轧模具[1,2],即 $N=2$。渐开螺旋面滚轧过程中工件角速度除初期波动外,工件角速度稳定后中心距变化对其影响甚微[13]。从图 6.2 可以看出,这个波动在螺纹花键同步滚轧的第一阶段,同步滚轧模具花键段尚未接触工件。渐开线花键齿侧的滚轧过程中,工件角速度变化甚微[14]。这与渐开线传动时具有中心距可分性的性质相关。

从图 6.2 可以看出，在同步滚轧第二、第三阶段渐开螺旋面的螺纹段和渐开线花键段几乎没有速度差，而螺纹段采用阿基米德螺旋面时存在速度差。渐开螺旋面和渐开线花键同步滚轧过程中理论上不存在运动导致的成形误差。但阿基米德螺旋面和渐开线花键同步滚轧存在此类误差。文献[3]、[5]中工件花键段为渐开线，螺纹段为阿基米德螺旋面，下面的讨论均基于此类齿型组合。采用文献[3]、[5]中使用的几何参数，应用开发的螺纹花键同步滚轧过程花键段累积齿距误差计算程序进行计算分析，其结果如图 6.4 所示。其中，运动参数为同步滚轧模具径向进给速度 v=0.12mm/s，同步滚轧模具角速度 ω_d=1.5rad/s。

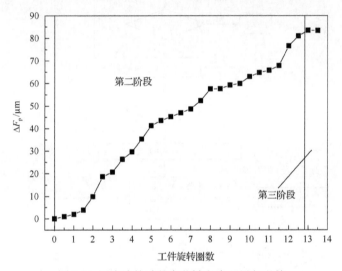

图 6.4　同步滚轧过程中花键段齿距累积误差

从滚轧成形过程中第二阶段开始，滚轧模具螺纹段花键段同时接触工件，花键齿距累积误差产生。根据 6.1.2 节模型从第二阶段开始，工件每旋转半圈（因为 N=2）计算一个 $\Delta F_{p,j}$。滚轧过程中花键齿距累积误差逐渐增加。第三阶段，中心距不变，因此引起的齿距误差在此阶段应该为零。图 6.4 的结果也表明在第三阶段工件旋转半圈中花键齿距累积误差几乎没有增加，这与理论分析一致。

因此，分析不同齿型段运动差别导致齿距累积误差时，不需要考虑同步滚轧过程第三阶段。第一、第二阶段同步滚轧模具和工件之间中心距是连续变化的，对应的中心距分别为 $[a_s, a_1]$、$[a_1, a_f]$，其中 a_s 和 a_f 分别为初始和最终模具工件中心距，a_1 为第一阶段结束时模具工件中心距。

中心距的变化对齿距累积误差影响很大，因此时间步长 dt 内的中心距变化对数值计算结果有一定影响。而运动参数变化时，dt 内的中心距增量改变。因此，选用空间内的中心距变化增量替代时间增量实现对同步滚轧过程齿距累积误差计算，其物理意义更明确。结合上述分析，图 6.3 流程图可改为图 6.5，以中心距增量变化为计算步长,计算同步滚轧第二阶段的齿距累积误差(第三阶段无运动差异导致的齿距误差)。上述两个阶段中心距变化区间$[a_s, a_1]$、$[a_1, a_f]$内离散后的位移步长 da 大致相等,并可分别被其步长整除。

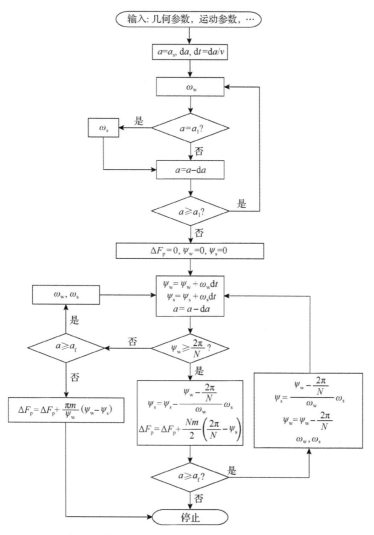

图 6.5　齿距累积误差计算流程图(空间增量步长)

6.2.2　计算步长对计算精度的影响

计算步长对数值计算结果/精度影响很大。选取 9 个计算步长 da 的值:$1.2\mu m$、$0.6\mu m$、$0.3\mu m$、$0.15\mu m$、$0.12\mu m$、$0.06\mu m$、$0.03\mu m$、$0.024\mu m$、$0.012\mu m$,跨越三个数量级,研究确定合适的计算步长。采用不同的计算步长,所开发的计算程序计算结果如图 6.6 所示。

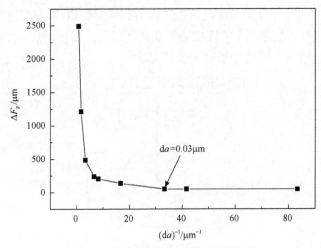

图 6.6　不同计算步长下齿距累积误差

从图 6.6 可以看出，随着计算步长 da 的减小，齿距累积误差数值解呈不断减小的趋势。且在 da 大于 0.15μm 时，齿距累积误差减小的程度非常大，几乎呈指数关系减小。然后，变化曲线趋于平缓，当 da<0.03μm 时，齿距累积误差的值基本不变，齿距累积误差的数值趋于稳定状态。因此，随着计算步长 da 的减小，计算精度不断提高，在 da=0.03μm 时应该接近真实解。

6.2.3　螺纹段运动方程求解初值的确定

根据第 5 章中螺纹滚轧过程运动分析，在初始接触状态下滚轧模具螺纹齿面 Σ_d 旋转 ϕ 后和工件齿面 Σ_w 相切接触。ϕ 在滚轧过程中工件、模具旋转角度的计算中是一个不变的已知量。此外，螺纹滚轧运动求解中需给五个变量 θ_d、θ_w、u_d、u_w、λ 赋初值。ϕ 和 θ_d、θ_w、u_d、u_w、λ 初值是通过数值方法求得的，数值计算流程如图 6.7 所示。

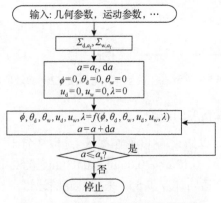

图 6.7　螺纹运动方程初值计算流程

ϕ 和其他 5 个变量初值对于同步滚轧中工件螺纹段角速度的数值计算结果影响很大。而上述变量根据图 6.7 所示流程进行计算，其结果和计算步长 da 密切相关。根据第 5 章中阿基米德螺旋面滚轧过程中运动特征标量方程表达式，可消去 u_d，即

$$u_d = f\left(\lambda, \theta_{w,} u_w, \alpha, i_f, a_f, P_{h,d}\right) \tag{6.9}$$

因此，只剩下 ϕ 和 θ_d、θ_w、u_w、λ 的初值。不同步长下 ϕ 和 θ_d、θ_w、u_w、λ 计算结果如图 6.8 所示。

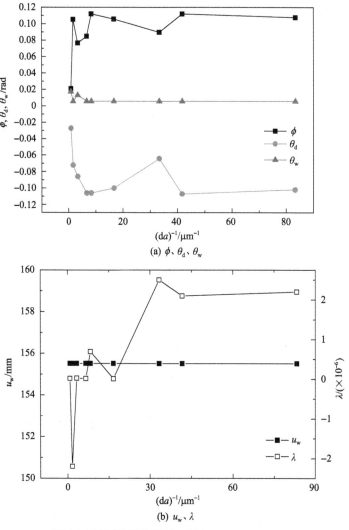

图 6.8　不同计算步长下 ϕ 和 θ_d、θ_w、u_w、λ

　　从图 6.8 可以看出，θ_w、u_w、λ 随着 da 的减小趋于稳定，因此可以简单确定这三个量的值。ϕ、θ_d 则呈现波动趋势，因此需要进行数据处理。假设数据服从正态分布，可采用平均值和标准差确定的置信区间来估计参数区间（见式(6.10)[17]，以区间内变量的数学期望或理论均值（见式(6.11)[17]）作为 ϕ、θ_d 变量的值。ϕ、θ_d 在参数区间的相关计算参数及结果见表 6.1。

$$x \in \left(\overline{x} - \frac{\sigma}{\sqrt{n}} K_{\frac{\alpha}{2}}, \quad \overline{x} + \frac{\sigma}{\sqrt{n}} K_{\frac{\alpha}{2}} \right) \tag{6.10}$$

式中，$\overline{x}$ 为均值；σ 为标准差；n 为样本数；$K_{\frac{\alpha}{2}}$ 为置信限；α 为显著水平。

$$E(x) = \int x p(x) \mathrm{d}x \tag{6.11}$$

式中，$E(x)$ 为 x 的数学期望；$p(x)$ 为 x 的概率密度函数。

表 6.1　计算参数及置信区间

参数	均值 $\overline{x}$	标准差 σ	置信度 $1-\alpha$	样本值 n	置信限 $K_{\frac{\alpha}{2}}$	置信下限	置信上限
ϕ	0.1045	0.1479	0.95	9	1.96	0.097	0.112
θ_d	−0.099	0.1558	0.95	9	1.96	−0.108	−0.09

　　综上所述，可确定 6.2.1 节几何参数和运动参数下的 ϕ 和 θ_d、θ_w、u_w、λ 的初值，见表 6.2。基于表 6.2 数据计算的齿距累积误差和 6.2.2 节有所不同，但随计算步长 da 的变化趋势一致，如图 6.9 所示。

表 6.2　ϕ 和数值计算初值

ϕ /rad	θ_d /rad	θ_w /rad	u_w /mm	λ
0.1025	−0.1033	0.0058	155.51	2.2×10^{-6}

　　θ_d、θ_w、u_w、λ 等参数初值仅是在成形开始数值计算所赋的初值，会被数值解（真实解）替换。而 ϕ 在滚轧过程工件、模具旋转角度的计算中是一个不变的已知量。且图 6.8(a) 表明所采用的算法求解的值存在较大波动，因此进一步分析 ϕ 值的波动对计算所得齿距累积误差的影响。

　　根据式(6.10)计算的 ϕ 区间为 (0.097, 0.112)，取置信区间上下限及 $E(\phi)$ 条件下齿距累积误差如图 6.10 所示。

　　从图 6.10 可以看出，计算步长固定(da=0.03μm)，ϕ 增大时，齿距累积误差数值解减小，且减小趋势较明显，大致呈线性趋势。ϕ 数值计算的误差会给齿距累积误差计算结果带来显著差异，ϕ 置信区间上下限所计算的齿距累积误差相差近 20μm。

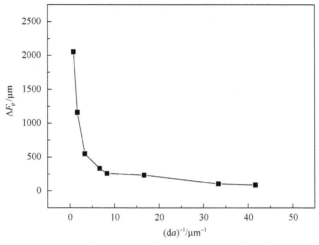

图 6.9　不同计算步长下齿距累积误差（确定初值后）

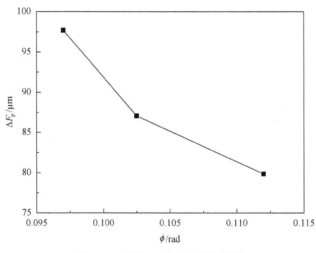

图 6.10　不同 ϕ 下的齿距累积误差

6.3　成形参数对齿距累积误差影响

6.3.1　正交试验设计

　　独立的运动参数和几何参数主要有同步滚轧模具径向进给速度 v、同步滚轧模具角速度 ω_d、工件花键齿根高系数 h_f^*、工件花键齿顶高系数 h_a^*、花键段分度圆压力角 α_s、螺纹段牙型半角 α_t、模数 m、工件花键段齿数 Z_w、模具和所成形工件之间关系比 i。根据手册[18]和相关同步滚轧研究[1-3]采用运动和几何参数综合考虑确定上述 9 个参数的 3 水平，见表 6.3。

表 6.3 9 因素 3 水平表

编号	A	B	C	D	E	F	G	H	I
	v/(mm/s)	ω_d/(rad/s)	h_f^*	h_a^*	α_s/(°)	α_t/(°)	m/mm	Z_w	i
1	0.1	1.2	0.6	0.36	30	30	0.8	18	9
2	0.12	1.5	0.7	0.45	37.5	45	1	20	10
3	0.15	1.8	0.9	0.54	45	60	1.2	22	11

根据参数水平实际情况，选用正交试验设计表 $L_{27}(3^{13})$[19]。9 个因素依次占用 1~8 列和第 11 列，其余为空白列。将每一行的参数代入 6.2.1 节所编译的程序中计算花键段齿距累积误差，其中 da =0.03μm，螺纹段运动方程求解初值按 6.2.3 节方法确定。正交试验方案及结果见表 6.4。

表 6.4 正交试验方表及结果

编号	1	2	3	4	5	6	7	8	9	10	11	12	13	ΔF_p
	A	B	C	D	E	F	G	H			I			
1	0.1	1.2	0.6	0.36	30	30	0.8	18	1	1	9	1	1	56.6085
2	0.1	1.2	0.6	0.36	37.5	45	1	20	2	2	10	2	2	62.8497
3	0.1	1.2	0.6	0.36	45	6	1.2	22	3	3	11	3	3	78.3617
4	0.1	1.5	0.7	0.45	30	30	1	20	2	2	10	3	3	175.1710
5	0.1	1.5	0.7	0.45	37.5	45	1	22	3	3	11	1	1	82.0928
6	0.1	1.5	0.7	0.45	45	60	1.2	18	1	1	9	2	2	162.5980
7	0.1	1.8	0.9	0.54	30	30	0.8	22	3	3	11	2	2	194.0693
8	0.1	1.8	0.9	0.54	37.5	45	1	18	1	1	9	3	3	66.2302
9	0.1	1.8	0.9	0.54	45	60	1.2	20	2	2	10	1	1	211.2394
10	0.12	1.2	0.7	0.54	30	45	1.2	18	2	3	11	2	3	14.7843
11	0.12	1.2	0.7	0.54	37.5	60	0.8	20	3	1	9	3	1	69.4354
12	0.12	1.2	0.7	0.54	45	30	1	22	1	2	10	1	2	22.0343
13	0.12	1.5	0.9	0.36	30	45	1	20	3	1	9	1	2	51.0508
14	0.12	1.5	0.9	0.36	37.5	60	0.8	22	1	2	10	2	3	105.5926
15	0.12	1.5	0.9	0.36	45	30	1	18	2	3	11	3	1	58.3378
16	0.12	1.8	0.6	0.45	30	45	1.2	22	1	2	10	3	1	60.9995
17	0.12	1.8	0.6	0.45	37.5	60	0.8	18	2	3	11	1	2	88.9382
18	0.12	1.8	0.6	0.45	45	30	1	20	3	1	9	2	3	56.3340
19	0.15	1.2	0.9	0.45	30	60	1	18	3	1	9	3	2	40.8644
20	0.15	1.2	0.9	0.45	37.5	30	1.2	20	1	2	11	1	3	−0.4484
21	0.15	1.2	0.9	0.45	45	45	0.8	22	2	3	9	2	1	61.2076
22	0.15	1.5	0.6	0.54	30	60	1	20	1	3	11	2	2	61.8097
23	0.15	1.5	0.6	0.54	37.5	30	1.2	22	2	1	9	3	2	40.9026
24	0.15	1.5	0.6	0.54	45	45	1	18	3	2	10	1	2	21.1200
25	0.15	1.8	0.7	0.36	30	60	1	22	2	1	9	1	3	59.0525
26	0.15	1.8	0.7	0.36	37.5	30	1.2	18	3	2	10	2	1	59.2597
27	0.15	1.8	0.7	0.36	45	45	0.8	20	1	3	11	3	2	77.3779

6.3.2　成形参数影响

同一因素不同水平均值的极差反映了该因素选取的水平变动对指标影响的大小。各因素极差如图 6.11 所示。极差分析表明各因素的影响主次顺序为：$A(v) > B(\omega_d) > F(\alpha_t) > C(h_f^*) > H(Z_w) > I(i) > E(\alpha_s) > D(h_a^*) \approx G(m)$。从极差大小来看，同步滚轧模具径向进给速度对齿距累积误差的影响最大，滚轧模具角速度次之，螺纹段牙型半角；其他因素的极差都较小，影响较小。

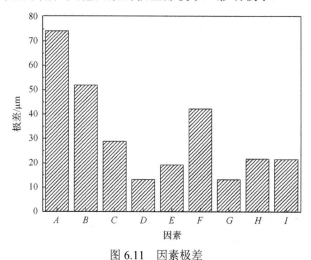

图 6.11　因素极差

不同参数水平组合下试验指标大小不一，因素和试验指标关系如图 6.12 所示。其中纵坐标为试验指标在某一水平的平均值。

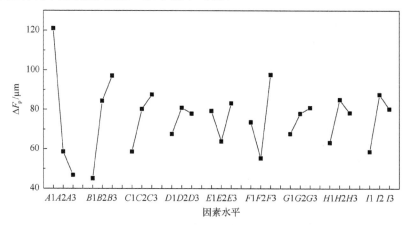

图 6.12　指标随试验因素变化趋势图

从图 6.12 可以看出，同步滚轧模具径向进给速度对齿距累积误差的影响是负相关的，即在一定范围内，v 越大误差越小；而同步滚轧模具角速度、工件花键段齿根高系数、模数对花键段齿距累积误差的影响是正相关的；对于其他因素，齿距累积误差变化中存在拐点，因素大于门槛值后齿距累积误差向相反方向变化。由于同步滚轧模具角速度和几何参数不变，初始和最终中心距无变化，同步滚轧过程中工件实际角速度和花键段理想角速度也不改变，当 v 在一定范围内变大时，进给时间缩短，工件旋转圈数减少，因此齿距累积误差减小。

方差分析法是将因素水平或交互作用变化所引起的试验结果间的差异与误差的波动区分开的一种误差分析方法。如果因素水平的变化所引起的试验结果的变动落在误差范围内，或者误差相差不大，就可以判断这个因素水平的变化并不引起试验结果的显著变动，也就是处于相对静止的状态[19]；反之亦然。方差分析中可将试验因素对试验指标影响的显著性分为如下几个等级[19]。

(1)若 $F_I > F_{0.01}$，说明因素 I 高度显著，记为 **。

(2)若 $F_{0.01} \geqslant F_I > F_{0.05}$，说明因素 I 显著，记为 *。

(3)若 $F_{0.05} \geqslant F_I > F_{0.1}$，说明因素 I 有影响，记为 ○。

(4)若 $F_{0.1} \geqslant F_I > F_{0.2}$，说明因素 I 有一定影响，记为 △。

(5)若 $F_{0.2} \geqslant F_I$，说明因素 I 无影响，记为"无"。

为了进一步评估试验误差对结果的影响，以及因素影响显著性，进行方差分析。并根据上述显著性等级判断因素影响显著性。同时采用贡献率 ρ_I 衡量因素 I 对试验指标的影响程度[20]。计算结果见表 6.5。

$$\rho_I = \frac{SS_I}{SS_T} \times 100\% \qquad (6.12)$$

式中，SS_I 为因素 I 的离差平方和；SS_T 为总的离差平方和。

表 6.5 方差分析表

方差来源	离差平方和 SS	自由度 f	均方 V	均方比 F	显著性	贡献率 ρ_I
A	28635.5	2	14317.75	18.30	**	40.81
B	13208.1	2	6604.05	8.44	*	18.82
C	4063.2	2	2031.6	2.60	△	5.79
D	873.4	2	436.7	0.56	无	1.24
E	1882.9	2	941.45	1.20	无	2.68
F	8078.1	2	4039.05	5.16	*	11.51
G	873.4	2	436.7	0.56	无	1.24
H	2240.3	2	1120.15	1.43	无	3.19
I	4063.2	2	2031.6	2.60	△	5.79
误差 e	6257.9	8	782.24	—	—	8.92
SS_T	70176	26	—	—	—	—

注：**表示因素 I 影响高度显著，$F_I > F_{0.01}$，$F(2,8)_{0.01} = 8.65$。

　　*表示因素 I 影响显著，$F_{0.01} \geqslant F_I > F_{0.05}$，$F(2,8)_{0.05} = 4.46$。

　　△表示因素 I 有一定影响，$F_{0.1} \geqslant F_I > F_{0.2}$，$F(2,8)_{0.1} = 3.11$、$F(2,8)_{0.2} = 2.00$。

　　"无"表示因素 I 对齿距累积误差无影响，$F_{0.2} \geqslant F_I$。

同步滚轧模具径向进给速度(因素 A)、同步滚轧模具角速度(因素 B)、工件螺纹段牙型半角(因素 F)对试验指标花键段齿距累积误差影响显著,其中进给速度(因素 A)对试验指标的影响高度显著。其余因素没有影响或有一定影响。这和极差分析结果相一致。

同步滚轧模具径向进给速度(因素 A)、同步滚轧模具角速度(因素 B)、工件螺纹段牙型半角(因素 F)的贡献率超过 10%,其和超过 70%。其余因素(包括误差)的贡献率都是小于 10%。误差的贡献率大于因素 $C(h_f^*)$、$D(h_a^*)$、$E(\alpha_s)$、$G(m)$、$H(Z_w)$、$I(i)$ 的贡献率,这说明可能还存在某些因素交互作用,如图 6.13 所示。但这些交互作用的影响有限或没有影响。若将正交试验设计表 $L_{27}(3^{13})$ 空白的第 9、10 列作为 $D\times H(h_a^*\times Z_w)$ 列,可分析 $D\times H$ 交互作用对花键段齿距累积误差的影响,计算结果见表 6.6。

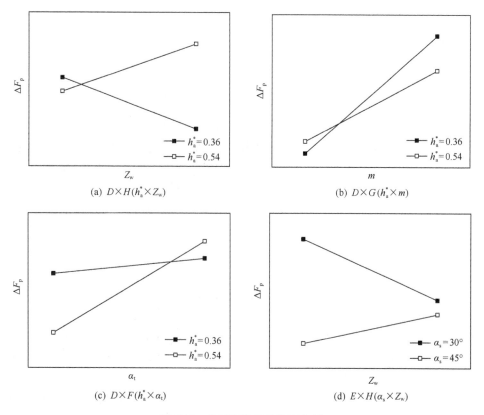

图 6.13　几何参数间的交互作用

方差分析表明, $D\times H$ 交互作用对花键段齿距累积误差无影响,也就是 $F_{0.2}\geqslant F_{D\times H}$,且贡献率也仅为 3.57%。

表 6.6　方差分析表

方差来源	离差平方和 SS	自由度 f	均方 V	均方比 F	显著性	贡献率 ρ_I
A	28635.5	2	14317.75	15.25	*	40.81
B	13208.1	2	6604.05	7.04	*	18.82
C	4063.2	2	2031.6	2.16	无	5.79
D	873.4	2	436.7	0.47	无	1.24
E	1882.9	2	941.45	1.00	无	2.68
F	8078.1	2	4039.05	4.30	△	11.51
G	873.4	2	436.7	0.47	无	1.24
H	2240.3	2	1120.15	1.19	无	3.19
I	4063.2	2	2031.6	2.16	无	5.79
D×H	2503.6	4	625.9	0.67	无	3.57
误差 e	3754.3	4	938.575	—	—	5.35
SS_T	70176	26	—	—	—	—

注：*表示因素 I 影响显著，$F_{0.01} > F_I > F_{0.05}$，$F(2,4)_{0.01} = 18.00$、$F(2,4)_{0.05} = 6.94$。

　　△表示因素 I 有一定影响，$F_{0.1} > F_I > F_{0.2}$，$F(2,4)_{0.1} = 4.32$、$F(2,4)_{0.2} = 2.50$。

　　"无"表示因素 I 对齿距累积误差无影响，$F_{0.2} > F_I$，$F(4,4)_{0.2} = 2.50$。

　　9 个参数中有 2 个运动参数、7 个几何参数。同步滚轧模具径向进给速度（因素 A）、同步滚轧模具角速度（因素 B）分别为 40.81% 和 18.82%，两个运动参数的贡献率之和约为 60%。运动参数是主要影响参数，特别是同步滚轧模具径向进给速度。

　　增加同步滚轧模具径向进给速度可减小同步滚轧成形过程中的花键段齿距累积误差。在允许的条件下，采用较大的径向进给速度可减小同步滚轧成形过程中的花键段齿距累积误差。

参 考 文 献

[1] Zhang D W. Die structure and its trial manufacture for thread and spline synchronous rolling process. The International Journal of Advanced Manufacturing Technology, 2018, 96: 319-325.

[2] Zhang D W, Zhao S D, Wu S B, et al. Phase characteristic between dies before rolling for thread and spline synchronous rolling process. The International Journal of Advanced Manufacturing Technology, 2015, 81: 513-528.

[3] Zhang D W, Zhao S D. New method for forming shaft having thread and spline by rolling with round dies. The International Journal of Advanced Manufacturing Technology, 2014, 70: 1455-1462.

[4] 张大伟, 赵升吨. 行星滚柱丝杠副滚柱塑性成形的探讨. 中国机械工程, 2015, 26(3): 385-389.

[5] Zhang D W, Zhao S D. Deformation characteristic of thread and spline synchronous rolling process. The International Journal of Advanced Manufacturing Technology, 2016, 87: 835-851.

[6] Zhang D W, Li Y T, Fu J H, et al. Rolling force and rolling moment in spline cold rolling using slip-line field method. Chinese Journal of Mechanical Engineering, 2009, 22(5): 688-695.

[7] Zhang D W, Zhao S D, Li Y T. Rotatory condition at initial stage of external spline rolling. Mathematical Problems in Engineering, 2014, 2014: Article ID 363184, 12 pages.

[8] Neugebauer R, Putz M, Hellfritzsch U. Improved process design and quality for gear manufacturing with flat and round rolling. Annals of the CIRP, 2007, 56(1): 307-312.

[9] Neugebauer R, Klug D, Hellfritzsch U. Description of the interactions during gear rolling as a basis for a method for the prognosis of the attainable quality parameters. Production Engineering Research Development, 2007, 1(3): 253-257.

[10] Litvin F L. Theory of Gearing. Washington DC: NASA Reference Publication, 1989.

[11] 吴序堂. 齿轮啮合原理. 2 版. 西安: 西安交通大学出版社, 2009.

[12] Peng Y, Song A, Shen Y, et al. A novel arc-tooth-trace cycloid cylindrical gear. Mechanism and Machine Theory, 2017, 118: 180-193.

[13] Zhang D W, Zhao S D, Ou H A. Analysis of motion between rolling die and workpiece in thread rolling process with round dies. Mechanism and Machine Theory, 2016, 105: 471-494.

[14] Zhang D W, Zhao S D, Ou H A. Motion Characteristic between die and workpiece in spline rolling process with round dies. Advances in Mechanical Engineering, 2016, 8(7): 1-12.

[15] Zhang D W, Zhao S D, Bi Y D. Analysis of forming error during thread and spline synchronous rolling process based on motion characteristic. The International Journal of Advanced Manufacturing Technology, 2019, 102: 915-928.

[16] 柏永新, 柏多. 齿轮精度标准中的 k 个齿距累积误差. 工具技术, 1992, 26(9): 39-41.

[17] 《数学手册》编写组. 数学手册. 北京: 高等教育出版社, 1979.

[18] 詹昭平, 常宝印, 明翠新. 渐开线花键标准应用手册. 北京: 中国标准出版社, 1997.

[19] 何为, 薛卫东, 唐斌. 优化实验设计方法及数据分析. 北京: 化学工业出版社, 2012.

[20] Taguchi G. System of Experiment Design. Clausing D, translated. New York: Kraus International Publications, 1987.

第7章　轴类零件滚轧成形过程摩擦条件评估

摩擦是金属成形工艺的影响因素之一，影响成形过程中的金属流动、构件的成形质量、生产成本、模具的使用寿命等[1-5]。螺纹、花键(齿轮)滚轧初期，滚轧模具和工件之间摩擦影响工件旋转运动，特别是花键滚轧成形的分齿阶段；随后的滚轧模具和工件之间的运动可认为是啮合传动特征，摩擦主要影响变形行为。摩擦的大小对体积成形过程中的材料流动影响很大，通过调控局部区域的摩擦条件可有效控制材料流动[6-8]。采用合理的摩擦模型，正确评估塑性成形过程的摩擦条件十分重要。

评估确定体积成形过程中摩擦系数或摩擦因子的试验很多，如圆环压缩试验(ring compression test，RCT)[9, 10]、双杯挤压试验[11, 12]、T型压缩试验[13]等。圆环压缩试验是一种简单高效，并广泛应用的测量摩擦因子、摩擦系数的方法，用其测量摩擦条件时不需要测量变形载荷和材料属性[10, 14]。

尽管螺纹或花键轴类滚轧成形用的模具型面特征不同，本书描述的径向进给滚轧和一些轴向进给滚轧[15, 16]的运动方式有差别，但成形过程的润滑特征相同。冷却润滑油/液管道接近滚轧区，冷却润滑油/液被喷射或注入滚轧区，在滚轧模具和工件之间形成油膜。螺纹、花键(齿轮)等复杂型面轴类零件滚轧过程是一个局部加载工艺过程，在局部加载区域不断变换的同时，注入了新的润滑油，形成再次润滑。传统的圆环压缩试验并不能反映这种轴类零件滚轧成形过程中的润滑特征，目前尚无螺纹、花键等复杂型面轴类零件滚轧过程摩擦条件的研究。我们提出了增量圆环压缩试验(incremental ring compression test, IRCT)以确定此类复杂型面轴类零件冷滚轧成形过程中的摩擦条件[17]。

7.1　轴类零件冷滚轧成形润滑特征及评估方法

7.1.1　冷滚轧成形润滑特征

采用轮式滚轧模具的螺纹、花键等复杂型面轴类零件滚轧工艺，如 2.2 节讨论的径向进给滚轧成形工艺、定中心距滚轧成形工艺、轴向推进主动旋转滚轧成形工艺等。径向进给滚轧和定中心距滚轧成形中，工件在滚轧模具驱动(摩擦力矩)下被动旋转，滚轧初期存在相对滑动，造成多轴运动不协调，容易影响滚轧工件成形质量。轴向推进主动旋转滚轧成形中工件通过集成驱动顶尖或已成形齿型同滚轧模具啮合主动旋转，同时工件依靠附件动力源连续轴向推进或滚轧模具和工件型面之间啮合产生轴向位移。

尽管这些具有螺纹、花键等复杂型面的轴类零件滚轧成形用的模具型面特征不同，运动方式迥异，但成形过程的润滑特征相同。一般在整个滚轧过程中执行喷油/注油润滑，如图 7.1 所示，这些油液同时起到冷却作用。

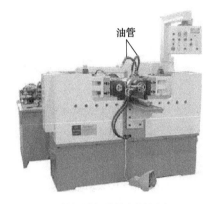

(a) 采用两滚轧模具的花键滚轧机

(b) 采用三滚轧模具的螺纹滚轧机

(c) 简单喷嘴喷油润滑

(d) 多柱注油润滑

图 7.1　冷滚轧过程的润滑、油管及滚轧设备

冷却润滑油/液管道接近滚轧区，如图 7.1(a)、(b) 所示，冷却润滑油/液喷射或注入滚轧区，在滚轧模具和工件之间形成油膜，如图 7.1(c)、(d) 所示。

复杂型面轴类零件滚轧过程是一个局部加载工艺过程，局部加载区域不断变换，相同的变形区域被不同的滚轧模具间断压缩。变形区被一滚轧模具轧制变形（即加载），接着被卸载，然后这一变形区旋转 $1/N$ 圈后被另一滚轧模具加载变形，"加载—卸载—加载"不断循环。在"加载"和"卸载"之间，进入下一个"加载"之前，旋转 $1/N$ 圈时间内，滚轧变形区会被重新润滑。在"卸载"间隔，变形区会形成新的油膜。也就是说，一滚轧模具轧制变形区域的油膜会在下一个滚轧模具轧制前重新形成。

采用传统圆环压缩试验无法反映这一润滑特征。因此，基于圆环压缩，结合加载区域在加载—卸载时间间隔中被重新润滑、新的油膜重新形成这一特点，发展了增量圆环压缩试验以确定轴类零件滚轧成形过程中的摩擦条件。

7.1.2　增量圆环压缩试验

圆环压缩过程过程中金属圆环的几何形状演化对圆环表面和压缩模具之间接触面上的摩擦条件十分敏感。因此，根据压缩圆环的几何形状演化来确定接触面上的摩擦条件。

低摩擦条件下，压缩圆环内径扩大，如图 7.2(b)所示；高摩擦条件下，压缩圆环内径减小，如图 7.2(c)所示。不同摩擦条件，其变化比率不同。一般圆环压缩试验中所测量的圆环内径是最小内径，如图 7.2(b)、(c)所示。

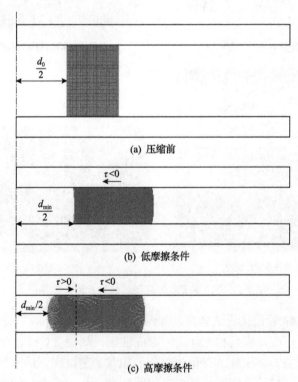

图 7.2　圆环压缩试验中的圆环几何形状

圆环压缩试验一般采用图 7.3(a)所示的普通圆环试样，但内凹［见图 7.3(b)］[18]、外凸[见图 7.3(c)][19]、带台阶[见图 7.3(d)、(e)][20, 21]的异化圆环试样也用于评估测量不同成形条件下的摩擦条件。本章所讨论的圆环压缩试验采用图 7.3(a)所示的普通圆环试样。

(a) 普通圆环

(b) 圆环外壁内凹　　　　　　　　(c) 圆环外壁外凸

(d) 带内台阶圆环　　　　　　　　(e) 带外台阶圆环

图 7.3　圆环试样类型

为了获得摩擦值，压缩的圆环内径必须同称作校准曲线的一组指定曲线进行比较。校准曲线是在各种摩擦因子下，成形过程中圆环内径同高度之间的关系。Male 和 Cockcroft[9]通过前期的试验工作建立了校准曲线，随后发展了几种理论分析方法绘制校准曲线[22-24]。为了研究校准曲线对材料属性、相对速度等参数的依赖，可应用数值方法(如有限元法)绘制校准曲线[4, 5, 19]。本章也采用数值方法绘制不同摩擦模型下的摩擦条件校准曲线。采用某一摩擦模型设置不同的摩擦条件，可以获取指定成形条件(成形温度、上模压下速度等)下不同摩擦条件时的圆环形状变化，从而建立圆环内径尺寸同高度之间的关系，即该摩擦模型下的摩擦条件校准曲线。将圆环压缩后的内径变化同摩擦校准曲线比较可以确定摩擦条件的大小。

传统圆环压缩试验无法反映 7.1.1 节所描述螺纹、花键等复杂型面轴类零件滚轧成形过程中不断在润滑这一润滑特征。因此，提出了增量圆环压缩试验以模拟轴类零件滚轧成形过程中加载区域在加载—卸载时间间隔中重新润滑、新的油膜重新形成这一特点，可更加准确地确定轴类零件滚轧成形过程中的摩擦条件。

具体增量圆环压缩试验原理如图7.4所示，包括上模、下模和润滑系统[见图7.4(a)]。选择一个较小的位移量h作为压缩增量，增量压缩过程如图7.4(b)～(f)所示。每一个增量压缩之后，模具和圆环表面会被连续不断注入的冷却润滑油/液重新润滑，下模也通过辅助操作得到充分润滑。增量圆环压缩很好地模拟了轴类零件滚轧过程中反复加载和反复润滑的工艺特点。因此，增量圆环压缩中的模具与圆环之间的摩擦条件和轴类零件滚轧成形过程中滚轧模具与工件之间的摩擦条件类似。增量圆环压缩试验可以反映螺纹、花键等复杂型面轴类零件滚轧成形过程中的润滑特征。

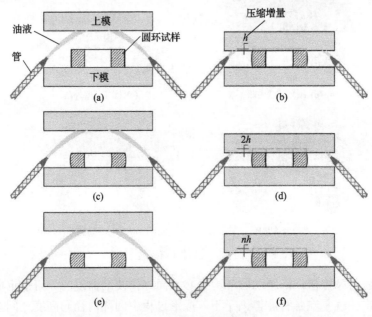

图7.4 增量圆环压缩示意图

根据增量圆环压缩试验原则，在100kN材料试验机上搭建了相关试验装置，如图7.5所示。围绕材料试验机搭建的润滑系统包括供油系统、油液注射管、油液回收盒、油液回收管。每压缩一个增量h之后，油液注射到压缩区域，模具表面和圆环试样被重新润滑。随后，执行一个手动辅助操作以避免圆环内部存储油液和保证圆环和下模之间接触面充分润滑。

当h=0时，上述增量圆环压缩过程中不会出现反复润滑行为，则增量圆环压缩退化为传统圆环压缩。同样，获得某一圆环压缩样本数据最大压缩量为ΔH_{max}，若$h=\Delta H_{max}$，则增量圆环压缩退化为传统圆环压缩。

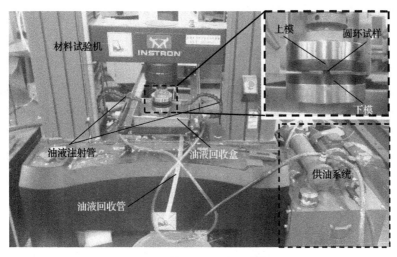

图 7.5　增量圆环压缩试验装置

7.2　金属塑性成形分析常用摩擦模型

7.2.1　摩擦模型及其数值化

摩擦模型及其摩擦条件是金属塑性成形分析中重要的边界条件和参数。库仑摩擦模型、剪切摩擦模型以及两者的混合摩擦模型(库仑-剪切摩擦模型)广泛应用于体积成形的分析中[10, 14, 25-28]。三者的一般表达式分别为式(7.1)～式(7.3),基于这几种模型的一些改进模型也被发展。剪切摩擦模型理论简单、易数值化,已广泛用于体积成形的数值模拟[4]。虽然库仑摩擦模型更适用于弹性接触,但在金属体积成形的仿真分析中也得到广泛应用[29, 30]。混合两者特点的摩擦模型也用于成形过程中接触面上局部区域压力较低并存在滑动,且接触面上局部区域存在较高压力的情况[25, 26, 31]。在一些工艺分析中,根据变形特征和模具工件几何参数,在不同区域采用不同的摩擦模型(库仑摩擦模型或剪切摩擦模型)[32, 33],应用滑移线场法分析花键滚轧成形工艺就是采用不同摩擦模型描述工件齿侧和齿根不同接触区域[32]。

$$\tau = \mu p \tag{7.1}$$

式中,τ 为摩擦剪应力;μ 为库仑摩擦系数;p 为正应力。

$$\tau = mK \tag{7.2}$$

式中,m 为剪切摩擦因子;K 为材料剪切屈服强度。

$$\tau = \begin{cases} \mu p, & \mu p < mK \\ mK, & \mu p \geqslant mK \end{cases} \tag{7.3}$$

　　刚(黏)塑性有限元法的理论基础是 Markov 变分原理,它以能量积分的形式把偏微分方程组的求解问题变成泛函极值问题,该变分原理可表述为[34-36]:设变形体的体积为 V,表面积为 S,在力面 S_F 上给定面力 F_i,在速度面 S_v 上给定速度 v_i,则在满足变形几何条件、体积不可压缩条件、速度边界条件的一切运动容许速度场中,问题的真实解必然使泛函式(7.4)取驻值(即一阶变分为零)。

$$\Pi = \int_V \bar{\sigma} \dot{\bar{\varepsilon}} \, \mathrm{d}V - \int_{S_F} F_i v_i \, \mathrm{d}S \tag{7.4}$$

式中, $\bar{\sigma}$ 为等效应力; $\dot{\bar{\varepsilon}}$ 为等效应变速率。此处式(7.4)为刚塑性有限元法列式。

　　理论上利用 Markov 变分原理可以求解金属塑性变形问题。一般来说,变形几何条件和速度边界条件较容易满足,而体积不可压缩条件较难满足。常采用 Lagrange 乘子法、罚函数法把体积不可压缩条件引入泛函 Π,建立一个新泛函,对这个新泛函变分求解。罚函数法与 Lagrange 乘子法相比,求解的未知量少,刚度矩阵为明显带状分布,可节省计算机存储空间并提高计算效率[35,36]。罚函数法源于最优原理的罚函数法,具有数值解析的特征,可用一个足够大的整数 α 把体积不可压缩条件引入泛函式(7.4)构造一个新的泛函式(7.5)[34-36]。

$$\Pi = \int_V \bar{\sigma} \dot{\bar{\varepsilon}} \, \mathrm{d}V - \int_{S_F} F_i v_i \, \mathrm{d}S + \frac{\alpha}{2} \int_V \dot{\varepsilon}_V^2 \, \mathrm{d}V \tag{7.5}$$

式中, $\dot{\varepsilon}_V$ 为运动容许速度场的约束。

　　在金属塑性成形的有限元分析中,可将摩擦条件引入泛函式(7.5)构造一个新的泛函,则真实解满足这个新泛函。例如,在刚塑性有限元列式中引入摩擦条件后新的泛函表示为[3,25]

$$\Pi = \int_V \bar{\sigma} \dot{\bar{\varepsilon}} \, \mathrm{d}V - \int_{S_F} F_i v_i \, \mathrm{d}S + \frac{\alpha}{2} \int_V \dot{\varepsilon}_V^2 \, \mathrm{d}V + \int_{S_c} \left(\int_0^{|u_r|} \tau \, \mathrm{d}v_r \right) \mathrm{d}S \tag{7.6}$$

式中, S_c 为接触面; v_r 为相对速度。

　　然而,在圆环压缩、锻造、轧制等成形问题中,模具工件接触面上的相对滑动速度方向是不确定的,在模具工件接触面上存在一速度分流点或速度分流区域,此处变形材料相对速度为零。在速度分流位置,摩擦剪应力的方向突然改变,如图7.2(c)所示。当采用式(7.1)~式(7.3)时,速度分流位置附近摩擦剪应力的突然换向会给有限元列式(7.6)带来数值问题。为了解决这一问题，在有限元列式中靠近中性点或中性区域的地方，通常采用与速度相关的摩擦应力，对于剪切摩擦模型表示为[3, 25, 37]

$$\tau = mK\left(\frac{2}{\pi}\arctan\frac{|v_{\mathrm{r}}|}{v_0}\right)\frac{v_{\mathrm{r}}}{|v_{\mathrm{r}}|} \tag{7.7}$$

式中，v_0 为远小于相对速度的任意常数。

相应地，库仑摩擦模型可表示为[3,29]

$$\tau = \mu p\left(\frac{2}{\pi}\arctan\frac{|v_{\mathrm{r}}|}{v_0}\right)\frac{v_{\mathrm{r}}}{|v_{\mathrm{r}}|} \tag{7.8}$$

混合摩擦模型(见式(7.3))是库仑摩擦模型和剪切摩擦模型的结合，因此对于采用混合摩擦模型的有限元列式，可综合运用式(7.7)和式(7.8)[8, 28]。

7.2.2　摩擦参数关联关系

为了比较采用库仑摩擦模型和剪切摩擦模型分析结果的区别，应当采用相对应的摩擦条件，如库仑摩擦系数对应的剪切摩擦因子或剪切摩擦因子对应的库仑摩擦系数。进一步地，这种对应的摩擦系数和摩擦因子关系也会用于确定混合摩擦模型(见式(7.3))中摩擦系数和摩擦因子。当然，除了一些采用黏着摩擦条件($m=1$)的情况，如扭转压缩成形过程的分析[38]，此时混合摩擦模型退化为库仑-黏着摩擦模型，即

$$\tau = \begin{cases} \mu p, & \mu p < K \\ K, & \mu p \geqslant K \end{cases} \tag{7.9}$$

一般剪切摩擦因子取值范围为 $0 \leqslant m \leqslant 1$；而库仑摩擦系数的理论上限值取决于所选的屈服准则，对于米泽斯屈服准则，其上限值为 0.577，对于特雷斯卡屈服准则(Tresca yield criterion)，其上限值为 0.5。考虑理论上限值的大小，可采用式(7.10)和式(7.11)来描述摩擦系数和对应摩擦因子之间的关系：

$$\mu = 0.577m \tag{7.10}$$

$$\mu = 0.5m \tag{7.11}$$

在采用解析法绘制摩擦条件校准曲线，采用式(7.10)描述剪切摩擦因子对应的库仑摩擦系数[39]。式(7.10)也用于确定混合摩擦模中的摩擦因子和摩擦系数之间的关系[26, 28]。在花键滚轧成形滑移线场分析中，工件齿侧和齿根不同接触区域

所用摩擦模型对应的摩擦条件采用式(7.11)确定[32]。然而，实际金属成形过程中库仑摩擦系数一般小于上限值[40]，试验研究也表明钛合金热成形中干摩擦条件下的剪切摩擦因子也小于1[5, 41]。

采用有限元法绘制圆环压缩试验中摩擦条件校准曲线或分析成形工艺过程，可以考虑库仑摩擦模型和剪切摩擦模型之间的区别。通过比较试验中载荷曲线也可确定相对应的摩擦系数和摩擦因子[13, 33]。而通过比较摩擦试验中摩擦校准曲线的形状来确定相对应的摩擦系数和摩擦因子是一种更为通用的方法[42]。例如，圆环压缩试验中，通过比较摩擦条件校准曲线，确定剪切摩擦因子对应的库仑摩擦系数[4]。采用比较数值方法绘制摩擦条件校准曲线，系统研究了库仑摩擦系数和剪切摩擦因子之间的关联关系，建立了体积成形中库仑摩擦系数和剪切摩擦因子之间的关联模型[43]。

圆环压缩过程中，压缩圆环几何形状变化的敏感性随着接触面上摩擦的增加而减小，压缩圆环几何形状变化的敏感性也会随着变形程度(压缩量)的增加而增加，这从摩擦条件校准曲线的变化上可得到证明。在相同变形程度和相同摩擦条件增量变化下，低摩擦条件下压缩圆环内径的变化要比高摩擦条件下压缩圆环内径变化显著。相同摩擦条件下，压缩圆环几何形状变化对摩擦的敏感性随着变形程度的增加而增加。例如，在圆环压缩过程中，随着变形程度的增加，表面扩张率显著增加[44]，成形载荷对摩擦敏感性也会增加[5]。因此，选用圆环压缩50%时的库仑摩擦模型和剪切摩擦模型预测的圆环内径进行比较，以确定相对应的库仑摩擦系数和剪切摩擦因子。如果不同摩擦模型所预测的变形量50%下的圆环内径满足式(7.12)，那么库仑摩擦系数和剪切摩擦因子是相匹配的。

$$\frac{|d_\mu - d_m|}{d_0} < e \tag{7.12}$$

式中，d_μ为变形量50%下库仑摩擦模型预测的压缩圆环内径；d_m为变形量50%下剪切摩擦模型预测的压缩圆环内径；d_0为初始圆环内径；e为较小的正数，如可取0.005。

式(7.12)中的数据由数值模拟提供，分别建立冷、热成形条件下的圆环压缩有限元模型，分别采用库仑摩擦模型和剪切摩擦模型进行模拟仿真，结果如图7.6所示。

采用圆环初始外径(D_0)、初始内径(d_0)、初始高度(H_0)比例为标准比例 D_0：d_0：H_0=6：3：2 的圆环。热成形、冷成形的有限元模拟分别采用典型应变速率敏感[见式(7.13)]和应变硬化[见式(7.14)]本构方程。式(7.13)和式(7.14)中的数据取自Joun等[4]对盘件锻造和冷挤压数值模拟时所采用的数据。圆环初始网格采用

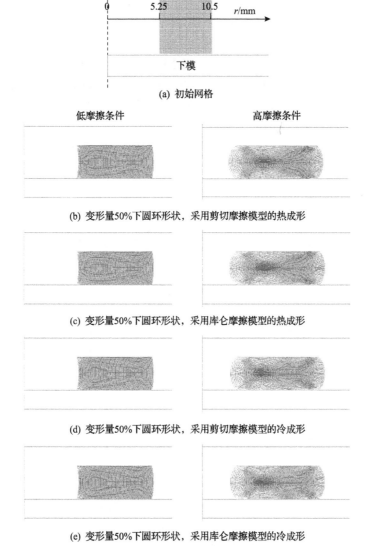

(a) 初始网格

低摩擦条件　　　　　　　　　　　　高摩擦条件

(b) 变形量50%下圆环形状，采用剪切摩擦模型的热成形

(c) 变形量50%下圆环形状，采用库仑摩擦模型的热成形

(d) 变形量50%下圆环形状，采用剪切摩擦模型的冷成形

(e) 变形量50%下圆环形状，采用库仑摩擦模型的冷成形

图 7.6　圆环网格划分及变形形状

均匀网格划分，尺寸小于 0.1mm，如图 7.6(a) 所示。圆环压缩 50% 时，圆环变形
形状和网格情况如图 7.6(b)～(e) 所示。尽管不同摩擦模型、不同材料模型下圆环
内径尺寸变化有轻微不同，但变形形状和网格情况表现出相同状态，这表明压缩
圆环的形状变化对摩擦条件更敏感。

$$\sigma = 66\dot{\varepsilon}^{0.195} \tag{7.13}$$

$$\sigma = 50.3\left(1+\frac{\varepsilon}{0.05}\right)^{0.26} \tag{7.14}$$

　　式(7.12)中变形 50%下的圆环内径(d_μ 和 d_m)数据由采用米泽斯屈服准则二维轴对称有限元分析提供。在给定的剪切摩擦因子 m 时,根据式(7.12)迭代计算与之对应的库仑摩擦系数,迭代确定摩擦系数过程中由式(7.12)计算的误差 e 以及库仑摩擦系数 μ 如图 7.7 所示。从图 7.7 可以看出,随着误差 e 降低,库仑摩擦系数变化梯度减小。当误差 $e<0.005$ 时,摩擦系数的轻微改变并不会导致误差 e 的变化,特别是高摩擦条件下,如图 7.7(c)所示。这是由于有限元模型的计算精度的原因,无法反映此处如此轻微的变化。因此式(7.12)采用 $e=0.005$。

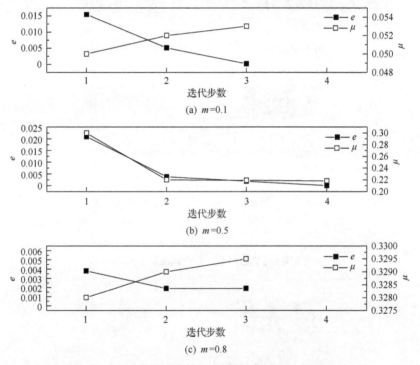

图 7.7　剪切摩擦因子确定对应库仑摩擦系数的迭代过程

　　在热成形和冷成形条件下[材料模型分别为式(7.13)和式(7.14)],不同摩擦因子对应的摩擦系数如图 7.8 所示。从图 7.8 可以看出相反的变化趋势,随着剪切摩擦因子增加,低摩擦条件下($m<0.7$),对应的库仑摩擦系数成比例增加,且变化平缓;高摩擦条下($m>0.8$),对应的库仑摩擦系数急剧增加。由此可知,剪切摩擦因子和库仑摩擦系数之间的关系在润滑(低摩擦)条件下和干摩擦(高摩擦)条件下表现是截然不同的。

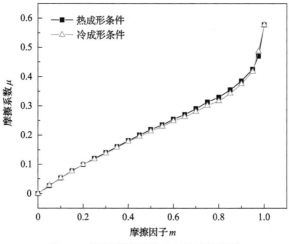

图 7.8　不同摩擦因子对应的摩擦系数

为了进一步评估剪切摩擦因子和库仑摩擦系数之间的关系，引入库仑摩擦系数和剪切摩擦因子之间的比例参数 k，定义如下：

$$k = \frac{\mu}{m} \tag{7.15}$$

参数 k 的变化如图 7.9 所示，在低摩擦和高摩擦条件下表现出不同的变化趋势。随着摩擦条件的增加，参数 k 先减小，然后增大，在较低摩擦和较高摩擦条件下 k 值比较高。在 TA15 合金高温成形时，干摩擦条件下的摩擦因子大概是 0.7[5]。从图 7.9 可以看出，低摩擦条件，也就是润滑条件下，即 $0 < m < 0.7$，参数 k 类似抛物线函数的一半；高摩擦条件，也就干摩擦条件下，即 $0.8 < m < 1$，参数 k 类似指数函数；两者之间，即 $0.7 < m < 0.8$，存在一个过渡区域。

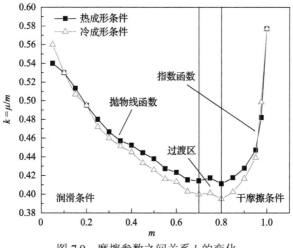

图 7.9　摩擦参数之间关系 k 的变化

因此，在润滑条件和干摩擦条件下，可以采用不同的函数来描述参数 k 和剪切摩擦因子 m 之间的关系。热成形条件和冷成形条件下，不同摩擦条件分段分别采用抛物线函数和指数函数的拟合曲线，如图 7.10 和图 7.11 所示。

图 7.10 所示热成形条件下，采用抛物线函数描述润滑条件下参数 k 和剪切摩擦因子 m 之间的关系，拟合结果为

$$k = 0.5598 - 0.3624m + 0.22178m^2, \quad 0 < m < 0.7, 不含过渡区数据 \quad (7.16)$$

$$k = 0.56009 - 0.36544m + 0.22712m^2, \quad 0 < m < 0.8, 含过渡区数据 \quad (7.17)$$

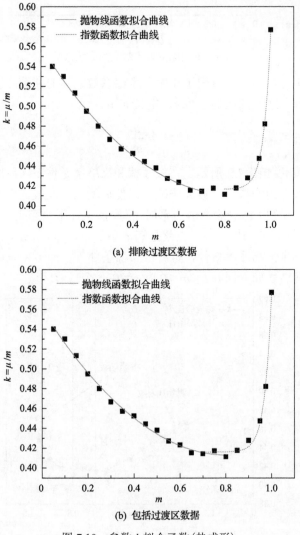

(a) 排除过渡区数据

(b) 包括过渡区数据

图 7.10　参数 k 拟合函数(热成形)

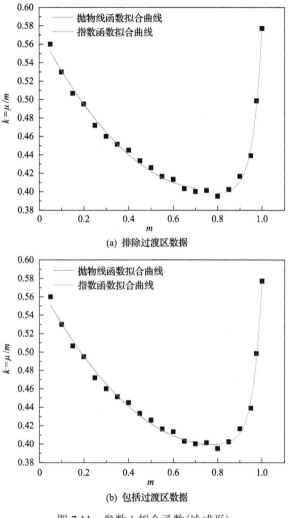

(a) 排除过渡区数据

(b) 包括过渡区数据

图 7.11　参数 k 拟合函数(冷成形)

对于干摩擦条件,采用指数函数描述参数 k 和剪切摩擦因子 m 之间的关系,拟合结果为

$$k = 0.41624 + 4.47329 \times 10^{-16} \exp(33.50905m), \quad 0.8 < m < 1, \text{不含过渡区数据} \quad (7.18)$$

$$k = 0.41613 + 4.05049 \times 10^{-16} \exp(33.6099m), \quad 0.7 < m < 1, \text{含过渡区数据} \quad (7.19)$$

同样,对于图 7.11 所示冷成形条件,采用抛物线函数描述润滑条件下参数 k 和剪切摩擦因子 m 之间的关系,拟合结果为

$$k = 0.57405 - 0.45737m + 0.30606m^2, \quad 0 < m < 0.7, \text{不含过渡区数据} \quad (7.20)$$

$$k = 0.5722 - 0.44092m + 0.28119m^2, \quad 0 < m < 0.8, 含过渡区数据 \quad (7.21)$$

采用指数函数描述干摩擦条件下参数 k 和剪切摩擦因子 m 之间的关系，拟合结果为

$$k = 0.39696 + 1.52945 \times 10^{-12} \exp(25.49754m), \quad 0.8 < m < 1, 不含过渡区数据 \quad (7.22)$$

$$k = 0.39881 + 7.67533 \times 10^{-13} \exp(26.1783m), \quad 0.7 < m < 1, 含过渡区数据 \quad (7.23)$$

将上述参数 k 的拟合函数代入式(7.15)就是建立了库仑摩擦系数和剪切摩擦因子之间的关联模型。式(7.16)、式(7.18)、式(7.20)、式(7.22)中的系数是根据排除过渡区的数据拟合获得的；式(7.17)、式(7.19)、式(7.21)、式(7.23)中的系数是根据包括过渡区的数据拟合获得的。

采用圆环压缩试验确定TA15钛合金热成形(等温成形)过程的剪切摩擦因子[5]。根据所确定的不同润滑剂和不同成形条件下的剪切摩擦因子，采用式(7.17)计算润滑条件下相对应的库仑摩擦系数；根据干摩擦条件(圆环压缩试验中未采用润滑剂)下所确定的剪切摩擦因子($m=0.7$)，采用式(7.19)计算干摩擦条件下相对应的库仑摩擦系数。TA15 钛合金圆环压缩试验不同摩擦模型的摩擦条件校准曲线和试验结果吻合较好，如图7.12 所示。基于材料模型式(7.13)所建立的摩擦参数关联模型适用于 TA15 钛合金等温成形过程中相对应的库仑摩擦系数和剪切摩擦因子的确定。

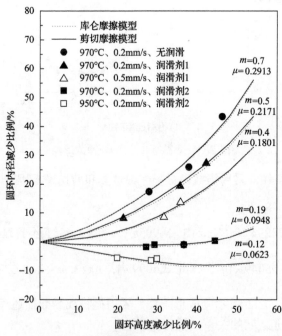

图 7.12　不同摩擦模型校准曲线和试验结果

润滑剂 1 为工业生产中采用某润滑剂，润滑剂 2 为某实验室配制润滑剂

理论上，参数 k 的上限值应该是 0.577，因为剪切摩擦因子上限值是 1，而采用米泽斯屈服准则时库仑摩擦系数的上限值是 0.577。虽然干摩擦条件下库仑摩擦系数上限值是 0.577（基于米泽斯屈服准则），但实际上摩擦系数往往小于上限值[40]。干摩擦条件下的剪切摩擦因子也往往小于上限值，例如，干摩擦条件下 TA15 钛合金热成形过程的剪切摩擦因子是 0.7。因此，实际上参数 k 的上限值也应该小于 0.577。

材料模型对圆环压缩过程的圆环内径尺寸变化有一定的影响。圆环试样内径尺寸变化对材料本构所采用的函数形式和拟合参数有一定的敏感性，特别是对材料模型的函数形式更为敏感。式(7.16)~式(7.19)中的系数同式(7.20)~式(7.23)中的系数显著不同。

摩擦参数之间关联关系式(7.17)和式(7.19)建模数据基于材料模型式(7.13)。然而式(7.13)并不适用于描述 TA15 钛合金热成形，图 7.12 中摩擦条件校准曲线绘制所用材料模型是由式(7.24)表示的。

$$\sigma = \sigma(\varepsilon, \dot{\varepsilon}, T) \tag{7.24}$$

图 7.12 中库仑摩擦模型校准曲线和试验结果十分吻合，这表明基于材料模型式(7.13)所建立的摩擦参数关联模型式(7.17)和式(7.19)适用于确定 TA15 钛合金热成形中相应的摩擦参数。

式(7.16)~式(7.23)也可用于描述库仑-剪切混合模型中库仑摩擦系数和剪切摩擦因子之间的关系。本节讨论中采用式(7.17)、式(7.19)、式(7.21)、式(7.23)确定相应的摩擦参数。库仑摩擦系数根据摩擦因子确定，具体计算过程如下。

若 $m < 0.7$，应用式(7.17)或式(7.21)计算库仑摩擦系数。

若 $m > 0.8$，应用式(7.19)或式(7.23)计算库仑摩擦系数。

若 $0.7 \leqslant m \leqslant 0.8$，应用式(7.17)(或式(7.21))和式(7.19)(或式(7.23))计算结果的平均值确定库仑摩擦系数。

库仑-剪切混合摩擦模型中摩擦参数和库仑摩擦模型、剪切摩擦模型中摩擦参数大小对应，但从图 7.13 中可以看出，采用混合摩擦模型分析所得的圆环内径和采用库仑摩擦模型、剪切摩擦模型分析所得的圆环内径存在明显差异。混合摩擦模型预测的圆环内径大于库仑摩擦模型、剪切摩擦模型所预测的圆环内径，如图 7.13 所示。

库仑摩擦模型一般用于弹性接触，剪切摩擦模型一般用于塑性接触，库仑-剪切混合摩擦模型适用于混合接触状态[28,43]。一般库仑摩擦模型、剪切摩擦模型分别描述试件经历弹性接触现象和塑性接触现象。然而，润滑程度也影响机械摩擦条件，例如，图 7.14 中不同摩擦模型之间的差别在 $0.4 < m < 0.9$ 时才明显表现出来。实际上，接触压力、弹性和塑性变形，甚至成形温度都会对实际成形工艺中机械摩擦条件产生影响。

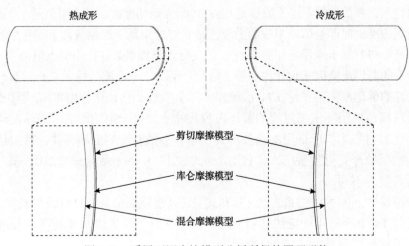

图 7.13　采用不同摩擦模型分析所得的圆环形状

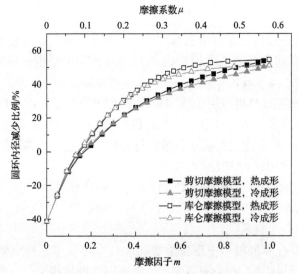

图 7.14　冷热成形条件下圆环内径变化比较

　　热成形和冷成形条件下,在圆环压缩 50%情况下的内径变化如图 7.14 所示,图中圆环内径变化率由式(7.25)计算。不同成形条件下,摩擦条件对圆环内径尺寸变化的影响规律是类似的。从图 7.14 可以看出,圆环内径变化对摩擦条件的敏感性在低摩擦条件下要大于高摩擦条件下。Noh 等[44]也认为随着剪切摩擦因子增加,圆环尺寸变化程度减小。高摩擦条件下,冷成形中圆环内径变化要小于热成形情况下的内径变化,如图 7.14 所示。

　　图 7.14 中内径变化是在圆环压缩 50%情况下的圆环内径变化,可用式(7.25)表示:

$$\delta d|_{50\%} = \frac{d_0 - d|_{50\%}}{d_0} \times 100\% \qquad (7.25)$$

式中，$d|_{50\%}$ 为圆环压缩 50%时的内径。

从图 7.8 可以看出，随着摩擦条件的增加，不同成形条件下对应库仑摩擦系数变化趋势是相似的，和图 7.14 所示圆环内径变化规律类似。在低摩擦和高摩擦条件下冷、热成形条件下剪切摩擦因子对应的库仑摩擦系数的数值也是相近的；中间摩擦条件($0.4<m<0.9$)，冷、热成形条件下的对应库仑摩擦系数存在差别。这种差别反映在摩擦系数和摩擦因子的比例参数 k 上更明显，如图 7.9 所示。在中摩擦条件($0.4<m<0.9$)下，冷成形条件下参数 k 明显小于热成形条件下的参数 k。

比较式(7.16)和式(7.17)中的系数、式(7.18)和式(7.19)中的系数、式(7.20)和式(7.21)中的系数，以及式(7.22)和式(7.23)中的系数可以发现，拟合数据是否包括过渡区数据，拟合函数系数变化不大。这也从侧面说明，根据图 7.9 分析参数 k 的变化在润滑条件和干摩擦条件之间存在一个过渡区的结论是正确的。从图 7.10(b)可以看出，在过渡区内，由式(7.17)计算的参数 k 小于式(7.19)计算结果。但在冷成形条件下，由式(7.21)描述的过渡区 k 和由式(7.23)描述的过渡区 k 差不多，如图 7.11(b)所示。

库仑摩擦系数和剪切摩擦因子比例参数 k 在干摩擦条件、润滑条件、摩擦条件全范围内描述了摩擦参数之间的关系。参数 k 在润滑条件和干摩擦条件下表现出不同的变化趋势，随着摩擦条件的增加，参数 k 先减少，然后增加，在润滑和干摩擦条件下 k 值比较高。润滑条件下，参数 k 可由抛物线函数描述；干摩擦条件下，参数 k 可由指数函数描述；两者之间，存在一个过渡区域。冷热成形条件下，参数 k 变化规律是相似的，其数值在中间摩擦状态($0.4<m<0.9$)下存在较大差别，冷成形条件下 k 值要小些。

7.3　增量圆环压缩试验评估滚轧成形摩擦条件

圆环压缩试验中上、下模具采用的材料为 T8 模具钢，在 800℃下进行热处理。圆环试样采用 45 钢。在 10t 材料试验机上进行单向拉伸试验获得 45 钢的应力-应变关系，即

$$\sigma = 1450(0.0132715 + \varepsilon)^{0.2817} \qquad (7.26)$$

采用标准比例 $D_0 : d_0 : H_0 = 6 : 3 : 2$ 的圆环试样。如图 7.5 所示增量圆环压缩试验是在 10t 材料试验机上搭建的。根据设备吨位和圆环尺寸比例，确定圆环试样初始尺寸分别为圆环初始外径 $D_0 = 9\text{mm}$、初始内径 $d_0 = 4.5\text{mm}$、初始高度

H_0=3mm，如图 7.15 所示。

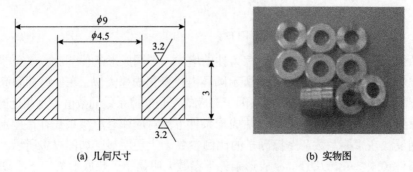

(a) 几何尺寸　　　　　　　　　　　　　　(b) 实物图

图 7.15　圆环试样(单位：mm)

圆环在试验前清理表面，压缩至不同高度，圆环高度减少量为 25%～45%。虽然采用相同的润滑油，但由于压缩增量 h 不同，压缩过程的润滑效果不同，其摩擦条件也不同。采用相同的润滑油进行三组不同润滑条件的圆环压缩，三组试验条件如下：

第一组润滑条件(LC-1)：h=0mm，即传统圆环压缩试验(RCT)。

第二组润滑条件(LC-2)：h=0.1mm，即增量圆环压缩试验(IRCT)。

第三组润滑条件(LC-3)：h=0.25mm，即增量圆环压缩试验(IRCT)。

在上述三组试验中采用的润滑油和加载速度(0.05mm/s)是相同的，试验结果如图 7.16 所示。

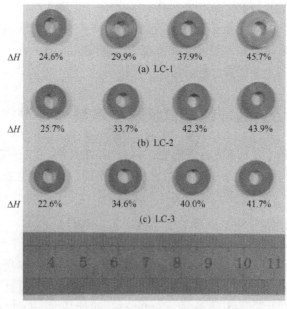

图 7.16　不同润滑条件下的圆环样本形状

测量圆环最小内径(d_{min})和高度的变化,结合有限元法绘制的校准曲线,可确定摩擦条件。采用千分尺测量圆环高度,采用孔尺测量圆环内径。沿圆周方向多次测量,取平均值计算圆环高度和内径变化量(率)。

剪切摩擦模型和库仑摩擦模型是金属塑性分析中常用的摩擦模型,两种摩擦模型分别用于圆环压缩过程的分析。不同剪切摩擦因子 m、库仑摩擦系数 μ 下圆环内径和高度的变化可由一系列的有限元分析预测,进而可绘制剪切摩擦模型和库仑摩擦模型的校准曲线。两种摩擦模型的校准曲线和试验结果如图 7.17 所示。

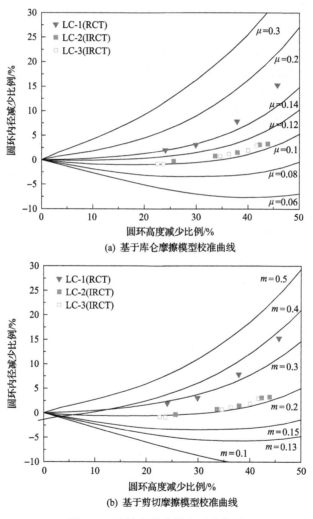

图 7.17　摩擦校准曲线和试验数据

图 7.17(a)所示试验结果和基于库仑摩擦模型的摩擦校准曲线,确定的平均摩擦系数为:润滑条件 LC-1 下有 $\mu=0.16$,润滑条件 LC-2 下有 $\mu=0.11$,润滑条件

LC-3 下有 μ=0.11；图 7.17(b)所示试验结果和基于剪切摩擦模型的摩擦校准曲线，确定的平均摩擦因子为：润滑条件 LC-1 下有 m=0.32，润滑条件 LC-2 下有 m=0.21，润滑条件 LC-3 下有 m=0.21。

　　摩擦导致压缩过程的不均匀变形，不均匀变形从宏观上表现在压缩圆环内侧、外侧鼓起或凹陷形状，如图 7.2 和图 7.6 所示。根据图 7.17 所示试验圆环尺寸变化，增量圆环压缩试验所确定的摩擦条件值小于传统圆环压缩试验所确定的摩擦条件值。增量圆环压缩试验中圆环侧面鼓起形状程度应当减少，图 7.18 所示压缩圆环正视图证实了这一现象。

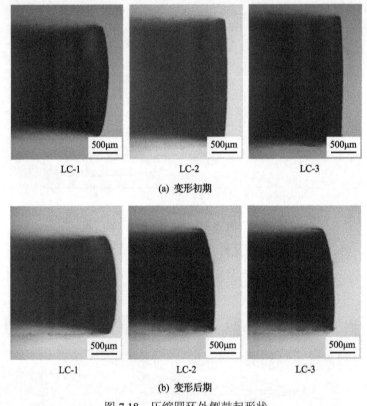

图 7.18　压缩圆环外侧鼓起形状

　　从图 7.17 可以看出，传统圆环压缩试验和增量圆环压缩试验的试验结果存在显著不同，所确定的库仑摩擦系数 μ 和剪切摩擦因子 m 也存在显著不同。增量加载重新润滑影响了模具和圆环试样间的摩擦条件。

　　在第一组润滑条件(LC-1)下，即传统圆环压缩试验中，圆环试样仅压缩前润滑，根据试验结果确定的摩擦条件分别为 μ=0.16、m=0.32。其值小于干摩擦条件，初始润滑起到一定作用。试验结果表明，在较大压缩量下(如变形 36%、47%)数据点较接近高摩擦条件下的摩擦校准曲线。换句话说，大压缩量(大变形量)下的摩擦值要大于小压缩量(小变形量)下的摩擦值。实际上, 初始接触是圆环试样表面通过润滑剂形成的油膜同模具表面接触。随着变形程度增加, 成形载荷增加。由于压力大, 圆环试样表面同模具表面间的润滑油被挤出。此外, 成形过程中不断形成新的接触面积。因此, 由于试验中润滑油被挤出和接触面积增大, 一定时间后油膜减薄、润滑效果降低。从而摩擦条件会改变, 摩擦值将增加。然而, 在第二组润滑条件(LC-2)和第三组润滑条件(LC-3)下, 不断注入新的润滑油形成新的油膜, 因此这种现象在增量圆环压缩过程中极大减弱。

在第二组润滑条件(LC-2)和第三组润滑条件(LC-3)下, 即增量圆环压缩过程中, 圆环试样被间歇增量压缩, 其压缩增量分别为 $h=0.1mm$ 和 $h=0.25mm$。试验结果表明:增量圆环压缩试验中 $h=0.1mm$ 和 $h=0.25mm$ 润滑条件下的差别很小, 如图 7.17 所示。根据试验结果确定的摩擦条件分别为 $\mu=0.11$、$m=0.21$。增量圆环压缩试验确定的库仑摩擦系数和剪切摩擦因子都分别小于传统圆环压缩试验所确定的值。增量圆环压缩试验中圆环试样和模具间润滑行为得到极大改善。

由于试验中润滑油被挤出和接触面积扩大, 一定时间后油膜减薄、润滑效果减弱。而增量圆环压缩试验过程中, 在压缩 h 后, 圆环试样和模具间注入新的润滑油, 并形成新的油膜。因此, 在圆环试样和模具间一直存在具有一定厚度的油膜, 从而润滑效果比传统圆环压缩试验要好。根据增量圆环压缩试验结果, 压缩增量 h 从 0.1mm 增加至 0.25mm 对再润滑效果和所确定摩擦条件的大小没有影响。

根据上述分析, 采用增量圆环压缩试验和传统圆环压缩试验所确定的摩擦条件之间存在显著差别。在轴类零件冷滚轧成形过程中, 同一区域同滚轧模具间歇接触, 其接触面不断被重新润滑。在第二组润滑条件(LC-2)和第三组润滑条件(LC-3)下增量圆环压缩试验所确定的摩擦条件能够真实反映轴类零件冷滚轧成形过程中工件和滚轧模具间的接触条件。

三组润滑条件下圆环压缩试验最终载荷的试验结果和采用不同摩擦模型的数值结果如图 7.19 所示。每一组润滑条件下都进行了数组重复试验, 最终载荷从材料试验机获取, 其平均值、最大值、最小值如图 7.19 所示。平均值用于分别同采用库仑摩擦模型和剪切摩擦模型的有限元分析预测结果进行比较。

对于三组润滑条件下的圆环压缩, 采用库仑摩擦模型的数值预测结果和试验结果之间的误差分别为 11.8153%、8.7432% 和 7.8007%。对于三组润滑条件下的圆环压缩, 采用剪切摩擦模型的数值预测结果和试验结果之间的误差分别为 6.0150%、3.3880% 和 2.4919%。增量圆环压缩过程, 数值结果和试验结果之间的误差分别小于10%(有限元分析采用库仑摩擦模型)和5%(有限元分析采用剪切摩擦模型)。采用增量圆环压缩试验所确定的摩擦条件是合理的。尽管采用剪切摩擦模型的成形载荷比试验所获得的成形载荷大, 但和采用库仑摩擦模型的数值结果相比, 其更接近于试验结果。

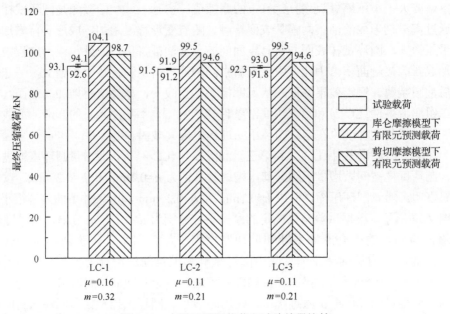

图 7.19   有限元预测载荷和试验结果比较

7.2.2 节根据圆环压缩 50%时采用不同摩擦模型的有限元分析所预测的圆环内径尺寸确定了库仑摩擦系数和剪切摩擦因子之间的关联关系。可用抛物线函数描述润滑条件下库仑摩擦系数和剪切摩擦因子之间的比例参数 k，如图 7.9～图 7.11 所示。对冷成形来说，加入本节中所确定的库仑摩擦系数及其对应的剪切摩擦因子，可获得图 7.20 所示结果。

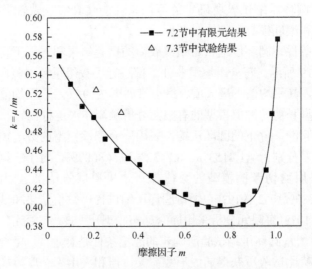

图 7.20   不同圆环压缩试验下参数 k 的变化

从图 7.20 可以看出,本节所确定的摩擦条件也有类似的变化趋势,但和 7.2.2 节中数值结果存在显著的偏移。根据试验确定的剪切摩擦因子,采用式(7.20)或式(7.21)计算获得的库仑摩擦系数要小于试验获得的摩擦系数。7.2.2 节中有限元结果、式(7.20)和式(7.21)是基于本构方程式(7.14),而本节中 45 钢的本构方程用式(7.26)描述。式(7.14)和式(7.26)的表达式类似,但回归参数有显著差别,相差了一个数量级。

材料属性会影响成形过程中的材料流动,进而也会影响圆环压缩试验摩擦校准曲线。因此同 7.2.2 节中拟合函数的预测结果相比,本节所确定的相对应的库仑摩擦系数和剪切摩擦因子有一定的偏移。这进一步证明圆环压缩试验确定摩擦条件时,应当考虑材料属性,特别是摩擦条件校准曲线的绘制。

参 考 文 献

[1] Kalpakjiana S. Recent progress in metal forming tribology. Annals of the CIRP, 1985, 34(2): 585-592.

[2] Rudkins N T, Hartley P, Pillinger I, et al. Friction modelling and experimental observations in hot ring compression tests. Journal of Materials Processing Technology, 1999, 60: 349-353.

[3] Tan X. Comparisons of friction models in bulk metal forming. Tribology International, 2002, 35: 385-393.

[4] Joun M S, Moon H G, Choi I S, et al. Effects of friction laws on metal forming processes. Tribology International, 2009, 42: 311-319.

[5] Zhang D W, Yang H, Li H W, et al. Friction factor evaluation by FEM and experiment for TA15 titanium alloy in isothermal forming process. The International Journal of Advanced Manufacturing Technology. 2012, 60: 527-536.

[6] 刘郁丽, 杨合, 詹梅. 摩擦对叶片预成形毛坯放置位置影响规律的研究. 机械工程学报, 2003, 39(1): 97-100.

[7] Zhang D W, Yang H. Numerical study of the friction effects on the metal flow under local loading way. The International Journal of Advanced Manufacturing Technology. 2013, 68: 1339-1350.

[8] 张大伟. 钛合金筋板类构件局部加载成形有限元仿真分析中的摩擦及其影响. 航空制造技术, 2017, (4): 34-41.

[9] Male A T, Cockcroft M G. A method for the determination of the coefficient of friction of metals under conditions of bulk plastic deformation. Journal of the Institute of Metals, 1964, 93(2): 38-46.

[10] Altan T, Oh S I, Gegel H L. Metal Forming: Fundamentals and Application. Materials Park, Ohio: American Society for Metals, 1983.

[11] Buschhausen A, Weinmann K, Lee Y L, et al. Evaluation of lubrication and friction in cold forging using a double backward-extrusion process. Journal of Materials Processing Technology, 1992, 33: 95-108.

[12] Gariety M, Gracious N, Altan T. Evaluation of new cold forging lubricants without zinc phosphate precoat. International Journal of Machine Tools and Manufacture, 2007, 47: 673-681.

[13] Zhang Q, Felder E, Bruschi S. Evaluation of friction condition in cold forging by using T-shape compression test. Journal of Materials Processing Technology, 2009, 209: 5720-5729.

[14] Lange K. Handbook of Metal Forming. New York: McGraw-Hill, 1985.

[15] 张大伟, 赵升吨, 吴士波. 一种主动旋转轴向进给三模具滚压成形螺纹件的方法: 中国, ZL201410012625.X. 2014.

[16] Cui M C, Zhao S D, Zhang D W, et al. Deformation mechanism and performance improvement of spline shaft with 42CrMo steel by axial-infeed incremental rolling process. The International Journal of Advanced Manufacturing Technology, 2017, 88: 2621-2630.

[17] Zhang D W, Cui M C, Cao M, et al. Determination of friction conditions in cold-rolling process of shaft part by using incremental ring compression test. The International Journal of Advanced Manufacturing Technology, 2017, 91: 3823-3831.

[18] Petersen S B, Martins P A F, Bay N. An alternative ring-test geometry for the evaluation of friction under low normal pressure. Journal of Materials Processing Technology, 1998, 79: 14-24.

[19] Tan T, Martins P A F, Bay N, et al. Friction studies at different normal pressures with alternative ring-compression tests. Journal of Materials Processing Technology, 1998, 80-81: 292-297.

[20] Hu C L, Yin Q, Zhao Z, et al. A new measuring method for friction factor by using ring inner boss compression test. International Journal of Mechanical Sciences, 2017, 123: 133-140.

[21] Hu C L, Ou H A, Zhao Z. An alternative evaluation method for friction condition in cold forging by ring with boss compression test. Journal of Materials Processing Technology, 2015, 224: 18-25.

[22] Burgdorf M. Über die ermittlung des reibwertes für verfahren der massivumformung durch den ringstauchversuch. Industrie-Anzeiger, 1967, 89(39): 15-20.

[23] Hawkyard J B, Johnson W. An analysis of the changes in geometry of a short hollow cylinder during axial compression. International Journal of Mechanical Science, 1967, 9(4): 163-182.

[24] Lee C H, Altan T. Influence of flow stress and friction upon metal flow in upset forging of rings and cylinders. Transactions of the ASME Series B: Journal of Engineering for Industry. 1972, 94(3): 775-782.

[25] Petersen S B, Martins P A F, Bay N. Friction in bulk metal forming: A general friction model vs. the law of constant friction. Journal of Materials Processing Technology, 1997, 66: 186-194.

[26] Ghassemali E, Tan M J, Jarfors A E W, et al. Progressive microforming process: Towards the mass production of micro-parts using sheet metal. The International Journal of Advanced Manufacturing Technology, 2013, 66: 611-621.

[27] Groche P, Müller C, Stahlmann J, et al. Mechanical conditions in bulk metal forming tribometers — Part 1. Tribology International, 2013, 62: 223-231.

[28] Zhang D W, Yang H. Analytical and numerical analyses of local loading forming process of T-shape component by using Coulomb, shear and hybrid friction models. Tribology International, 2015, 92: 259-271.

[29] Wang L, Yang H. Friction in aluminium extrusion — Part 2: A review of friction models for aluminium extrusion. Tribology International, 2012, 56: 99-106.

[30] Han X, Hua L. Friction behaviors in cold rotary forging of 20CrMnTi alloy. Tribology International, 2012, 55: 29-39.

[31] Tzou G Y, Huang M N. Analytical modified model of the cold bond rolling of unbounded double-layer sheet considering hybrid friction. Journal of Materials Processing Technology, 2003, 140: 622-627.

[32] Zhang D W, Li Y T, Fu J H, et al. Mechanics analysis on precise forming process of external spline cold rolling. Chinese Journal of Mechanical Engineering, 2007, 20(3): 54-58.

[33] Gavrus A, Francillette H, Pham D T. An optimal forward extrusion device proposed for numerical and experiment analysis of materials tribological properties corresponding to bulk forming processes. Tribology International, 2012, 47: 105-121.

[34] 吕炎. 精密塑性体积成形技术. 北京: 国防工业出版社, 2003.

[35] 刘建生, 陈慧琴, 郭晓霞. 金属塑性加工有限元模拟技术与应用. 北京: 冶金工业出版社, 2003.

[36] 董湘怀. 材料成形计算机模拟. 2版. 北京: 机械工业出版社, 2006.

[37] Kobayashi S, Oh S I, Altan T. Metal Forming and the Finite-Element Method. New York: Oxford University Press, 1989.

[38] Huang M N, Tzou G Y. Study on compression forming of a rotating disk considering hybrid friction. Journal of Materials Processing Technology, 2002, 125-126: 421-426.

[39] 俞汉清, 陈金德. 金属塑性成形原理. 北京: 机械工业出版社, 1999.

[40] Leu D K. A simple dry friction model for metal forming process. Journal of Materials Processing Technology, 2009, 209: 2361-2368.

[41] Zhu Y, Zeng W, Ma X, et al. Determination of the friction factor of Ti-6Al-4V titanium alloy in hot forging by means of ring-compression test using FEM. Tribology International, 2011, 44: 2074-2080.

[42] Zhang D W, Fan X G. Review on intermittent local loading forming of large-size complicated component: Deformation characteristics. The International Journal of Advanced Manufacturing Technology, 2018, 99: 1427-1448.

[43] Zhang D W, Ou H A. Relationship between friction parameters in Coulomb-Tresca friction model for bulk metal forming. Tribology International, 2016, 95: 13-18.

[44] Noh J H, Min K H, Hwang B B. Deformation characteristics at contact interface in ring compression. Tribology International, 2011, 44: 947-955.

第8章 螺纹花键同步滚轧成形特征

第 3 章分析了采用两滚轧模具和三滚轧模具下的螺纹、花键/齿轮类零件滚轧前模具相位特征要求，并建立了相应的数学模型。螺纹与花键同步滚轧成形前模具调整相对困难，在一些情况下还需要借助调整模具结构来实现。当采用三个滚轧模具时其情况远比两滚轧模具复杂，也将增加模具制造、滚轧前模具调整的难度，其成形工艺不宜采用两个以上的滚轧模具。本章主要讨论两滚轧模具的情况。

通过在计算机上虚拟实现成形过程，数值模拟技术不仅可以准确描述材料性能和变形行为，还可以获取成形过程详细的场变量信息。随着计算机和 CAE 技术的发展，有限元数值模拟已成为分析、优化复杂成形问题高效、经济的工具之一，是研究与发展先进塑性成形技术的重要手段。本章采用数值模拟方法对螺纹花键同轴零件的螺纹花键同步滚轧成形过程进行虚拟试验研究[1]。基于 MATLAB 软件，发展专用计算程序对提取有限元分析结果的数据进行计算分析，系统研究同步滚轧成形中位移、应变、J_2 和 J_3 不变量的演化特征。揭示螺纹段、花键段、光杆段在螺纹花键同步成形过程中的变形特征，以及对相邻区域的影响范围。

8.1 螺纹花键同步滚轧过程有限元建模

8.1.1 材料模型

45 钢是常用中碳调质结构钢，是轴类零件常采用的材料，也是冷滚轧螺纹、花键常用材料，因此选用 45 钢作为工件材料。根据《金属材料 拉伸试验 第 1 部分：室温试验方法》(GB/T 228.1—2010) 相关标准[2]，设计拉伸试验试样，标距 25mm，平行长度 30mm，式样总长度 50mm，平行长度的原始直径为 5mm，如图 8.1 所示。

在 10t 材料试验机上进行单向拉伸，试验结果如图 8.2 所示，试验设备及拉断试样如图 8.3 所示。为了更精确地测量应变，引伸计用于室温拉伸试验。因此，应变大小被引伸计工作范围限制。式(7.26)可用于描述 45 钢的应力-应变关系(本构方程)。

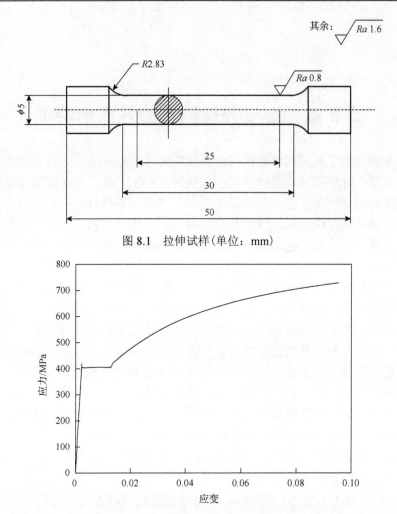

图 8.1　拉伸试样（单位：mm）

图 8.2　单向拉伸试验的应力-应变曲线

8.1.2　滚轧过程中的运动

　　滚轧成形中工件和模具间中心距 a 是变化的，但变化量很小。根据平面啮合基本原理，渐开线花键或齿轮传动比与中心距 a 无关。根据空间啮合基本原理，传动比与中心距 a 相关。根据第 5 章分析，当采用渐开螺旋面齿型时，螺纹滚轧过程的传动比也几乎是和中心距 a 无关的。即使采用阿基米德螺旋面，变中心距滚轧过程传动比存在波动，仍有 94% 的值稳定在最终滚轧位置理论传动比附近。此外，从开始接触时中心距 a_0 到最终中心距 a_f 的变化量微小，一般其绝对值 Δa_A 约为

$$\Delta a_A = a_0 - a_f = \frac{d_b - d_1}{2} \approx \frac{d_2 - d_1}{2} \qquad (8.1)$$

式中，d_b 为工件螺纹段相应工件部分初始直径。

图 8.3　电子万能试验机及拉断试样

成形过程中，中心距变化相对值 Δa_R 为

$$\Delta a_R = \frac{a_0 - a_f}{a_0} \times 100\% = \frac{d_b - d_1}{2a_0} \times 100\% \approx \frac{d_2 - d_1}{2a_0} \times 100\% \qquad (8.2)$$

一般滚轧模具直径在设备结构允许范围内取最大值，通常是工件直径 5 倍以上，因此相对中心距变化量较小，如第 5 章提及的滚轧成形中约为 0.6772%。在螺纹、花键等轴类零件滚轧成形以及同步滚轧成形过程中中心距变化相对微小[1,3-8]。

由于滚轧模具仅与工件局部区域接触，并且仅工件表层屈服变形，加载变形区同工件相比微小。在工件被动旋转的成形工艺数值模拟中，工件的旋转会为计算带来一些问题：简单地基于速度更新节点位置将会导致工件体积增加；另一个问题是模拟中工件的滑动大于旋转运动，结果相对滑动现象被远远地放大[9,10]。数值模拟分析时可通过将模具和工件的运动方式进行等价变换，即固定工件，模具自转并绕工件公转来避免工件被动旋转引起的问题[11-14]。张大伟等[11-14]关于花键滚轧成形数值研究采用这种方法处理了有限元建模中的运动，模拟结果和试验结果也较吻合，如图 8.4 所示。在冷搓成形过程有限元建模中，搓丝板也采用类似的运动变换[15]。在轴向推进增量滚轧花键的有限元建模中，滚轧模具和工件的旋转运动也采用了这种变换方式[16, 17]。

(a) 模拟结果　　　　　　　　　　　　(b) 试验结果

图 8.4　采用运动变化的花键滚轧过程模拟结果与试验结果比较

因此，在螺纹花键同步滚轧成形过程建模时，也采用这种运动等价变换的方法处理滚轧模具和工件的运动。螺纹花键同步滚轧中，两个同步滚轧模具同步、同方向旋转，角速度为 ω_d；两同步滚轧模具同时做径向进给运动，速度为 v；工件反向旋转，角速度为 ω_w，如图 8.5(a) 所示。在有限元建模仿真时，将工件固定，两滚轧模具绕各自轴线自转，角速度为 ω_d；同时绕工件轴线公转，角速度为 ω'；沿径向进给，速度为 v，如图 8.5(b) 所示。运动变换后，同步滚轧模具公转速度的方向同变换前工件旋转方向相反，模具公转速度和变换前工件旋转速度大小一致，即

$$\omega' = -\omega_w \tag{8.3}$$

同步滚轧过程中螺纹段的啮合运动占主导地位，因此螺纹花键同步滚轧成形过程中螺纹段的啮合可促进工件旋转，从而提高花键段的分齿精度。工件的旋转速度(即同步滚轧模具的公转速度)可根据第 5 章理论计算。中心距变化时工件的转速会产生波动，然而，即使是螺纹段采用阿基米德螺旋面，在 5.3 节的几何和工艺参数下，94%的工件角速度数据点在最终轧制位置固定中心距下的理论角速度附近，误差小于 5%。由于计算精度的原因，如此微小的变化可能很难被数值结果反映出来。因此为简化建模、提高计算效率，近似认为工件旋转角速度为

$$\omega_w = \frac{Z_d}{Z_w}\omega_d = \frac{n_d}{n_w}\omega_d = i\omega_d \tag{8.4}$$

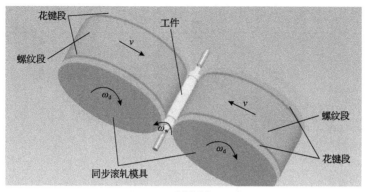

(a) 实际运动

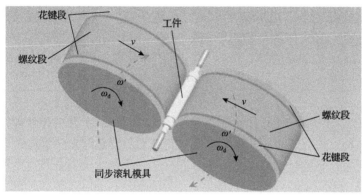

(b) 建模采用的等价变换

图 8.5　螺纹花键同步滚轧中模具和工件的运动

8.1.3　几何模型及网格划分

标准渐开线花键冷滚轧成形过程最大接触比 ε 通常小于等于 1，在个别参数条件下可达 1.1[13,18]。可考虑花键齿型的对称性、滚轧过程中相关参数的周期性，对模型进行周期对称处理，可取单齿型或两齿型对花键滚轧成形过程进行有限元建模[13]。为了提高计算效率和精度，在轴向推进增量滚轧花键的有限元建模中，工件几何模型也是采用这种处理方式[16, 17]。

然而，螺纹形状在周向不是对称的，难以按照花键滚轧研究中采用的有限元建模方法进行简化[13]。因此，在文献[13]有限元模型的基础上，在 DEFORM 软件环境下建立了整体构件的三维有限元模型。

根据同步滚轧模具结构要求，结合工件参数，确定模具结构，建立滚轧模具 CAD 模型。根据体积不变原理分别确定不同成形段的坯料直径。将坯料和模具的几何模型导入 DEFORM 软件前处理中，并进行装配。初始网格划分中采用局部细化技术，塑性变形剧烈区域的网格较密，其坯料初始网格如图 8.6 所示，变形区网格较细小，由于剧烈塑性变形多发生在工件表面，从剖视图可以看出工件表层网格尺寸远小于心部。

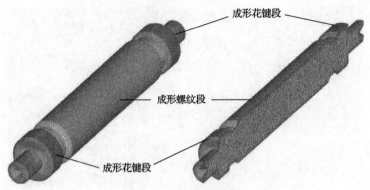

图 8.6　坯料初始网格

工件材料为 45 钢，成形温度为 20℃。成形过程中选择较小的径向进给速度，两同步滚轧模具的径向进给速度为 0.15mm/s。

8.2　螺纹花键同步滚轧过程分析

采用第 3.3 节零件 3 的结构形式，其中 $i=10$，$S=10$，具体的零件螺纹段和花键段的基本结构参数见表 8.1 和表 8.2。螺纹花键同步滚轧过程中滚轧模具运动参数（滚轧模具自转、径向进给）变化如图 8.7 所示，有限元模型中同步滚轧模具公转速度由式(8.3)和式(8.4)计算。

表 8.1　工件螺纹段基本结构参数

参数	变量符号	参数值
大径	d	21.5mm
中径	d_2	20mm
小径	d_1	18.5mm
螺距	P	4mm
头数	n	1
牙型半角	α_t	45°

表 8.2　工件花键段基本结构参数

参数	变量符号	参数值
模数	m	1mm
齿数	Z	20
分度圆压力角	α_s	37.5°
齿顶高系数	h_a^*	0.45
齿根高系数	h_f^*	0.7
变位系数	x	0

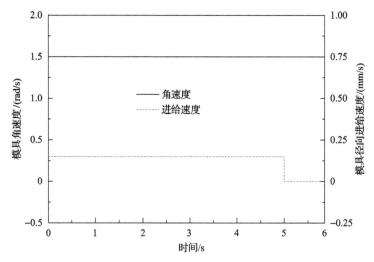

图 8.7　螺纹花键同步滚轧过程中滚轧模具自转及径向进给运动

有限元模拟结果表明，该工艺可同时并正确成形工件对应位置的螺纹牙型和花键齿型。有限元模拟成形过程中的两个同步滚轧模具的滚轧力变化如图 8.8 所示，可以看出滚轧力数据存在较大的波动。有限元模拟提供的滚轧力数据存在较大波动的原因主要有两点。

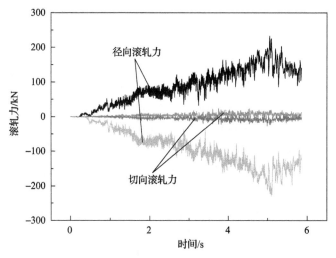

图 8.8　螺纹与花键同时滚轧成形过程的模具滚轧力

(1)螺纹滚轧成形过程中模具和工件连续接触变形，接触较稳定；而花键滚轧成形过程中最大接触比 ε 通常小于 1[18]，理论分析表明接触面积是波动变化的[19]，因此成形载荷也是波动的，文献[20]中的试验结果也证明了这一点。

(2)由于加载变形区同整体工件相比微小，加载模具径向进给和旋转的耦合，以及网格畸变等原因可能会导致有限元计算时出现单元内的力能波动。

从图 8.8 可以看出，两个同步滚轧模具的受力大小几乎是相等的，但方向相反。此外，径向力远大于切向力，径向是主要变形方向。下面主要分析同步滚轧模具的径向力，螺纹花键同步滚轧成形过程中同步滚轧模具径向滚轧力和径向进给速度变化如图 8.9 所示。当同步滚轧模具径向进给结束后，压缩量逐渐降至零，随后进入精整阶段。从图 8.9 可以看出，同步滚轧模具径向进给结束后，滚轧力开始下降。

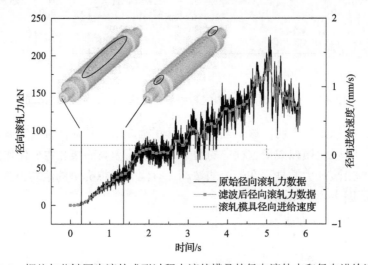

图 8.9　螺纹与花键同步滚轧成形过程中滚轧模具的径向滚轧力和径向进给速度

为了减少载荷波动以及有限元计算误差等干扰，采用 Savitzky-Golay 滤波方法对滚轧力数据进行重构，如图 8.9 所示。螺纹段先变形，然后是花键段。当螺纹段接触稳定后，载荷近似线性上升；当花键段接触稳定后，载荷迅速上升，并开始波动。从重构后的载荷时间曲线可以看出滚轧模具径向进给停止后滚轧力开始减小；此外，最大滚轧力小于 200kN，一般螺纹或花键滚轧设备即可满足。

螺纹花键同步滚轧成形过程完整工件和一些典型横截面的应变场分布如图 8.10 所示。可以看出，塑性变形仅发生在成形螺纹和花键的部分区域，其他区域几乎没有塑性变形；而且剧烈的塑性变形仅发生在这些区域的表层。轴截面上的分布特征类似，但是横截面上应变分布特征相差较大。光杆位置的横截面上应变远小于成形螺纹段和花键段。随着进给量 s 的增加，大应变区域由表层向工件心部扩展。

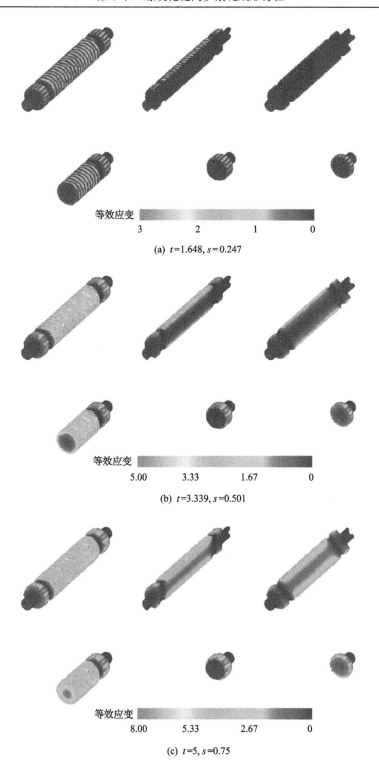

(a) $t=1.648, s=0.247$

(b) $t=3.339, s=0.501$

(c) $t=5, s=0.75$

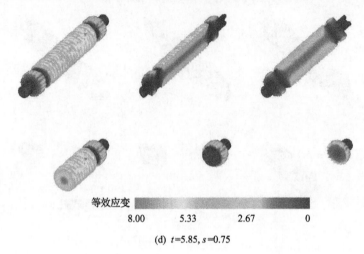

等效应变

8.00　　5.33　　2.67　　0

(d) $t=5.85, s=0.75$

图 8.10　螺纹花键同步滚轧成形过程的应变场

当同步滚轧模具和工件间中心距达到预定中心距 a_f 时，模具径向进给停止，但是工件上的螺纹段小径和花键段齿根圆直径并未达到预定值。随后工件旋转半圈内仍有塑性变形发生，因此应变值有所增加，如图 8.10(d)所示。因为部分区域尚存在压缩变形，所以变形仍向工件中心有所扩展。但是在这半圈内，变形量逐渐减少，成形载荷逐渐下降，如图 8.9 所示。

8.3　螺纹花键同步滚轧变形特征

结合螺纹、花键结构特征选取两个典型轴截面：截面 A 和截面 B。截面 A 经过滚轧后花键段的齿顶如图 8.11(a)所示；而截面 B 经过滚轧后花键段花键的齿根如图 8.11(b)所示。截面 A 和截面 B 上最终成形螺纹牙型沿轴向分布也是不同的。

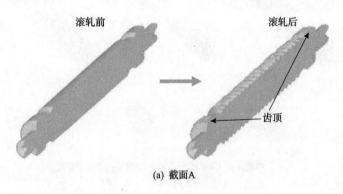

滚轧前　　　　　　　　　　滚轧后

齿顶

(a) 截面A

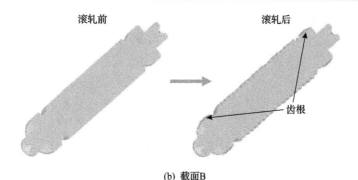

(b) 截面B

图 8.11　典型截面

　　由于目标构件是轴类零件，建立如图 8.12 所示的柱坐标系。根据 8.2 节螺纹、花键滚轧变形特点，在滚轧前截面 A 和截面 B 上由内及外选择 5 个典型位置(线)：位置 *a-a*、位置 *b-b*、位置 *c-c*、位置 *d-d* 和位置 *e-e*，如图 8.12(b)所示。位置 *e-e* 为工件表面，位置 *d-d* 和位置 *e-e* 在滚轧后成形的螺纹和花键齿型区域。位置 *a-a*、位置 *b-b* 和位置 *c-c* 经过螺纹段和花键段之间的光杆部位[见图 8.12(b)中光杆 2]。位置 *a-a* 和位置 *b-b* 还经过两端顶尖夹持的光杆部位[图 8.12(b)中光杆 1]。

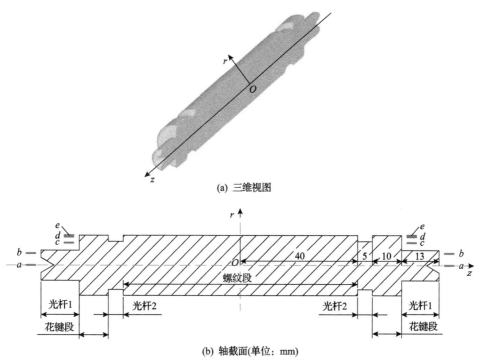

(a) 三维视图

(b) 轴截面(单位：mm)

图 8.12　典型位置及柱坐标系

体积成形中多采用各向同性材料，材料屈服函数由应力偏张量第二不变量 J_2

和第三不变量 J_3 确定[21, 22]。应力偏量第二不变量 J_2 是判断物体进入塑性状态的主要标志，而应力偏张量第三不变量 J_3 确定变形类型[22]。应力偏张量不变量数值不随所选坐标系变化，一点处 J_2 和 J_3 可表示为[22]

$$J_2 = \frac{I_1^2 + 3I_2}{3} \tag{8.5}$$

$$J_3 = \frac{2I_1^3 + 9I_1I_2 + 27I_3}{27} \tag{8.6}$$

式中，I_1、I_2、I_3 为应力张量不变量，表示为[22]

$$\begin{cases} I_1 = \sigma_x + \sigma_y + \sigma_z = \sigma_1 + \sigma_2 + \sigma_3 \\ I_2 = -\left(\sigma_x\sigma_y + \sigma_y\sigma_z + \sigma_z\sigma_x - \tau_{xy}^2 - \tau_{yz}^2 - \tau_{zx}^2\right) = -\left(\sigma_1\sigma_2 + \sigma_2\sigma_3 + \sigma_3\sigma_1\right) \\ I_3 = \sigma_x\sigma_y\sigma_z + 2\tau_{xy}\tau_{yz}\tau_{zx} - \sigma_x\tau_{yz}^2 - \sigma_y\tau_{zx}^2 - \sigma_z\tau_{xy}^2 = \sigma_1\sigma_2\sigma_3 \end{cases} \tag{8.7}$$

从三维有限元分析结果中提取相关应力分量，在所编译的程序中计算 J_2 和 J_3，以及位移、应变等参数，并绘制整个成形过程中各参数变化图形，以便分析螺纹花键同步滚轧成形变形特征。相应的数据处理流程如图 8.13 所示，并给出了相关计算程序。

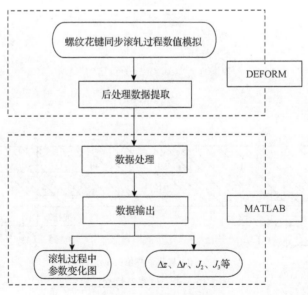

图 8.13　数据处理流程

8.3.1　位移特征

截面 A 和截面 B 上所选 5 个典型位置(线)在同步滚轧成形过程中的轴向和径向位移如图 8.14～图 8.17 所示。

从图 8.14～图 8.17 可以看出，位置 a-a、位置 b-b 和位置 c-c 在同步滚轧成形过程的轴向和径向位移都远小于位置 d-d 和位置 e-e 上的位移。这说明滚轧过程表层区域存在剧烈的材料流动行为。此外，位移量较大的区域主要集中在构件中部。比较所取截面 A 和截面 B 上轴向和径向的"位移-z-时间"曲面的形状发现：两轴截面上位置 a-a、位置 b-b 和位置 c-c 的"位移-z-时间"曲面形状几乎是相同的；但是两轴截面上位置 d-d 和位置 e-e 的"位移-z-时间"曲面形状有区别，特别是径向的"位移-z-时间"曲面形状区别明显。其主要原因如下。

(1)表层区域存在剧烈的材料流动行为，但是截面 A 和截面 B 上最终成形的花键齿型和螺纹牙型轴向分布有所不同，从而表层所取的典型位置(位置 d-d 和位置 e-e)的"位移-z-时间"曲面形状有区别。

(2)通过载荷的比较分析发现，径向变形是主要变形，所以径向的"位移-z-时间"曲面形状区别明显。

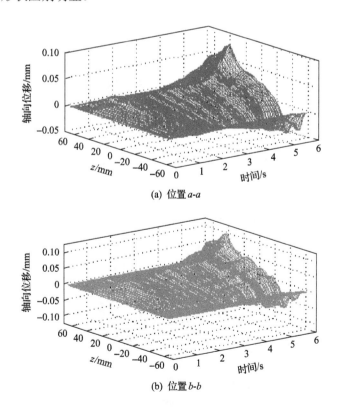

(a) 位置 a-a

(b) 位置 b-b

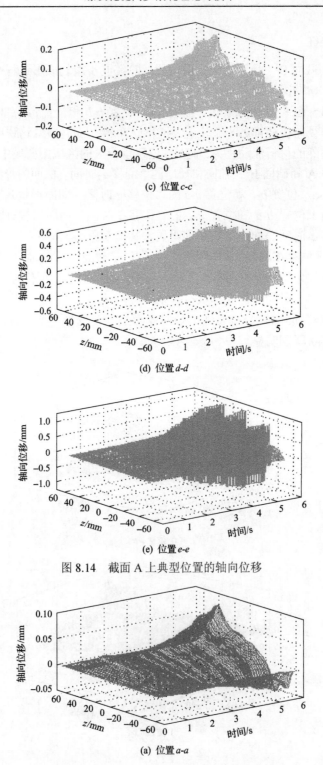

(c) 位置c-c

(d) 位置d-d

(e) 位置e-e

图 8.14　截面 A 上典型位置的轴向位移

(a) 位置a-a

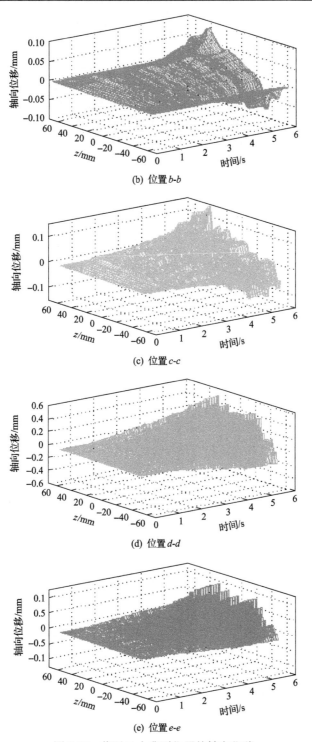

(b) 位置 *b-b*

(c) 位置 *c-c*

(d) 位置 *d-d*

(e) 位置 *e-e*

图 8.15　截面 B 上典型位置的轴向位移

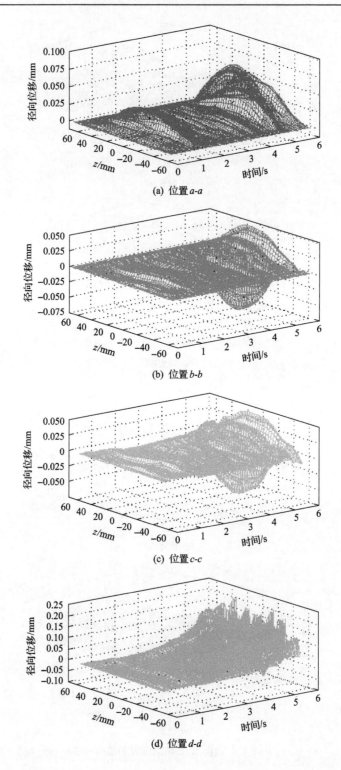

(a) 位置 *a-a*

(b) 位置 *b-b*

(c) 位置 *c-c*

(d) 位置 *d-d*

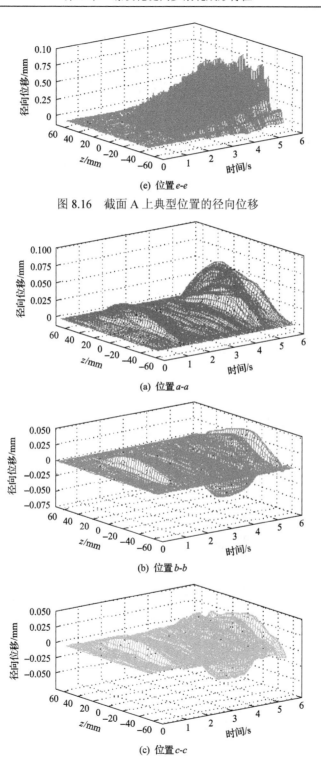

(e) 位置 *e-e*

图 8.16　截面 A 上典型位置的径向位移

(a) 位置 *a-a*

(b) 位置 *b-b*

(c) 位置 *c-c*

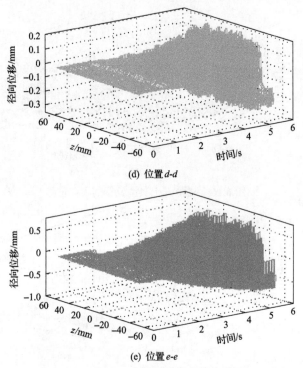

(d) 位置 *d-d*

(e) 位置 *e-e*

图 8.17　截面 B 上典型位置的径向位移

由于位移量是累加值，选取滚轧结束时的"位移-*z*"曲线进一步分析螺纹花键同步滚轧成形过程的位移特征，如图 8.18 和图 8.19 所示。截面 A 和截面 B 上位置 *a-a*、位置 *b-b* 和位置 *c-c* 的轴向位移及径向位移曲线几乎是一样的。两轴截面上位置 *d-d* 和位置 *e-e* 的"轴向位移-*z*"曲线相似，但是"径向位移-*z*"曲线表现出不同。位置 *d-d* 和位置 *e-e* 在螺纹段内的轴向位移有周期性波动，截面 A 和截面 B 上的峰值相差一定相位，其他位置轴向位移变化相似；径向位移表现出较大差别。

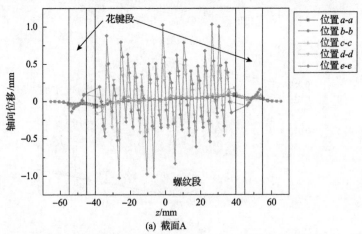

(a) 截面A

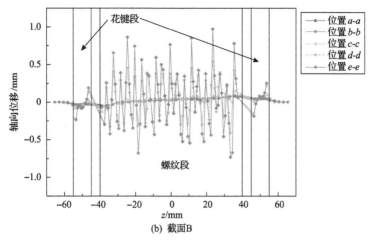

(b) 截面B

图 8.18 同步滚轧后轴向位移

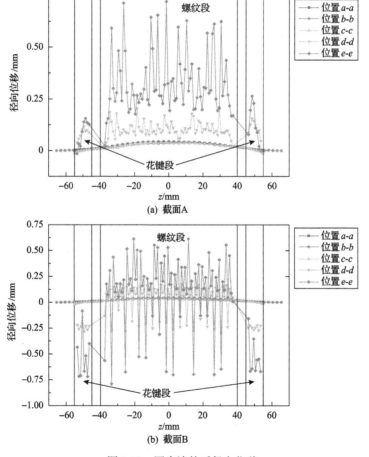

(a) 截面A

(b) 截面B

图 8.19 同步滚轧后径向位移

以截面 A 为例，滚轧结束后位置 a-a、位置 b-b 和位置 c-c 上各点的轴向位移最大为 0.18mm（绝对值，不特别说明下文提到的位移都为绝对值）左右，而径向位移最大为 0.04mm 左右。位置 d-d 和位置 e-e 上各点的轴向位移最大为 1.03mm 左右，而径向位移最大为 0.72mm 左右。两个截面上这些位移最大值都出现在成形螺纹的部分。越靠近工件外侧（从位置 a-a 到位置 e-e）"位移-z"曲线变化越剧烈，这表明从内向外，变形呈增加的趋势。工件两端光杆部位（光杆 1）的轴向和径向位移几乎为零，同步滚轧过程中基本上没有材料的流动。

位置 a-a、位置 b-b 和位置 c-c 上"轴向位移-z"曲线以及位置 d-d 和位置 e-e 上花键段"轴向位移-z"曲线近似关于 z=0 点对称，如图 8.20 所示。这是因为这些位置处的轴向变形较小，表面塑性变形的型面形状对其轴向位移影响较小。轴向位移方向受同步滚轧模具/工件的旋转方向影响，因此"轴向位移-z"曲线近似

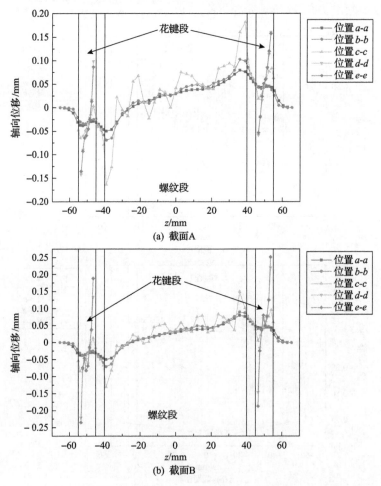

图 8.20　滚轧后轴向位移变化局部放大

关于 $z=0$ 点对称。由于螺纹滚轧成形特征，螺纹段轴向位移较大，轴向是主要变形方向之一，轴向位移的周期波动性在位置 c-c 上已经有所表现，如图 8.20 所示。但表层塑性变形的影响向工件中方向逐渐衰减，在位置 c-c 已经不能起到主导作用了。位置 d-d 和位置 e-e 上螺纹段轴向位移较大，轴向是主要变形方向之一，工件旋转方向的影响几乎没有体现出来。

1. 花键段

同步滚轧后，工件花键段在位置 a-a、位置 b-b 和位置 c-c 上的最终轴向位移为 0.025～0.075mm（截面 A）、0.022～0.096mm（截面 B），在位置 d-d 和位置 e-e 上的最终轴向位移为 0.05～0.16mm（截面 A）、0.014～0.25mm（截面 B）。一般认为花键滚轧成形为平面应变[23]，特别是滚轧花键轴向长度大于 20mm 时[24]。本章同步滚轧成形的零件具有两个一样的花键段，每段花键轴向长度为 10mm，表现出一定的轴向位移，但最大轴向位移相当于花键段轴向长度（10mm）的 1.6068%（截面 A）、2.5130%（截面 B）。且较大的轴向位移都分布在花键段两端，如图 8.20 所示，中间位置的轴向位移几乎可忽略。

一般认为直齿花键齿型成形主要由径向和周向材料流动完成。工件花键部分在位置 a-a、位置 b-b 和位置 c-c 上的最终径向位移为 0～0.014mm（截面 A）、0～0.016mm（截面 B），工件心部的位移也是很小的。对于截面 A，在位置 d-d 和位置 e-e 上的最终径向位移为 0.05～0.26mm，主要向外侧移动形成齿顶，径向位移小于 0.1 的点主要在靠近顶尖夹持的光杆位置；对于截面 B，在位置 d-d 和位置 e-e 上最终径向位移为 0.15～0.72mm，主要为内侧移动，形成齿根，径向位移沿轴向较稳定。

花键滚轧成形自由端面齿根凸起而导致齿高不足，而自由端面加上接近齿根圆直径的杆部可阻止端面凸起产生[25]。因此，截面 A 上径向位移小于截面 B 上的径向位移。而顶尖夹持的光杆（光杆 1）直径小于螺纹和花键段之间的光杆（光杆 2）直径，后者较为接近花键齿根圆，可有效减小自由端面凸起程度，因此其径向位移大于靠近顶尖夹持的光杆花键部位的径向位移。

2. 螺纹段

同步滚轧后，所成形螺纹段在位置 a-a、位置 b-b 和位置 c-c 上的最终轴向位移为 0.003～0.182mm（截面 A）、0.003～0.149mm（截面 B），而最终径向位移为 0.0097～0.0435mm（截面 A）、0.0105～0.0435mm（截面 B）。虽然轴向位移和径向位移在螺纹滚轧成形中很显著，但在工件心部的轴向和径向位移也是比较小的，只是最大值都比花键滚轧区域要大。

轴向位移和径向位移在位置 d-d 和位置 e-e 上都表现出一定的周期性，这与螺纹沿轴向呈一定周期性的结构特征相关。轴向位移在正负之间来回波动，对于截面 A：位置 *d-d* 上为–0.514～+0.531mm，位置 *e-e* 上为–1.028～+1.034mm；对于截面 B：位置 *d-d* 上为–0.407～+0.543mm，位置 *e-e* 上为–0.729～+0.971mm。截面 A 和截面 B 上最终成形螺纹牙型沿轴向分布不同，因此不同平面上的峰值相差一定相位。材料轴向流动在螺纹滚轧成形中有重要地位。螺纹牙根位置的材料沿轴向的正向和负向移动成形相邻的牙冠。搓丝成形过程的速度场也表明，成形过程中材料流动有类似的轴向位移[26]。

两平面上位置 *d-d* 和位置 *e-e* 径向位移表现出较大差别。对于截面 A，位置 *d-d* 上径向位移大部分在 0.07～0.20mm 波动，位置 *e-e* 上径向位移大部分在 0.2～0.7mm 波动，位置 *d-d* 和位置 *e-e* 上选择的数据点都向外侧移动形成螺纹牙冠。而对于截面 B，位置 *d-d* 上为–0.301～+0.183mm，位置 *e-e* 上为–0.790～+0.612mm，部分点向外侧移动形成牙冠，部分点向内侧移动形成牙根，可能需要提取更密集的数据点进行深入研究。

3. 光杆部分

只有位置 *a-a* 和位置 *b-b* 通过工件两端的光杆部位（光杆 1）。工件两端光杆部位的轴向和径向位移几乎为零，滚轧过程中基本上没有材料流动。

只有位置 *a-a*、位置 *b-b* 和位置 *c-c* 通过螺纹和花键之间光杆部位（光杆 2），其上的最终轴向位移为 0.019～0.103mm，径向位移为 0.007～0.019mm。径向位移小于轴向位移，而轴向位移小于螺纹段，大于花键段。理论上花键段成形近似平面应变，对该部位光杆没有影响，该部位主要受螺纹轴向位移影响。

8.3.2 应变特征

图 8.21 和图 8.22 给出了截面 A 和截面 B 上所选的 5 个典型位置（线）在滚轧过程中等效应变的变化特征。随着滚轧成形进行，等效应变逐渐增加。从工件内部向表层，等效应变峰值逐渐增加。而且工件中部螺纹段的等效应变要大于其他部位（花键段、光杆 1、光杆 2）的等效应变。

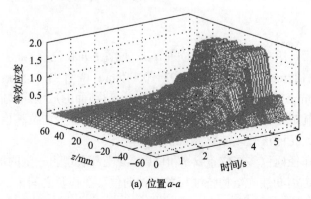

(a) 位置 *a-a*

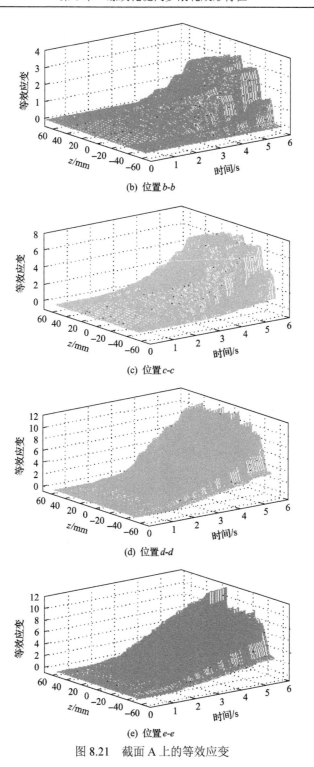

(b) 位置 *b-b*

(c) 位置 *c-c*

(d) 位置 *d-d*

(e) 位置 *e-e*

图 8.21 截面 A 上的等效应变

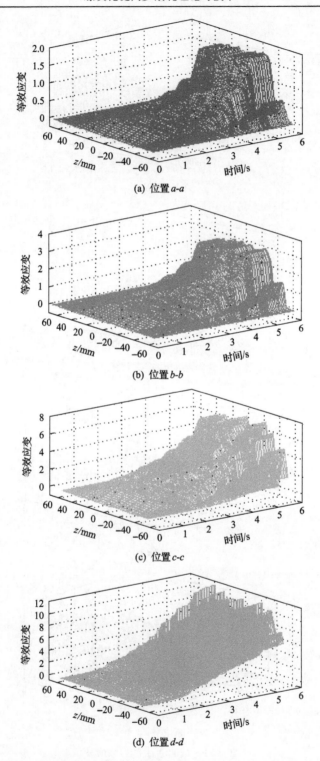

(a) 位置 *a-a*

(b) 位置 *b-b*

(c) 位置 *c-c*

(d) 位置 *d-d*

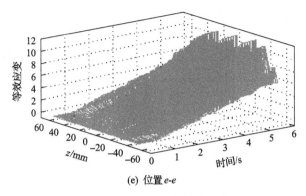

(e) 位置 e-e

图 8.22　截面 B 上的等效应变

位置 d-d 和位置 e-e 初始位置在成形齿型(花键段、螺纹段)区域内，经历剧烈塑性变形后成形出齿型不同部位。位置 d-d 和位置 e-e 初始数据点位置相同，但在截面 A 和截面 B 上成形螺纹、花键齿型部位有所不同，故图 8.21(d)、(e)和图 8.22(d)、(e)之间表现出细微差异。

和位移一样，应变也是累加值，同步滚轧结束时的等效应变如图 8.23 所示。对于截面 A 和截面 B，位置 a-a、位置 b-b 和位置 c-c 的"等效应变-z"曲线形状相似、大小也相当；而位置 d-d 和位置 e-e 的"等效应变-z"曲线呈现较大差异。这主要是由在两平面上采集数据的点所成形的螺纹、花键齿型位置不同所导致的。位置 a-a、位置 b-b 和位置 c-c 上受表面变形形状影响较小，特别是位置 a-a 和位置 b-b 几乎不受影响。

从图 8.23 可以看出，工件两端的光杆部位(光杆 1)的轴向和径向位移接近零，相应地，其等效应变也接近于零。接近成形花键段的部分区域应变有所增加，但也小于螺纹和花键段之间光杆(光杆 2)的等效应变。

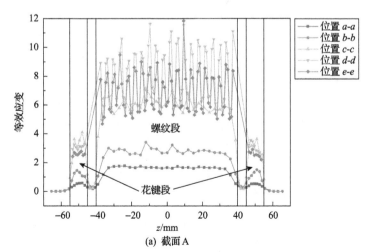

(a) 截面 A

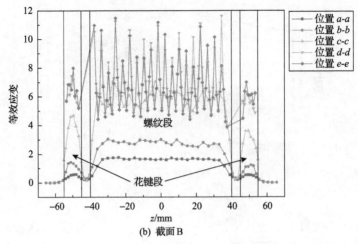

(b) 截面 B

图 8.23　同步滚轧结束时的等效应变

位置 *a-a*、位置 *b-b* 和位置 *c-c* 上等效应变分布表明螺纹和花键段之间光杆部位的等效应变约为 0.3，呈抛物线状分布，靠近螺纹或花键段位置的应变大一些。花键滚轧成形中轴向变形较小，其影响难以沿光杆部位轴向扩展，花键段变形对相邻区域影响较小。螺纹滚轧成形中存在轴向变形，但从螺纹花键间光杆部位的应变分布来看，其对成形螺纹段之外的相邻区域影响也较小，不会影响相邻的花键段变形。

所成形花键段在位置 *c-c*、位置 *d-d* 和位置 *e-e* 上等效应变较大，最大值在花键段中间部位，靠近两端光杆位置应变有所减小，中间位置波动较小。从数值分析结果看，位置 *c-c* 上等效应变约为 4。两平面在位置 *d-d* 和位置 *e-e* 上应变值不同，对于截面 A 为 2.5~3.5，对于截面 B 为 6~8。

所成形螺纹段的位置 *c-c*、位置 *d-d* 和位置 *e-e* 上等效应变表现出一定的周期性波动，这与螺纹的结构特征相关。位置 *c-c* 上等效应变在 6 附近波动，两平面上"等效应变-z"曲线形状相同。位置 *d-d* 和位置 *e-e* 上等效应变在两个平面上的峰值大小相当，当数据点位置相差一定相位时，等效应变为 5~10。

螺纹和花键滚轧成形的变形区包括螺纹牙根、花键齿根以下部分区域，向工件中心变形影响逐渐减小。螺纹段的变形程度大于花键段变形程度，径向影响范围也大于花键段的，如图 8.23 所示。螺纹结构特征导致"等效应变-z"坐标曲线周期性变化趋势在位置 *b-b* 上已经出现，如图 8.23 所示，但尚未起主导作用。

8.3.3　应力特征

1. 应力偏张量第二不变量

截面 A 和截面 B 上所选 5 个典型位置(线)在同步滚轧成形过程中的应力偏张量第二不变量(J_2)如图 8.24 和图 8.25 所示。两个轴截面上位置 *a-a*、位置 *b-b* 和

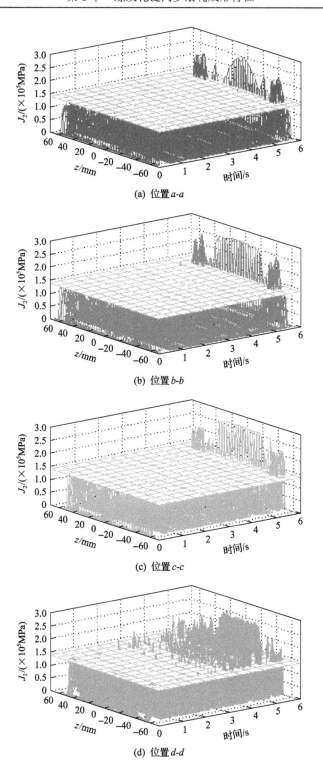

(a) 位置 *a-a*

(b) 位置 *b-b*

(c) 位置 *c-c*

(d) 位置 *d-d*

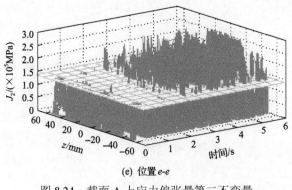

(e) 位置 *e-e*

图 8.24 截面 A 上应力偏张量第二不变量

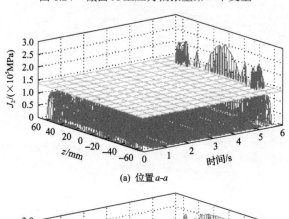

(a) 位置 *a-a*

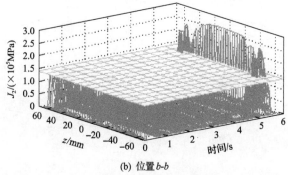

(b) 位置 *b-b*

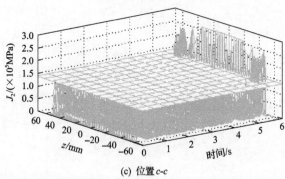

(c) 位置 *c-c*

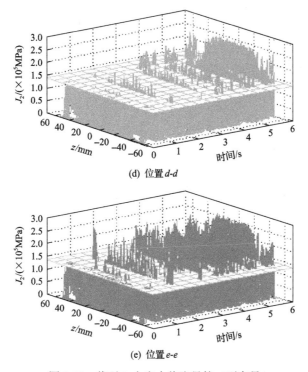

(d) 位置 *d-d*

(e) 位置 *e-e*

图 8.25　截面 B 上应力偏张量第二不变量

位置 *c-c* 的 "J_2-*z*-时间" 曲面形状基本相同，位置 *d-d* 和位置 *e-e* 的 "J_2-*z*-时间" 曲面形状有显著区别，这也进一步表明所成形齿型结构对变形特征的影响仅局限于工件表层。

采用应力偏张量第二不变量 J_2，米泽斯屈服准则可以表示为[22]

$$J_2 = \frac{1}{3}\sigma_s^2 \tag{8.8}$$

式中，σ_s 为屈服应力。

DEFORM 材料库中 AISI 1045 钢初始屈服极限为 σ_{s0}=640MPa，对应应力偏张量第二不变量为 J_{20}=136533MPa，如图 8.24 和图 8.25 中平面所示。小于该值的点没有进入塑性变形状态，大于该值的点存在加工硬化。

由图 8.24 和图 8.25 可以看出，大部分滚轧时间中位置 *a-a*、位置 *b-b* 和位置 *c-c* 并没有屈服变形，位置 *d-d* 和位置 *e-e* 上的点较早开始屈服变形。同步滚轧成形过程中的接触变形不断变化，局部区域不断经历加载、卸载，变形屈服随滚轧时间间断出现，如图 8.24(d)和(e)、图 8.25(d)和(e)所示。由于屈服状态交替呈现，应力又是瞬时值，选取滚轧结束前，接触区域靠近截面 A 和截面 B 的某一时刻，不变量 J_2 如图 8.26(a)和(c)所示。

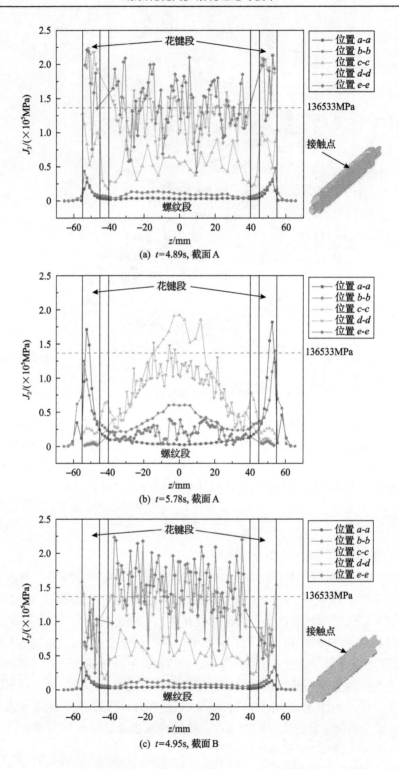

(a) t=4.89s, 截面 A

(b) t=5.78s, 截面 A

(c) t=4.95s, 截面 B

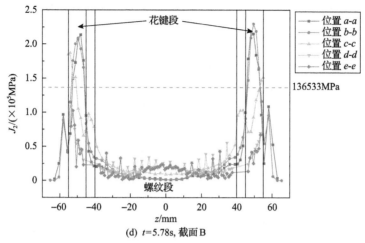

(d) $t=5.78$s，截面B

图 8.26　选定滚轧时间的应力偏张量第二不变量

位置 *a-a*、位置 *b-b* 和位置 *c-c* 上没有进入塑性变形状态，包括光杆段在内。位置 *d-d* 和位置 *e-e* 上螺纹段上部分点沿 *z* 轴呈周期性进入塑性变形状态，这同图 8.26(a)和(c)中所示的接触状态一致。沿 *z* 轴，花键段的接触是连续的，而螺纹段的接触是不连续的，如图 8.26(a)和(c)所示。

位置 *d-d* 和位置 *e-e* 的数据点表明截面 A 上花键段的大部分点进入塑性变形状态，如图 8.26(a)所示，截面 B 上花键段的大部分点没有进入塑性变形状态，如图 8.26(c)所示。螺纹齿型沿轴向呈周期性，而花键齿型沿周向呈周期性。截面 A 和截面 B 之间相差半个齿型，因此其两平面上的变形状态完全相反。

从图 8.24 和图 8.25 可以看出，位置 *a-a*、位置 *b-b* 和位置 *c-c* 部分点在临近成形结束时个别离散时间点上存在部分点大于 J_{20}。位置 *a-a*、位置 *b-b* 和位置 *c-c* 上 J_2 大于初始值 J_{20} 时，位置 *d-d* 和位置 *e-e* 上的点大部分小于 J_{20}，如图 8.26(b)和(d)所示。此时工件模具间的接触点距离截面 A 或截面 B 较远。

其原因一方面是周向材料流动，位置 *a-a*、位置 *b-b*、位置 *c-c* 和位置 *d-d*、位置 *e-e* 在周向位置上差别较大；另一方面是有限元建模的简化和计算步长不够小等原因导致部分单元内的力能计算奇异，如图 8.26(b)和(d)中仅一些点大于 J_{20}。8.2 节中也指出由于加载变形区同整体工件相比较微小，加载模具径向进给和旋转的耦合，以及网格畸变等原因可能会导致有限元计算时出现单元内的力能波动，从而使成形载荷波动。

2. 应力偏张量第三不变量

根据应力偏张量第二不变量分析可以看出，塑性变形主要发生在位置 *d-d* 和位置 *e-e* 上，且主要在成形后期(3s 以后)。在塑性变形区可根据应力偏张量第三

不变量 J_3 判断变形类型。根据式 (8.6) 和式 (8.7)，J_3 表达式中存在应力的三次方项。由于 J_3 数值比较大，取 f_{J_3} 为

$$f_{J_3} = \frac{J_3}{\sigma_{s0}^3} \tag{8.9}$$

同样，当 $f_{J_3} > 0$ 时，伸长类变形；当 $f_{J_3} = 0$ 时，平面应变类变形；当 $f_{J_3} < 0$ 时，压缩类变形。f_{J_3} 变化如图 8.27 所示。

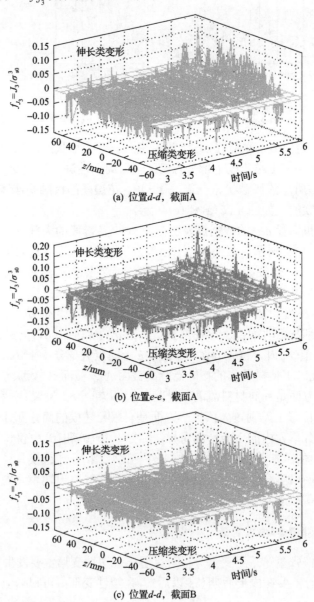

(a) 位置 d-d，截面 A

(b) 位置 e-e，截面 A

(c) 位置 d-d，截面 B

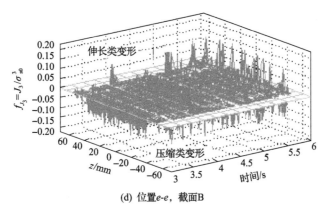

(d) 位置e-e，截面B

图 8.27　应力偏张量第三不变量

在滚轧时间接近 5s 时，关于 J_3 的参数如图 8.28 所示，截面 A 和截面 B 上选取的数据点表现变形类型不同。在花键段，截面 A 上以压缩类变形为主，截面 B 上以伸长类变形为主。花键齿型沿周向呈周期性变化，理论上其变形类型应沿周向以压缩类变形、伸长类变形交替出现。由于选择数据点偏离初始平面，特别是花键段轴向长度较小，加之网格划分不够细小，选择数据点位置偏移距离不等，图 8.28 (b) 所表现的变形类型并不一致。

在螺纹段，轴截面 A 上压缩类变形、伸长类变形类型交替出现，截面 B 上以压缩类变形为主。螺纹齿型沿轴向呈周期性，理论上其变形类型在轴向上应以压缩类变形、伸长类变形交替出现。轴向位置相同时，在截面 A 和截面 B 对应成形的螺纹齿廓位置不相同，由于选择数据点不够密集以及轴向移动，变形类型并不完全相同，图 8.28 (b) 中表现为压缩类变形。

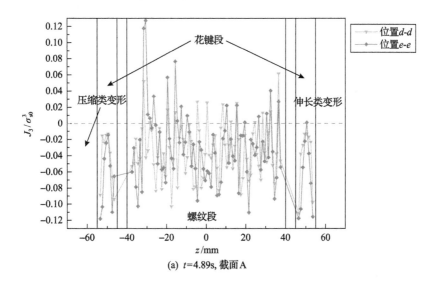

(a) t=4.89s，截面A

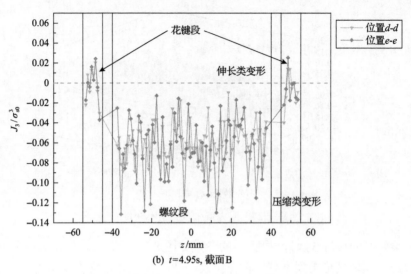

(b) t=4.95s, 截面B

图 8.28 选定滚轧时间的应力偏张量第三不变量

由于不同时刻受力状态不同，变形类型也不同。从花键段和螺纹段选出几个特征点，以时间轴为坐标分析其变形类型，如图 8.29(a)和(b)所示。所选点在构件上位置如图 8.29(c)所示，其中各点对应的线和面列于表 8.3 中。

从图 8.29(c)可以看出，截面 B 上点的周向位移更大一些，这也进一步说明图 8.29(b)的"J_3-z"曲线变化规律性没有图 8.28(a)明显。图 8.29(a)和(b)表明螺纹花键同步滚轧成形过程中成形区域材料在伸长类变形和压缩类变形交替作用下成形出螺纹和花键齿型。

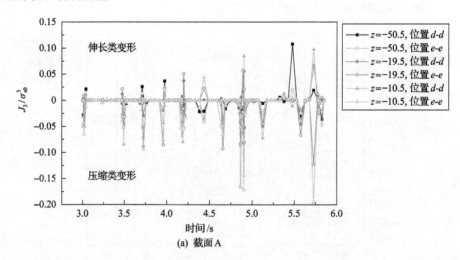

(a) 截面A

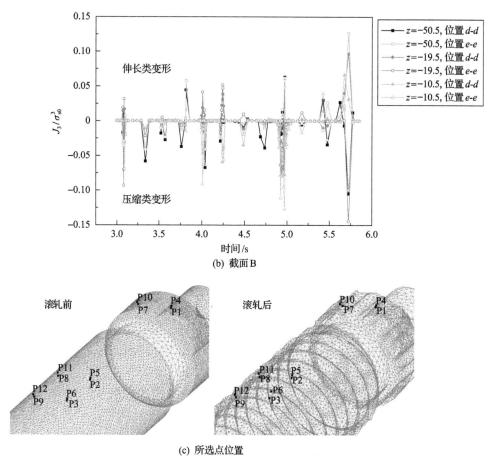

(b) 截面 B

(c) 所选点位置

图 8.29　滚轧过程所选点应力偏张量第三不变量

表 8.3　工件花键段基本结构参数

点	z 坐标/mm	位置	截面	点	z 坐标/mm	位置	截面
P1	−50.5	d-d	A	P7	−50.5	d-d	B
P2	−19.5	d-d	A	P8	−19.5	d-d	B
P3	−10.5	d-d	A	P9	−10.5	d-d	B
P4	−50.5	e-e	A	P10	−50.5	e-e	B
P5	−19.5	e-e	A	P11	−19.5	e-e	B
P6	−10.5	e-e	A	P12	−10.5	e-e	B

　　综上所述，数值模拟结果表明塑性变形仅发生在成形螺纹和花键的部分区域，其他部分几乎没有塑性变形；而且剧烈的塑性变形仅发生在这些区域的表层，滚轧模具径向进给停止后滚轧力开始减小；螺纹段变形程度大于花键段变形程度，螺纹段变形影响深度大于花键段变形影响深度。模具/工件旋转方向决定花键段和

螺纹段心部轴向位移的方向，而螺纹段表层轴向位移方向由螺纹结构特征决定。螺纹段或花键段的变形对轴向相邻区域的影响范围较小，不会影响相邻的花键段或螺纹段的变形。

参 考 文 献

[1] Zhang D W, Zhao S D. Deformation characteristic of thread and spline synchronous rolling process. The International Journal of Advanced Manufacturing Technology, 2016, 87: 835-851.

[2] 中国国家标准化管理委员会. 金属材料　拉伸试验 第 1 部分: 室温试验方法(GB/T 228.1—2010). 北京: 中国标准出版社, 2010.

[3] Domblesky J P, Feng F. Finite element modeling of external threading rolling. Wire Journal International, 2001, 34(10): 110-115.

[4] Qi H P, Li Y T, Fu J H, et al. Minimum wall thickness of hollow threaded parts in three-die cold thread rolling. International Journal of Modern Physics B, 2008, 22(31-32): 6112-6117.

[5] 崔敏超, 赵升吨, 陈超, 等. 外花键的轴向进给增量式滚轧工艺试验研究. 机械工程学报, 2018, 54(7): 199-204.

[6] Zhang D W, Zhao S D. New method for forming shaft having thread and spline by rolling with round dies. The International Journal of Advanced Manufacturing Technology, 2014, 70: 1455-1462.

[7] 张大伟, 赵升吨. 行星滚柱丝杠副滚柱塑性成形的探讨. 中国机械工程, 2015, 26(3): 385-389.

[8] Zhang D W. Die structure and its trial manufacture for thread and spline synchronous rolling process. The International Journal of Advanced Manufacturing Technology, 2018, 96: 319-325.

[9] SFT Inc. DEFORMTM-3D User's Manual. Version5.0, 2003.

[10] 张大伟, 赵升吨. 外螺纹冷滚压精密成形工艺研究进展. 锻压装备与制造技术, 2015, 50(2): 88-91.

[11] 李永堂, 张大伟, 宋建丽, 等. 花键冷滚压精密成形力学分析与数值模拟. 锻压装备与制造技术, 2007, 42(6): 79-82.

[12] 李永堂, 张大伟, 付建华, 等. 外花键冷滚压成形过程单位平均压力. 中国机械工程, 2007, 18(24): 2977-2980.

[13] Zhang D W, Li Y T, Fu J H, et al. Theoretical analysis and numerical simulation of external spline cold rolling// IET Conference Publications CP556, Institution of Engineering and Technology, London, 2009: 1-7.

[14] Zhang D W, Li Y T, Fu J H, et al. Rolling force and rolling moment in spline cold rolling using slip-line field method. Chinese Journal of Mechanical Engineering, 2009, 22(5): 688-695.

[15] Wang Z K, Zhang Q. Numerical simulation of involutes spline shaft in cold rolling forming. Journal of Central South University of Technology, 2008, 15(s2): 278-283.

[16] 李泳峄. 花键轴的轴向推进滚轧累积塑性变形机理及流动行为研究[博士学位论文]. 西安: 西安交通大学, 2014.

[17] Cui M C, Zhao S D, Chen C, et al. Finite element modeling and analysis for the integration-rolling-extrusion process of spline shaft. Advances in Mechanical Engineering, 2017, 9(2): 1-11.

[18] 张大伟, 付建华, 李永堂. 花键冷滚压成形过程中的接触比. 锻压装备与制造技术, 2008, 43(4): 80-84.

[19] Zhang D W, Li Y T, Fu J H. Tooth curves and entire contact area in process of spline cold rolling. Chinese Journal of Mechanical Engineering, 2008, 21(6): 94-97.

[20] 宋建丽, 刘志奇, 李永堂. 轴类零件冷滚压精密成形理论与技术. 北京: 国防工业出版社, 2013.

[21] Takeda T, Nasu Y. Evaluation of yield function including effects of third stress invariant and initial anisotropy. The Journal of Strain Analysis for Engineering Design, 1991, 26(1): 47-53.

[22] 王仲仁. 塑性加工力学基础. 北京: 国防工业出版社, 1989.

[23] Zhang D W, Li Y T, Fu J H, et al. Mechanics analysis on precise forming process of external spline cold rolling. Chinese Journal of Mechanical Engineering, 2007, 20(3): 54-58.

[24] Li Y T, Song J L, Zhang D W, et al. Mechanics analysis and numerical simulation on the precise forming process of spline cold rolling. Materials Science Forum, 2008, 575-578: 416-421.

[25] Zhang D W, Zhao S D. Influences of friction condition and end shape of billet on convex at root of spline by rolling with round dies. Manufacturing Technology, 2018, 18(1): 165-169.

[26] Domblesky J P, Feng F. A parametric study of process parameters in external thread rolling. Journal Materials Processing Technology, 2002, 121: 341-349.

第 9 章　同步滚轧模具加工及滚轧试验

螺纹花键滚轧前模具不同齿型段的相位协调是实现螺纹与花键同步滚轧的关键。我们建立了具有普遍性的螺纹和花键滚轧前模具相位要求的数学表达式，在此基础上对螺纹与花键同步滚轧前的模具相位调整和模具结构形式进行了理论研究[1, 2]。根据第 3 章内容，理论上实现相位协调的模具结构对同步滚轧模具螺纹段和花键段的相对位置有明确要求，而这种模具结构在实际模具加工制造过程中很难实现。

系统的理论和数值研究表明，通过适当的模具结构和工艺过程控制，螺纹与花键同步滚轧成形工艺可以同时滚轧成形轴类零件上不同部位的螺纹牙型和花键齿型[1, 3-5]。我们也进一步从实际模具加工及工件滚轧成形角度探讨了螺纹与花键同步滚轧成形模具结构形式和滚轧前相位调整方法[6, 7]。提出滚轧前模具相位调整和模具结构调整相结合的模具制造方法，通过调整滚轧模具螺纹段和花键段之间垫块的厚度，实现滚轧模具螺纹段和花键段相对位置调整及滚轧模具不同齿型段滚轧前相位协调。在此基础上，采用正交试验设计方法，研究可控工艺参数对螺纹花键同步滚轧成形的影响[8]。

9.1　同步滚轧实际模具结构及加工制造

3.3 节给出了螺纹花键滚轧模具不同齿型段相位协调的一般原则，指出同步滚轧模具要能够满足螺纹段和花键段滚轧成形过程的运动协调基本条件式(2.1)。此外，要同时满足滚轧模具螺纹段和花键段滚轧前的相位要求。因此，螺纹花键同步滚轧前滚轧模具相位调整比螺纹滚轧或花键滚轧前模具调整困难，一些情况下，无法通过旋转滚轧模具实现滚轧前的模具相位调整，需要依靠滚轧模具结构本身来实现滚轧前的模具相位调整。故螺纹与花键同步滚轧多采用两滚轧模具，本章的讨论是基于两滚轧模具的螺纹花键同步滚轧工艺。

在讨论同时满足滚轧模具螺纹段和花键段滚轧前的相位要求时，引入滚轧模具螺纹段相位要求和花键段相位要求比值 S（见式(3.41)）。S 可能是整数，也可能是非整数。S 为整数、非整数不同情况时，螺纹段和花键段相位要求不同，滚轧前模具结构和相位调整方法不同。当 S 为非整数时，两滚轧模具螺纹段和花键段相对位置不同，要分别满足螺纹段和花键段的相位要求（即 φ_t、φ_s）。

S 为整数时，要根据成形工件的花键段齿数的奇偶性确定滚轧模具螺纹段和花键段的相对位置。这是由于当成形工件花键段齿数为奇数时，模具花键段的相位要求可能是模具单齿对应角度 θ_s 的一半，而当 S 为偶数时，φ_t 是 θ_s 的整数倍，因此调整滚轧模具螺纹段相位要求 φ_t 不能满足花键段的相位要求 φ_s；而当 S 为奇数时，调整螺纹段相位要求 φ_t 能够满足花键段的相位要求 φ_s。故在 Z_w 为偶数、S 为整数或 Z_w 为奇数、S 为奇数的情况下两滚轧模具上螺纹段和花键段相对位置相同，此时滚轧前模具相位调整按螺纹段进行，同时也可满足花键段相位要求；其他情况下，两滚轧模具螺纹段和花键段相对位置仍然不同，要分别满足螺纹段和花键段相位要求。

螺纹与花键同步滚轧模具螺纹段和花键段的相位要求比值 S 是确定螺纹花键同步滚轧模具结构和滚轧前模具调整的重要参数。滚轧模具螺纹段和花键段的头数 n_d、齿数 Z_d 由所成形工件螺纹段和花键段的 n_w、Z_w 及模具和工件之间的关系比 i 确定，不同头数和齿数条件下的参数 S 变化如图9.1所示。

从图9.1可以看出，当 i 为奇数时，S 的分布较为规律，相同螺纹头数时 S 随齿数增加而线性增加；而 i 当为偶数时 S 的分布与齿数奇偶性相关。当 i 为偶数时，当工件的 n_w =1、2时，S 均为整数，且此时 S 与螺纹段头数无关；当 n_w >2时，才会出现 S 为非整数的情况。而当 i 为奇数时，n_w >1时就出现 S 为非整数的情况，非整数出现频率较大。

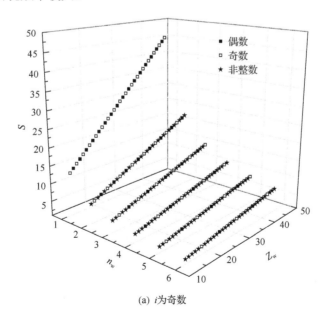

(a) i 为奇数

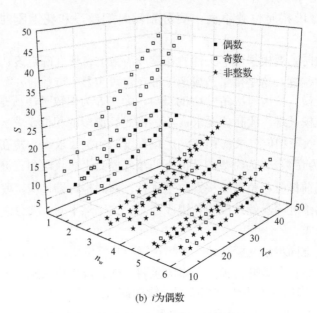

(b) i 为偶数

图 9.1　不同参数条件下的 S 值

根据所成形工件螺纹段和花键段的 n_w、Z_w 以及模具和工件之间的关系比 i，可以确定 n_d、Z_d 的奇偶性，进而可以判断 S 的奇偶性。结合图 9.1 的分析，其结果整理见表 9.1。

表 9.1　螺纹与花键同步滚轧成形滚轧模具参数特征

序号	Z_w	n_w	i	Z_d	n_d	S
1	奇数	奇数	奇数	奇数	奇数	奇数、非整数
2	奇数	奇数	偶数	偶数	偶数	奇数、非整数
3	奇数	偶数	奇数	奇数	偶数	非整数
4	奇数	偶数	偶数	偶数	偶数	奇数（n_w=2）、非整数
5	偶数	奇数	奇数	偶数	奇数	偶数、非整数
6	偶数	奇数	偶数	偶数	偶数	奇数、偶数、非整数
7	偶数	偶数	奇数	偶数	偶数	奇数、偶数、非整数
8	偶数	偶数	偶数	偶数	偶数	奇数、偶数、非整数

从表 9.1 中可以看出，当 Z_w 为奇数时，S 只能为奇数或非整数；当 Z_w 为偶数时，S 才有可能出现奇数、偶数两种情况。因此，螺纹与花键同步滚轧成形前滚轧模具调整可归纳为：若不同齿型段相位要求比 S 为整数，则两滚轧模具上螺纹段和花键段相对位置可相同；否则两滚轧模具螺纹段和花键段相对位置不同，要分别满足螺纹段和花键段相位要求（即 φ_t、φ_s）。

　　当两螺纹花键同步滚轧模具上螺纹段和花键段相对位置相同时，滚轧前两滚轧模具中的一个旋转 φ_t，同时实现滚轧模具螺纹段和花键段模具相位调整。当两滚轧模具上螺纹段和花键段相对位置不同时，滚轧前两滚轧模具不同齿型段（螺纹和花键）的相位要求由滚轧模具结构本身保证。在实际操作中还需要结合样件或试滚轧来调整滚轧前的模具相位要求。

　　上述分析是在滚轧中螺纹滚轧模具的螺纹起始位置都相同，或在花键滚轧模具的花键分齿位置都相同的理想状态下进行的。在这一理想状态下，滚轧模具螺纹起始位置或花键分齿位置和安装时键槽的相对位置要一致。螺纹与花键同步滚轧成形模具的螺纹段和花键的相对位置是明确的。实际滚轧模具的加工要满足这些条件比较困难，特别是螺纹滚轧模具的现有加工条件不能满足这些要求。

　　螺纹滚轧或花键滚轧前模具调整根据第 3 章的理论并结合压痕法，通过旋转滚轧模具可实现滚轧前模具调整，可以不需要确切的滚轧模具螺纹起始位置或花键分齿位置信息。但是螺纹与花键同步滚轧成形模具的不同齿型段安装之后，不能通过旋转模具来调整螺纹段和花键段的相对位置。无论同步滚轧模具滚轧前相位调整是通过模具结构实现还是通过旋转一个滚轧模具实现，都对滚轧模具螺纹段和花键段之间相对位置有明确要求。仅通过滚轧前模具旋转调整，不能实现螺纹与花键同步滚轧前模具不同齿型段的相位协调。

　　而在实际滚轧模具加工中，将滚轧模具螺纹段和花键段作为整体考虑加工制造，很难实现滚轧前模具不同齿型段相位协调所要求的模具结构。根据螺纹、花键齿型及同步滚轧工艺特点，提出滚轧前同步滚轧模具相位调整和同步滚轧模具结构调整相结合的模具制造方法。滚轧模具螺纹段、花键段分别加工，通过调整滚轧模具螺纹段和花键段之间垫块/垫片厚度，实现滚轧螺纹段和花键段相对位置调整及滚轧前相位的协调。表 9.2 列出了本章同步滚轧试验用模具参数。采用国产数控滚轧设备进行同步滚轧试验。试验中滚轧模具径向进给速度为 1mm/s，转速为 16r/min。

表 9.2　同步滚轧试验用模具参数

螺纹段		花键段	
参数	数值	参数	数值
中径	200mm	模数	1mm
螺距	4mm	齿数	200
头数	10	压力角	45°
牙型半角	45°		

　　在主轴上安装调试滚轧模具花键段，调整滚轧模具滚轧前相位，滚轧合格的花键段齿型，如图 9.2(a) 所示。两主轴上安装滚轧模具螺纹段之间先安装厚度相同

的垫块/垫片，如图 9.3（a）所示。通过调整一个垫块的厚度来实现滚轧模具螺纹段的相位调整，同时也调整了此主轴上滚轧模具螺纹段和花键段之间的相对位置，当完成调整后此垫块厚度减小 Δh，此时可滚轧合格的螺纹段牙型，如图 9.2（b）所示。调整后的螺纹与花键同步滚轧模具如图 9.3（b）所示。如果垫块厚度大于所成形螺纹与花键同轴零件螺纹段和花键段之间的距离，那么可将垫块厚度未改变的主轴上螺纹段滚轧模具轴向长度减小 Δh，然后去掉两个垫块。

(a) 同步滚轧模具花键段相位调整后试轧零件

(b) 同步滚轧模具螺纹段相位调整后试轧零件

图 9.2　不同齿型分别调试后试轧零件

(a) 垫块调整螺纹调整模具结构与螺纹段相位

(b) 调整后同步滚轧模具

图 9.3　螺纹与花键同步滚轧模具相位与结构调整

　　若螺纹与花键同步滚轧模具花键段模具按传统的花键滚轧模具设计，同步滚轧时可能会出现乱齿现象，如图 9.4 所示。这是由于传统自由分度式花键冷滚轧成形中存在打滑现象，滚轧模具设计时每齿距增加了一个滑动量[9]。而同步滚轧成形中螺纹段的啮合可促进工件旋转，避免了滚轧初期花键段的打滑现象。不考虑花键滚轧成形中的滑动，设计制造螺纹与花键同步滚轧模具花键段模具，螺纹与花键同步滚轧工艺试验可获得花键齿型和螺纹牙型良好的零件，如图 9.5 所示。

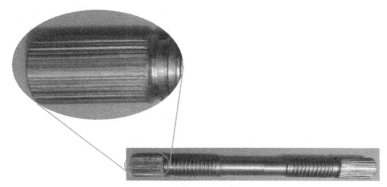

图 9.4　传统花键滚轧模具设计花键段模具同步滚轧的零件

图 9.5　螺纹花键同步滚轧花键齿型和螺纹牙型良好的零件

螺纹与花键同步滚轧成形过程中工件花键段主动旋转，避免花键滚轧初期的打滑现象。同步滚轧模具花键段设计中不能增加齿间距滑动量。通过调整滚轧模具螺纹段和花键段之间垫块厚度，实现滚轧模具螺纹段和花键段相对位置调整及螺纹段滚轧前相位调整，实现滚轧模具不同齿型段滚轧前相位协调。

9.2　螺纹花键同步滚轧试验

9.2.1　试验设计及试验

在不同试验条件下进行同步滚轧，探究不同参数对螺纹花键同步滚轧成形的影响。在改变试验条件时，综合考虑参数的可控性及成本和周期，例如，为了降低试验成本，工件(模具)模具几何参数未被选作试验参数。综合考虑选择了参数水平调控方便的成形区坯料直径(d_b)、模具径向进给速度(v)与转速(n_d)作为试验因素，并根据设备参数和理论上坯料直径确定了该 3 个参数的 3 水平，见表 9.3。

表 9.3　3 因素 3 水平表

水平	A	B	C
	d_b/mm	v/(mm/s)	n_d/(r/min)
1	20.00	0.5	8
2	20.25	1.0	16
3	20.50	1.5	32

根据参数水平实际情况，并考虑因素之间的交互作用，选用正交试验设计表 $L_{27}(3^{13})$[10]。因素 A、B、C 分别占用 1、2、5 列，因素 A 和 B 的交互列为第 3、4 列，因素 A 和 C 的交互列为第 6、7 列，因素 B 和 C 的交互列为第 8、11 列，其余为空白列，见表 9.4。采用的模具如 9.1 节所述。同步滚轧所得试验结果如图 9.6 所示。

表 9.4　同步滚轧正交试验方案

试验编号	1	2	3	4	5	6	7	8	9	10	11	12	13
	A	B	A×B	A×B	C	A×C	A×C	B×C			B×C		
1	1(20mm)	1(0.5mm/s)	1	1	1(8r/min)	1	1	1	1	1	1	1	1
2	1(20mm)	1(0.5mm/s)	1	1	2(16r/min)	2	2	2	2	2	2	2	2
3	1(20mm)	1(0.5mm/s)	1	1	3(32r/min)	3	3	3	3	3	3	3	3
4	1(20mm)	2(1mm/s)	2	2	1(8r/min)	1	1	2	2	2	3	3	3
5	1(20mm)	2(1mm/s)	2	2	2(16r/min)	2	2	3	3	3	1	1	1
6	1(20mm)	2(1mm/s)	2	2	3(32r/min)	3	3	1	1	1	2	2	2
7	1(20mm)	3(1.5mm/s)	3	3	1(8r/min)	1	1	3	3	3	2	2	2
8	1(20mm)	3(1.5mm/s)	3	3	2(16r/min)	2	2	1	1	1	3	3	3
9	1(20mm)	3(1.5mm/s)	3	3	3(32r/min)	3	3	2	2	2	1	1	1
10	2(20.25mm)	1(0.5mm/s)	2	3	1(8r/min)	2	3	1	2	3	1	2	3
11	2(20.25mm)	1(0.5mm/s)	2	3	2(16r/min)	3	1	2	3	1	2	3	1
12	2(20.25mm)	1(0.5mm/s)	2	3	3(32r/min)	1	2	3	1	2	3	1	2
13	2(20.25mm)	2(1mm/s)	3	1	1(8r/min)	2	3	2	3	1	3	1	2
14	2(20.25mm)	2(1mm/s)	3	1	2(16r/min)	3	1	3	1	2	1	2	3
15	2(20.25mm)	2(1mm/s)	3	1	3(32r/min)	1	2	1	2	3	2	3	1
16	2(20.25mm)	3(1.5mm/s)	1	2	1(8r/min)	2	3	3	1	2	2	3	1
17	2(20.25mm)	3(1.5mm/s)	1	2	2(16r/min)	3	1	1	2	3	3	1	2
18	2(20.25mm)	3(1.5mm/s)	1	2	3(32r/min)	1	2	2	3	1	1	2	3
19	3(20.5mm)	1(0.5mm/s)	3	2	1(8r/min)	3	2	1	3	2	1	3	2
20	3(20.5mm)	1(0.5mm/s)	3	2	2(16r/min)	1	3	2	1	3	2	1	3
21	3(20.5mm)	1(0.5mm/s)	3	2	3(32r/min)	2	1	3	2	1	3	2	1
22	3(20.5mm)	2(1mm/s)	1	3	1(8r/min)	3	2	2	1	3	3	2	1
23	3(20.5mm)	2(1mm/s)	1	3	2(16r/min)	1	3	3	2	1	1	3	2
24	3(20.5mm)	2(1mm/s)	1	3	3(32r/min)	2	1	1	3	2	2	1	3
25	3(20.5mm)	3(1.5mm/s)	2	1	1(8r/min)	3	2	3	2	1	2	1	3
26	3(20.5mm)	3(1.5mm/s)	2	1	2(16r/min)	1	3	1	3	2	3	2	1
27	3(20.5mm)	3(1.5mm/s)	2	1	3(32r/min)	2	1	2	1	3	1	3	2

图 9.6 正交试验同步滚轧零件

不同工艺参数下同步滚轧的 27 个零件中，从宏观外形看，21 个零件成形的形状良好，有 6 个零件齿型缺陷明显。这 6 个零件中，螺纹段牙型成形良好，均是花键段出现了滚花的现象，见表 9.5。6 个中有些螺纹未完全成形，这是花键段出现乱齿后滚轧停止造成的。

表 9.5 不合格同步滚轧零件

试验编号	d_z/mm	v/(mm/s)	n_d/(r/min)	零件图像
4	20	1	8	
7	20	1.5	8	
13	20.25	1	8	
16	20.25	1.5	8	
22	20.5	1	8	
25	20.5	1.5	8	

结合成形参数分析试验结果可以看出：①6 个不合格零件中，成形区坯料直

径三种规格都出现了，且概率一致；②低模具径向进给速度(0.5mm/s)下，没有出现乱齿现象；③6个不合格零件滚轧过程中模具转速较低(8r/min)，模具径向进给速度偏大(1mm/s、1.5mm/s)。因此，坯料直径并不是乱齿现象的决定性因素，模具转速和径向进给速度不匹配会导致乱齿现象的出现。

根据2.3节分析，模具转速和径向进给速度决定了压缩量 Δs 的大小，压缩量反映了工件同一区域同滚轧模具接触、分离一次滚轧过程的变形程度。同步滚轧过程中，螺纹段或花键段的变形对轴向相邻区域的影响范围较小，不会影响相邻的花键段或螺纹段的变形[5]。因此，螺纹段和花键段的滚轧成形过程也可分为2.3节描述的四个阶段，但螺纹段和花键段的第一、二成形阶段在时间轴上可能不重合。稳定滚轧阶段(2.3节中第二成形阶段)的压缩量 Δs 可用式(9.1)近似估算：

$$\Delta s \approx \frac{2\pi}{iN\omega_{\mathrm{d}}}v = \frac{60}{iNn_{\mathrm{d}}}v \tag{9.1}$$

式中，ω_{d}、n_{d} 分别为滚轧模具的角速度和转速；v 为滚轧模具径向进给速度；N 为滚轧模具个数，同步滚轧成形一般取 $N=2$；i 由式(2.1)计算。

压缩量随着滚轧模具转速增加而减小，随着滚轧模具径向进给速度的降低而减小。当滚轧模具转速为8r/min，径向进给速度为0.5mm/s、1mm/s、1.5mm/s时，采用式(9.1)计算的压缩量分别为0.1875mm、0.375mm、0.5625mm。模具径向进给速度为1mm/s、1.5mm/s时的压缩量分别为径向进给速度为0.5mm/s时的2倍、3倍。分别近似估算27次试验条件下的压缩量，压缩量和成形结果的关系如图9.7所示，滚轧成功试验的压缩量都小于0.3mm。

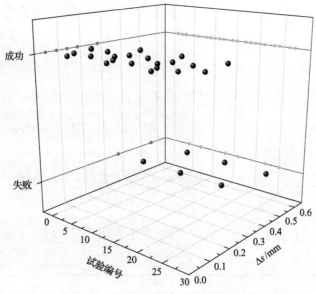

图9.7　不同压缩量下的同步滚轧结果

9.2.2　测量仪器及数据处理

用三坐标测量仪(Global classic SR0575)对花键段与螺纹段尺寸进行测量，如图 9.8 所示。

图 9.8　三坐标测量仪(Global classic SR0575)

为了便于测量数据的处理，在对花键段和螺纹段进行测量之前首先应当确定工件的坐标原点与坐标轴。定位方式如图 9.9 所示，先在一端面定义 3 个点(点 1、2、3)以定义基准面，而后在柱体上取 9 个点(点 4、5、6、7、8、9、10、11、12)以定义圆柱体，建立坐标系 $Oxyz$ 轴，并令 z 轴与圆柱体轴线重合。

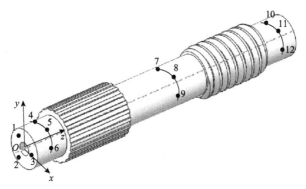

图 9.9　工件定位及坐标系

对于螺纹段，测量数据有大径、小径、螺距，其中大径测量方法如图 9.10(a)所示，在 5 个螺纹牙顶边缘处各定义 3 个点，每 3 个点定义为一段圆弧，取此圆弧的直径，对这 5 个直径取平均值，即为螺纹段的大径；而小径测量方法与之类似，图 9.10(b)在 5 个螺纹牙底区域各定义 3 个点，每 3 个点定义一段圆弧，取此圆弧的直径，对这 5 个直径取平均值，即为螺纹段的小径。

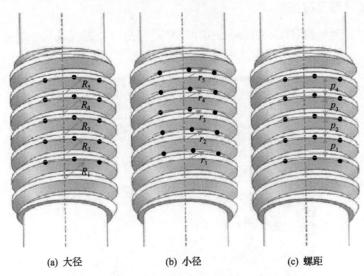

(a) 大径   (b) 小径   (c) 螺距

图 9.10　螺纹段基本参数测量方法

  同步滚轧零件螺纹段螺距测量方法如图 9.10(c)所示，5 个螺纹牙顶边缘处各定义 3 个点，每 3 个点定义为一段圆弧，取相邻圆弧间的距离，对这 5 个距离取平均值，即为螺距 P。

  对于花键段，测量数据有齿顶圆直径、齿根圆直径、齿距，其中齿顶圆直径测量方法如图 9.11(a)所示，在 5 个齿顶边缘处各定义 5 个点，每 5 个点定义为一

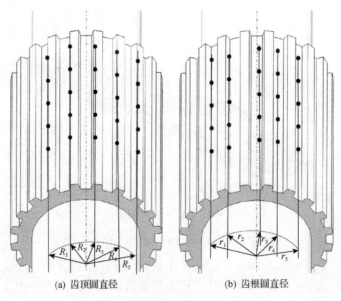

(a) 齿顶圆直径   (b) 齿根圆直径

图 9.11　花键段大径与小径测量方法

条直线，取此直线与轴线间的距离再乘以 2，对这 5 个数值取平均值，即为花键的齿顶圆直径；齿根圆直径测量方法与之类似，如图 9.11(b) 所示，在 5 个齿底区域各定义 5 个点，每 5 个点确定一条直线，取此直线与轴线间的距离再乘以 2，对这 5 个数值取平均值，即为花键段的齿根圆直径。

上述螺纹段、花键段基本参数的测量值 X_{meas} 确定后，设滚轧模具曲面(线)共轭曲面(线)的理论值，即工件理论上的基本几何参数值为理论值 X_{theory}，为了便于对结果进行评价，取两者之差的绝对值作为误差项进行分析，即

$$\text{Error} = \left| X_{meas} - X_{theory} \right| \tag{9.2}$$

齿距测量方法如图 9.12 所示，在测量齿顶圆直径时已经在 5 个齿顶边缘处各定义 5 个点，每 5 个点确定一条直线，分别取边缘处两条直线与轴线间的距离为 R_1、R_5，然后以两条直线间的距离为 l，即弦长。根据余弦定理可求得弦长所对应的圆心角 φ，即

$$\varphi = \arccos \frac{R_1^2 + R_5^5 - l^2}{2R_1 R_5} \tag{9.3}$$

将显微镜下观测到的齿型置于 Oxy 坐标系内，并将三坐标测量仪测量所得的大径测量点投影于 Oxy 坐标系内，如图 9.12 所示。可以看出，测量点均在齿顶边缘处，且其平均值(位置)相对于其所在的空间位置是一致的。因此，所求的圆心角 φ 对应的分度圆弧长应为 5 个齿之间的弧长，包含 4 个齿距，故分度圆上齿距为

$$p_{meas} = \frac{\dfrac{mZ_w}{2}\varphi}{4} = \frac{mZ_w}{8}\varphi \tag{9.4}$$

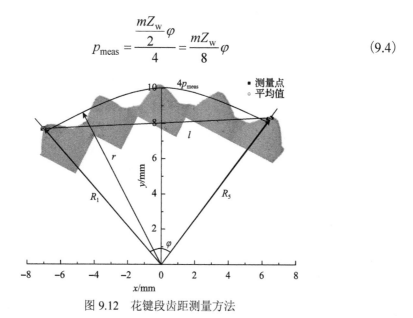

图 9.12　花键段齿距测量方法

根据第 6 章中单齿齿距误差的定义，滚轧后的单齿齿距误差表达式为。

$$\Delta F_p = p_{meas} - m\pi \tag{9.5}$$

为了同螺纹段、花键段基本几何参数的误差分析保持一致，下面分析中所述齿距误差均为其绝对值，即

$$\Delta F_p = |p_{meas} - m\pi| \tag{9.6}$$

三坐标测量仪测量的同步滚轧零件数据，经上述处理后获得零件螺纹段、花键段的基本几何参数数据见表 9.6。

表 9.6 测量数据

试验编号	螺纹段			花键段		
	大径/mm	小径/mm	螺距/mm	齿顶圆直径/mm	齿根圆直径/mm	齿距/mm
1	21.0422	19.3853	4.0409	20.8442	19.8314	3.2733
2	21.4201	18.9179	4.0173	21.0952	19.5378	3.3503
3	22.3316	18.7173	4.0867	21.0866	19.3890	3.2934
4	—	—	—	—	—	—
5	20.7475	18.7574	4.0210	20.2745	19.3302	3.2264
6	21.5946	18.4086	3.9472	20.9393	19.3629	3.3108
7	—	—	—	—	—	—
8	22.0808	19.2226	3.9474	20.6734	19.9513	3.1421
9	21.4837	19.0415	3.9793	21.1668	19.61393	3.1179
10	21.1908	19.0125	4.0565	20.9868	19.67483	3.0965
11	21.4995	18.9975	3.9950	21.0757	19.54573	3.2428
12	22.1765	18.6828	4.0467	21.3448	19.2631	3.3623
13	—	—	—	—	—	—
14	21.1733	18.9931	3.9846	20.7290	19.2369	3.1880
15	20.4775	18.3627	4.0102	20.7856	19.1195	3.1980
16	—	—	—	—	—	—
17	20.0485	18.5816	4.0103	20.1654	19.2169	3.2380
18	20.2333	18.7051	4.0192	20.8717	19.3623	3.2022
19	22.4258	19.2364	4.0441	21.7333	20.0394	3.0376
20	22.1495	19.0812	4.0127	21.6307	19.6463	3.0273
21	21.6000	18.8209	4.0677	21.0592	19.0616	3.0207
22	—	—	—	—	—	—
23	22.6790	19.0141	4.0255	22.1221	19.9752	3.2996
24	21.6583	18.8334	4.0635	21.3612	19.4491	3.0364
25	—	—	—	—	—	—
26	21.8360	19.3610	4.0160	21.3720	19.7760	3.1042
27	21.8495	19.0096	4.0205	21.4219	19.8097	3.0151

9.3　螺纹花键同步滚轧零件几何参数

9.3.1　螺纹段基本参数

同步滚轧后 21 个零件的螺纹段大径、小径、螺距如图 9.13 所示。试验结果围绕理论值上下波动。由于坯料直径不同，径向进给量也稍有差别，螺纹段大径、小径波动较大。特别是螺纹段小径平均值和理论值之间，相对误差较大，为2.2245%；螺纹段大径的平均值十分接近理论值，相对误差为 0.0439%。

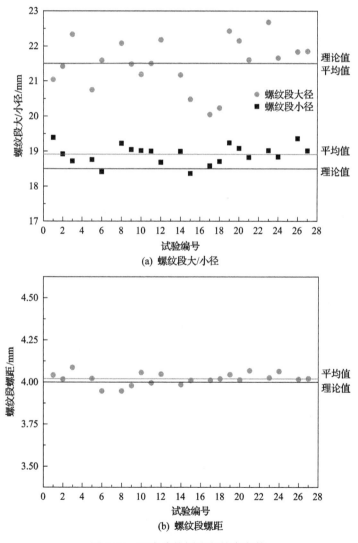

(a) 螺纹段大/小径

(b) 螺纹段螺距

图 9.13　同步滚轧螺纹段基本参数

　　从图 9.13(b)可以看出，坯料几何参数和滚轧模具运动参数对同步滚轧螺纹段的螺距影响不明显，不同试验条件下螺纹变化较小，围绕理论值波动不大，其平均值和理论值之间相对误差为 0.4906%。

　　根据表 9.6 数据并结合误差定义式(9.2)，采用极差分析(见图 9.14)可得各影响因素的主次顺序。其中交互列占两列，判断影响因素的主次顺序时以极差最大的一列为准。

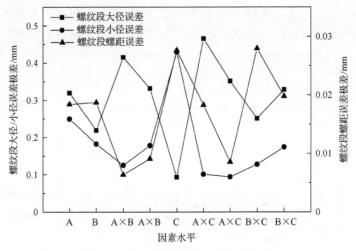

图 9.14　螺纹段基本参数误差的极差

　　螺纹段大径误差的影响因素主次顺序为：A×C>A×B>A≈B×C>B>C。其中，因素 A、C 交互作用(即 A×C)最重要，之后是因素 A、B 交互作用(即 A×B)，因素 A 和 B×C 影响差不多，最后是因素 B 和因素 C。考虑到交互作用存在一定的影响，因此需要根据各因素水平趋势图(见图 9.15)及交互作用的二元效应图[见图 9.16(a)]来综合考虑较优的水平。由于滚轧条件为 B2C1、B3C1 的几组试验均失败，无有效数据，因此 B×C 的二元图不完整，同时也不考虑 B2C1、B3C1 的成形条件。

　　从图 9.15 可以看出，随着坯料直径(因素 A)的增大，螺纹段大径误差绝对值先增大后减小；随着滚轧模具的径向进给速度(因素 B)的增大，螺纹段大径误差绝对值逐渐增大；随着滚轧模具转速(因素 C)的增大，螺纹段大径误差绝对值也是先增大后减小。

　　但考虑到 A×C、A×B 和 B×C 之间存在交互作用，需要根据图 9.15 和图 9.16(a)综合考虑进行分析，对于 A×C，A3C3 最佳，但是 A1C3、A2C1 相差也不大；对于 A×B，A1B3 最佳，但是 A2B1、A3B3 相差也不大；再考虑 A 因素和 B×C，应当选择 A1B3C3 或 A3B3C3。因此，根据螺纹段大径误差绝对值得出的最优加工条件为 A1B3C3 或 A3B3C3。

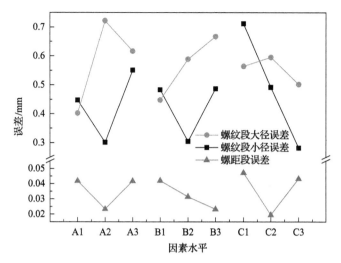

图 9.15　试验因素趋势图(螺纹段参数误差)

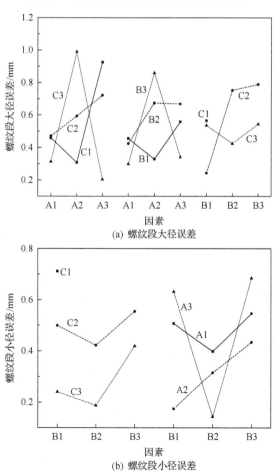

(a) 螺纹段大径误差

(b) 螺纹段小径误差

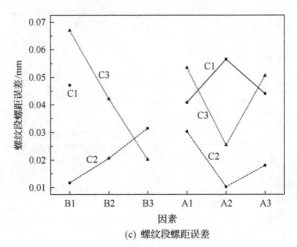

(c) 螺纹段螺距误差

图 9.16　螺纹段参数误差有交互作用的二元效应图

螺纹段小径误差的影响因素主次顺序为：C＞A＞B＞A×B≈B×C＞A×C。其中因素 C 最重要，然后是因素 A、B，影响依次减少，交互作用 A×B、B×C 的影响相差不多，因素 A、C 交互作用（即 A×C）影响最小。考虑到交互作用存在一定的影响，因此需要根据各因素水平趋势图（见图 9.15）及交互作用 A×B、B×C 的二元效应图［见图 9.16(b)］来综合考虑较优的水平。由于滚轧条件为 B2C1、B3C1 的几组试验均失败，无有效数据，因此 B×C 的二元图不完整，同时也不考虑 B2C1、B3C1 的滚轧条件。

从图 9.15 可以看出，随着坯料直径（因素 A）和滚轧模具径向进给速度（因素 B）的增大，螺纹段小径误差绝对值均先减小后增大；随着滚轧模具转速（因素 C）的增大，螺纹段小径误差绝对值逐渐减小。

考虑到 A×B、B×C 之间存在交互作用，需要根据图 9.15 和图 9.16(b)综合考虑进行分析，对于 C、A、B 因素，先根据因素趋势图确定最佳选择为 C3A2B2；再参考二元图，可以接受这种选择。因此，根据螺纹段小径误差绝对值得出的最优加工条件为 A2B2C3。

螺纹段螺距误差的影响因素主次顺序为：B×C≈C＞B≈A≈A×C＞A×B。其中，交互作用 B×C 和因素 C 最重要，两者影响相差不多，然后是 B、A、A×C，三者影响也相差不多，最后是交互作用 A×B，影响最小。考虑到交互作用存在一定的影响，因此需要根据各因素水平趋势图（见图 9.15）及交互作用 B×C、A×C 的二元效应图［见图 9.16(c)］来综合考虑较优的水平。由于滚轧条件为 B2C1、B3C1 的几组试验均失败，因此 B×C 的二元图不完整，同时也不考虑 B2C1、B3C1 的成形条件。

从图 9.15 可以看出，随着坯料直径（因素 A）的增大，螺纹段螺距误差绝对值先减小后增大；随着滚轧模具径向进给速度（因素 B）的增大，螺距误差绝对值逐渐减小；随着滚轧模具转速（因素 C）的增大，螺距误差绝对值也是先减小后增大。

但考虑到 B×C、A×C 之间存在交互作用，需要根据图 9.15 和图 9.16(c)综合考虑进行分析，首先是交互作用 B×C 和因素 C，B1C2 应当是最佳选择；对于 A 因素的选择，结合因素趋势图和二元图可以看出 A2 是最佳选择。因此，根据螺距误差绝对值得出的最优加工条件为 A2B1C2。

9.3.2　花键段基本参数

同步滚轧后 21 个零件的花键段齿顶圆直径、齿根圆直径、齿距如图 9.17 所示。试验结果围绕理论值上下波动。由于坯料直径不同，径向进给量也稍有差别，齿顶圆直径、齿根圆直径和齿距较大。相对于螺纹段参数，花键段参数平均值和

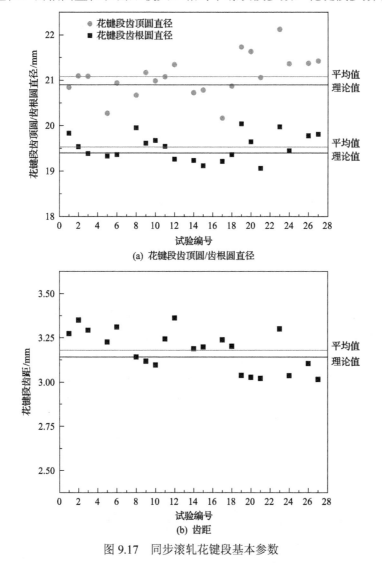

(a) 花键段齿顶圆/齿根圆直径

(b) 齿距

图 9.17　同步滚轧花键段基本参数

理论值之间的相对误差较大，分别为 0.8748%、0.6856%、1.2265%。齿顶圆直径、齿根圆直径和齿距 3 个基本参数中齿距误差最大。主要原因是螺纹段、花键段运动不协调，存在速度差；而同步滚轧过程中，螺纹段啮合占主导，为了协调变形，产生了花键段的齿距误差。从图 9.17 可以看出，齿顶圆直径、齿根圆直径和齿距 3 个基本参数的平均值都略大于理论值。

根据表 9.6 数据并结合误差定义式(9.2)和式(9.6)，采用极差分析(见图 9.18)可得各影响因素的主次顺序。其中交互列占两列，判断因素的主次顺序是以极差最大的一列为准。

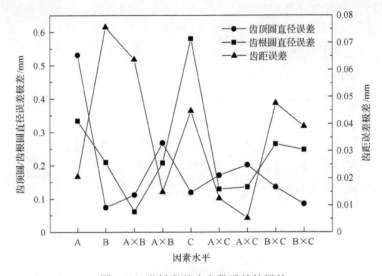

图 9.18　花键段基本参数误差的极差

花键段齿顶圆直径误差的影响因素主次顺序为：A＞A×B＞A×C＞B×C＞C＞B。其中因素 A 的影响最为重要，然后是交互作用 A×B、A×C、B×C 及因素 C，影响依次减小，最后是因素 B，影响甚微。考虑到交互作用存在一定的影响，因此需要根据各因素水平趋势图(见图 9.19)及交互作用 A×B、A×C、B×C 的二元效应图[见图 9.20(a)]来综合考虑较优的水平。由于滚轧条件为 B2C1、B3C1 的几组试验均失败，无有效数据，因此 B×C 的二元图不完整，同时也不考虑 B2C1、B3C1 的滚轧条件。

从图 9.19 可以看出，随着坯料直径(因素 A)的增大，花键齿顶圆直径误差绝对值先平缓增大，后急剧增大；随着滚轧模具径向进给速度(因素 B)的增大，花键齿顶圆直径误差绝对值逐渐平缓减小；随着滚轧模具转速(因素 C)的增大，花键齿顶圆直径误差绝对值先增大后减小。

但考虑到 A×B、A×C、B×C 间存在交互作用，需要根据图 9.19 和图 9.20(a)综合考虑进行分析。首先，因素 A 最重要，但 A1、A2 相差不大；考虑 A×B，

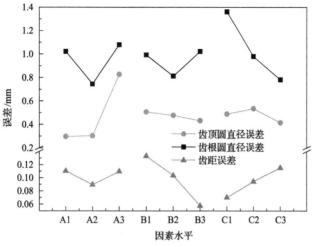

图 9.19 试验因素趋势图(花键段参数误差)

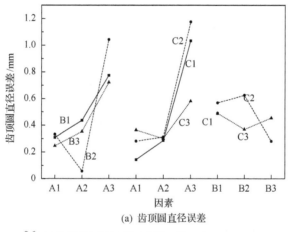

(a) 齿顶圆直径误差

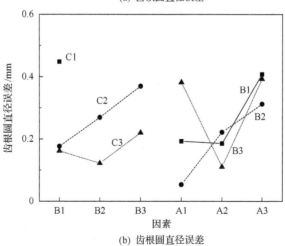

(b) 齿根圆直径误差

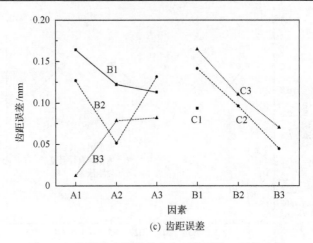

图 9.20　花键段参数误差有交互作用的二元效应图

显然是 A2B2 最优，而后考虑 A×C、B×C、C 因素应当选择 C3。因此，根据齿顶圆直径误差绝对值得出的最优加工条件为 A2B2C3。

花键段齿根圆直径误差的影响因素主次顺序为：C>A>B×C>A×B>B≈A×C。首先，因素 C 的影响最为重要，然后是因素 A 和交互作用 B×C、A×B，其影响依次减小，而后是因素 B 和交互作用 A×C 的影响较小。考虑到交互作用存在一定的影响，因此需要根据各因素水平趋势图（见图 9.19）以及交互作 B×C 和 A×B 的二元效应图［见图 9.20(b)］来综合考虑较优的水平。由于滚轧条件为 B2C1、B3C1 的几组试验均失败，无有效数据，因此 B×C 的二元图不完整，同时也不考虑 B2C1、B3C1 的滚轧条件。

根据图 9.19 因素趋势图可以看出，随着坯料直径（因素 A）和滚轧模具径向进给速度（因素 B）的增大，花键齿根圆直径误差绝对值都是先减小后增大；随着滚轧模具转速（因素 C）的增大，花键齿根圆直径误差绝对值逐渐减小。

但考虑到 B×C、A×B 之间存在交互作用，需要根据图 9.19 和图 9.20(c)综合考虑进行分析。首先，因素 C 最重要，应当选择 C3；而后是因素 A 及交互作用 B×C 和 A×B，综合考虑应当选择 A2B2C3。因此，根据花键齿根圆直径误差绝对值得出的最优加工条件为 A2B2C3。

花键段齿距误差的影响因素主次顺序为：B>A×B>B×C≈C>A>A×C。其中，因素 B 的影响最为重要，而后是因素 C 与交互作用 B×C 的影响，两者相差不多，随后是因素 A 以及交互作用 A×C 的影响。考虑到交互作用存在一定的影响，因此需要根据各因素水平趋势图（见图 9.19）及交互作用 A×B 和 B×C 的二元图［见图 9.20(c)］来综合考虑较优的水平。滚轧条件为 B2C1、B3C1 的几组试验均失败，无有效数据，因此 B×C 的二元图不完整，同时也不考虑 B2C1、B3C1

的加工条件。

从图 9.19 可以看出，随着坯料直径(因素 A)的增大，齿距误差绝对值先减小后增大；随着滚轧模具径向进给速度(因素 B)的增大，齿距误差绝对值逐渐减小；随着滚轧模具转速(因素 C)的增大，齿距误差绝对值逐渐增大。由于滚轧模具径向进给速度对齿距累积误差的影响高度显著，采用较大的径向进给速度可减少同步滚轧成形过程中的花键段齿距累积误差。

但考虑到 B×C、A×B 之间存在交互作用，需要根据图 9.19 和图 9.20 (c)综合考虑进行分析，首先是因素 B，而后是交互作用 A×B，因此应当选择 A1B3；然后对于因素 C 进行选择，考虑到 B×C 与 C 因素重要性相差不多，综合考虑应当选择 B3C2。因此，根据齿距误差绝对值得出的最优加工条件为 A1B3C2。

压缩量 Δs 可以综合反映滚轧模具转速和径向进给速度。不同压缩量下的花键段齿距误差如图 9.21 所示。可以看出，在能保证花键段同步滚轧成功的压缩量范围内($\Delta s < 0.3\text{mm}$)，总体上来讲，随着压缩量的增大，单个齿距误差逐渐减小。

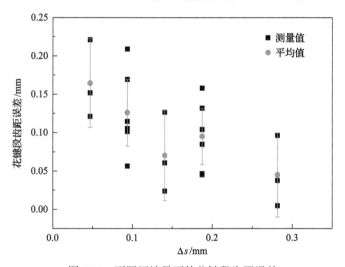

图 9.21　不同压缩量下的花键段齿距误差

参 考 文 献

[1] Zhang D W, Zhao S D, Wu S B, et al. Phase characteristic between dies before rolling for thread and spline synchronous rolling process.The International Journal of Advanced Manufacturing Technology, 2015, 81: 513-528.

[2] Zhang D W, Liu B K, Xu F F, et al. A note on phase characteristic among rollers before thread or spline rolling. The International Journal of Advanced Manufacturing Technology, 2019, 100: 391-399.

[3] Zhang D W, Zhao S D. New method for forming shaft having thread and spline by rolling with round dies. The International Journal of Advanced Manufacturing Technology, 2014, 70: 1455-1462.

[4] 张大伟, 赵升吨. 行星滚柱丝杠副滚柱塑性成形的探讨. 中国机械工程, 2015, 26(3): 385-389.

[5] Zhang D W, Zhao S D. Deformation characteristic of thread and spline synchronous rolling process. The International Journal of Advanced Manufacturing Technology, 2016, 87: 835-851.

[6] Zhang D W. Die structure and its trial manufacture for thread and spline synchronous rolling process. The International Journal of Advanced Manufacturing Technology, 2018, 96: 319-325.

[7] 张大伟, 赵升吨. 一种螺纹花键同步滚轧模具结构和相位调整相结合的方法: 中国, ZL201710613618.9. 2017.

[8] Zhang D W, Liu B K, Zhao S D. Influence of processing parameters on the thread and spline synchronous rolling process: An experimental study. Materials, 2019, 12(10): 1716.

[9] 张大伟, 付建华, 李永堂. 花键冷滚压成形过程中的接触比. 锻压装备与制造技术, 2008, 43(4): 80-84.

[10] 何为, 薛卫东, 唐斌. 优化实验设计方法及数据分析. 北京: 化学工业出版社, 2012.

编 后 记

　　《博士后文库》是汇集自然科学领域博士后研究人员优秀学术成果的系列丛书。《博士后文库》致力于打造专属于博士后学术创新的旗舰品牌，营造博士后百花齐放的学术氛围，提升博士后优秀成果的学术和社会影响力。

　　《博士后文库》出版资助工作开展以来，得到了全国博士后管委会办公室、中国博士后科学基金会、中国科学院、科学出版社等有关单位领导的大力支持，众多热心博士后事业的专家学者给予积极的建议，工作人员做了大量艰苦细致的工作。在此，我们一并表示感谢！

《博士后文库》编委会